● 3.1.5 课堂案例——聚光灯的创建及投影设置
工程文件 | 工程文件 \ 第 3 章 \ 聚光灯
视频文件 | 视频 \ 第 3 章 \3.1.5 课堂案例——聚光灯的创建及投影设置 .avi

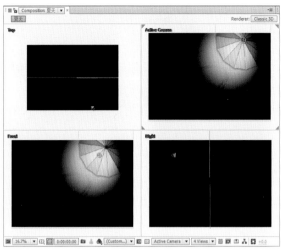

投影效果

● 3.1.7 课堂案例——摄像机的使用
工程文件 | 工程文件 \ 第 3 章 \ 摄像机的使用
视频文件 | 视频 \ 第 3 章 \3.1.7 课堂案例——摄像机的使用 .avi

摄像机效果

● 3.3.4 课堂案例——位移动画
工程文件 | 工程文件 \ 第 3 章 \ 位移动画
视频文件 | 视频 \ 第 3 章 \3.3.4 课堂案例——位移动画 .avi

位移动画效果

● 3.3.6 课堂案例——缩放动画
工程文件 | 工程文件 \ 第 3 章 \ 缩放动画
视频文件 | 视频 \ 第 3 章 \3.3.6 课堂案例——缩放动画 .avi

缩放动画效果

● 3.3.8　课堂案例——旋转动画
　　工程文件 | 工程文件 \ 第 3 章 \ 旋转动画
　　视频文件 | 视频 \ 第 3 章 \3.3.8 课堂案例——旋转动画 .avi

旋转动画效果

● 3.3.10　课堂案例——透明度动画
　　工程文件 | 工程文件 \ 第 3 章 \ 透明度动画
　　视频文件 | 视频 \ 第 3 章 \3.3.10 课堂案例——透明度动画 .avi

透明度动画效果

● 4.2.3　课堂案例——跳动的路径文字
　　工程文件 | 工程文件 \ 第 4 章 \ 跳动的路径文字
　　视频文件 | 视频 \ 第 4 章 \4.2.3 课堂案例——跳动的路径文字 .avi

动画流程画面

● 4.2.4　课堂案例——聚散文字
　　工程文件 | 工程文件 \ 第 4 章 \ 聚散文字
　　视频文件 | 视频 \ 第 4 章 \4.2.4 课堂案例——聚散文字 .avi

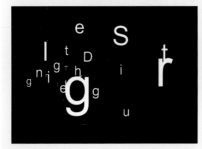

动画流程画面

● 4.2.5　课堂案例——机打字效果

工程文件 | 工程文件 \ 第 4 章 \ 机打字效果
视频文件 | 视频 \ 第 4 章 \4.2.5 课堂案例——机打字效果 .avi

动画流程画面

● 4.2.6　课堂案例——清新文字

工程文件 | 工程文件 \ 第 4 章 \ 清新文字
视频文件 | 视频 \ 第 4 章 \4.2.6 课堂案例——清新文字 .avi

动画流程画面

● 4.3.4　课堂案例——颜色键抠像

工程文件 | 工程文件 \ 第 4 章 \ 色彩键抠像
视频文件 | 视频 \ 第 4 章 \4.3.4 课堂案例——颜色键抠像 .avi

动画流程画面

● 4.3.10　课堂案例——制作《忆江南》

工程文件 | 工程文件 \ 第 4 章 \ 制作忆江南动画
视频文件 | 视频 \ 第 4 章 \4.3.10 课堂案例——制作《忆江南》.avi

动画流程画面

● 4.3.13　课堂案例——抠除白背景

　　工程文件 | 工程文件 \ 第 4 章 \ 抠除白背景
　　视频文件 | 视视频 \ 第 4 章 \ 4.3.13 课堂案例——抠除白背景 .avi

动画流程画面

● 5.2.2　课堂案例——利用矩形工具制作文字倒影

　　工程文件 | 工程文件 \ 第 5 章 \ 文字倒影
　　视频文件 | 视频 \ 第 5 章 \ 5.2.2 课堂案例——利用矩形工具制作文字倒影 .avi

动画流程画面

● 5.4.4　课堂案例——利用轨道蒙版制作扫光文字效果

　　工程文件 | 工程文件 \ 第 5 章 \ 扫光文字效果
　　视频文件 | 视频 \ 第 5 章 \ 5.4.4 课堂案例——利用轨道蒙版制作扫光文字效果 .avi

动画流程画面

● 5.4.5　课堂案例——利用蒙版制作打开的折扇

　　工程文件 | 工程文件 \ 第 5 章 \ 打开的折扇
　　视频文件 | 视频 \ 第 5 章 \ 5.4.5 课堂案例——利用蒙版制作打开的折扇 .avi

动画流程画面

● 6.3.1 课堂案例——利用双向模糊制作对称模糊

工程文件｜工程文件＼第 6 章＼双向模糊
视频文件｜视频＼第 6 章 ＼6.3.1 课堂案例——利用双向模糊制作对称模糊 .avi

动画流程画面

● 6.3.2 课堂案例——利用盒状模糊制作图片模糊

工程文件｜工程文件＼第 6 章＼盒状模糊
视频文件｜视频＼第 6 章 ＼6.3.2 课堂案例——利用盒状模糊制作图片模糊 .avi

动画流程画面

● 6.5.1 课堂案例——利用 Black & White（黑白）制作黑白图像

工程文件｜工程文件＼第 6 章＼黑白图像
视频文件｜视频＼第 6 章 ＼6.5.1 课堂案例——利用 Black & White（黑白）制作黑白图像 .avi

动画流程画面

● 6.5.2 课堂案例——利用改变到颜色特效改变影片颜色

工程文件｜工程文件＼第 6 章＼改变影片颜色
视频文件｜视频＼第 6 章 ＼6.5.2 课堂案例——利用改变到颜色特效改变影片颜色 .avi

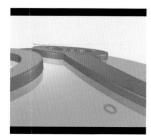   

动画流程画面

● **6.6.1　课堂案例——利用 CC 融化制作融化效果**

　　工程文件 | 工程文件 \ 第 6 章 \ 融化效果
　　视频文件 | 视频 \ 第 6 章 \6.6.1 课堂案例——利用 CC 融化制作融化效果 .avi

动画流程画面

● **6.6.2　课堂案例——利用 CC 镜头制作水晶球**

　　工程文件 | 工程文件 \ 第 6 章 \ 水晶球
　　视频文件 | 视频 \ 第 6 章 \6.6.2 课堂案例——利用 CC 镜头制作水晶球 .avi

动画流程画面

● **6.7.1　课堂案例——利用音波制作电光线效果**

　　工程文件 | 工程文件 \ 第 6 章 \ 电光线效果
　　视频文件 | 视频 \ 第 6 章 \6.7.1 课堂案例——利用音波制作电光线效果 .avi

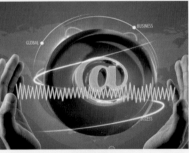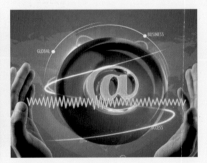

动画流程画面

● **6.7.2　课堂案例——利用乱写制作手绘效果**

　　工程文件 | 工程文件 \ 第 6 章 \ 手绘效果
　　视频文件 | 视频 \ 第 6 章 \6.7.2 课堂案例——利用乱写制作手绘效果 .avi

动画流程画面

● 6.12.1 课堂案例——泡泡上升动画

工程文件 | 工程文件 \ 第 6 章 \ 泡泡上升动画
视频文件 | 视频 \ 第 6 章 \6.12.1 课堂案例——泡泡上升动画 .avi

动画流程画面

● 6.12.2 课堂案例——下雨效果

工程文件 | 工程文件 \ 第 6 章 \ 下雨效果
视频文件 | 视频 \ 第 6 章 \6.12.2 课堂案例——下雨效果 .avi

动画流程画面

● 6.12.3 课堂案例——下雪效果

工程文件 | 工程文件 \ 第 6 章 \ 下雪动画
视频文件 | 视频 \ 第 6 章 \6.12.3 课堂案例——下雪效果 .avi

动画流程画面

● 6.12.4 课堂案例——制作气泡

工程文件 | 工程文件 \ 第 6 章 \ 气泡
视频文件 | 视频 \ 第 6 章 \6.12.4 课堂案例——制作气泡 .avi

动画流程画面

● 6.16.1　课堂案例——利用 CC 玻璃擦除特效制作转场动画

工程文件｜工程文件 \ 第 6 章 \ 转场动画

视频文件｜视频 \ 第 6 章 \6.16.1 课堂案例——利用 CC 玻璃擦除特效制作转场动画 .avi

动画流程画面

● 6.16.2　课堂案例——利用径向擦除制作笔触擦除动画

工程文件｜工程文件 \ 第 6 章 \ 笔触擦除动画

视频文件｜视频 \ 第 6 章 \6.16.2 课堂案例——利用径向擦除制作笔触擦除动画 .avi

动画流程画面

● 8.1　课堂案例——游动光线

工程文件｜工程文件 \ 第 8 章 \ 游动光线

视频文件｜视频 \ 第 8 章 \8.1 课堂案例——游动光线 .avi

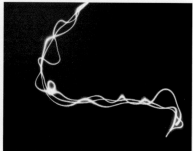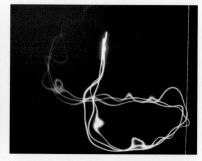

动画流程画面

● 8.2　课堂案例——流光线条

工程文件｜工程文件 \ 第 8 章 \ 流光线条

视频文件｜视频 \ 第 8 章 \8.2 课堂案例——流光线条 .avi

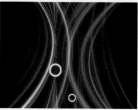

动画流程画面

● 8.3　课堂案例——连动光线
　　工程文件｜无
　　视频文件｜视频 \ 第 8 章 \8.3 课堂案例——连动光线 .avi

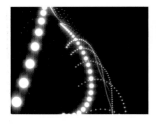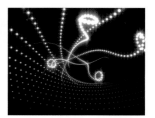

动画流程画面

● 9.1　课堂案例——滴血文字
　　工程文件｜工程文件 \ 第 9 章 \ 滴血文字
　　视频文件｜视频 \ 第 9 章 \9.1 课堂案例——滴血文字 .avi

动画流程画面

● 9.2　课堂案例——流星雨效果
　　工程文件｜工程文件 \ 第 9 章 \ 流星雨效果
　　视频文件｜视频 \ 第 9 章 \9.2 课堂案例——流星雨效果 .avi

动画流程画面

● 9.3　课堂案例——飞行烟雾
　　工程文件｜工程文件 \ 第 9 章 \ 飞行烟雾
　　视频文件｜视频 \ 第 9 章 \9.3 课堂案例——飞行烟雾 .avi

动画流程画面

● 9.4　课堂案例——数字人物
　　工程文件 | 工程文件 \ 第 9 章 \ 数字人物
　　视频文件 | 视频 \ 第 9 章 \9.4 课堂案例——数字人物 .avi

动画流程画面

● 10.1　课堂案例——制作动态背景
　　工程文件 | 工程文件 \ 第 10 章 \ 动态背景效果
　　视频文件 | 视频 \ 第 10 章 \10.1 课堂案例——制作动态背景 .avi

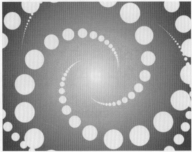

动画流程画面

● 10.2　课堂案例——扫光文字
　　工程文件 | 工程文件 \ 第 10 章 \ 扫光文字
　　视频文件 | 视频 \ 第 10 章 \10.2 课堂案例——扫光文字 .avi

动画流程画面

● 10.3　课堂案例——旋转空间
　　工程文件 | 工程文件 \ 第 10 章 \ 旋转空间
　　视频文件 | 视频 \ 第 10 章 \10.3 课堂案例——旋转空间 .avi

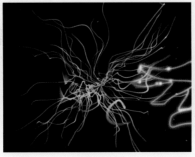

动画流程画面

● 11.1 电视 ID 演绎——MUSIC 频道

工程文件 | 工程文件 \ 第 11 章 \Music

视频文件 | 视频 \ 第 11 章 \11.1 电视 ID 演绎——MUSIC 频道 .avi

动画流程画面

● 11.2 频道特效表现——水墨中国风

工程文件 | 工程文件 \ 第 11 章 \ 水墨中国风

视频文件 | 视频 \ 第 11 章 \11.2 频道特效表现——水墨中国风 .avi

动画流程画面

● 11.3 电视频道宣传——综艺频道

工程文件 | 工程文件 \ 第 11 章 \ 综艺频道

视频文件 | 视频 \ 第 11 章 \11.3 电视频道宣传——综艺频道 .avi

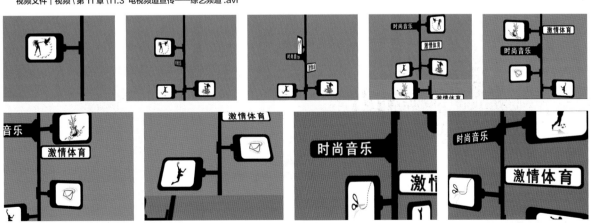

动画流程画面

● 11.4　电视栏目包装——公益宣传片

　　工程文件 | 工程文件 \ 第 11 章 \ 公益宣传片
　　视频文件 | 视频 \ 第 11 章 \11.4 电视栏目包装——公益宣传片 .avi

动画流程画面

● 11.5　电视栏目包装——京港融智

　　工程文件 | 工程文件 \ 第 11 章 \ 京港融智
　　视频文件 | 视频 \ 第 11 章 \11.5 电视栏目包装——京港融智 .avi

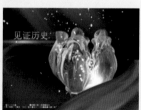

动画流程画面

After Effects CS6
标准教程

水木居士◎编著

人民邮电出版社

北　京

图书在版编目（CIP）数据

After Effects CS6标准教程 / 水木居士编著. --
北京：人民邮电出版社，2017.1
ISBN 978-7-115-43281-0

Ⅰ．①A… Ⅱ．①水… Ⅲ．①图象处理软件—教材
Ⅳ．①TP391.41

中国版本图书馆CIP数据核字(2016)第268103号

内 容 提 要

本书根据多位业界资深设计师的教学与实践经验，为想在较短时间内学习并掌握 After Effects 软件在影视制作中的使用方法和技巧的读者量身打造。全书共分为 11 章，采用由浅入深的写作方法，以基础内容为主，配合大量实战案例，详细讲解了影视动画及电影蒙太奇手法、After Effects 速览入门、层及层基础动画、文字及键控抠像、蒙版的操作、内置视频特效和动画的渲染与输出等基础知识。并在最后 4 章，通过精选常用且实用的完美光线特效、电影特效表现、常见插件特效和商业包装案例实战等特效应用案例进行技术剖析和操作详解。

本书配套多媒体教学光盘，提供书中所有案例的工程文件，以及所有案例的多媒体高清有声操作演示视频，帮助读者迅速掌握使用 After Effects 进行影视后期特效合成与电视栏目包装制作的精髓，让新手跨入高手行列。

本书案例丰富，讲解细致，注重激发读者的兴趣和培养读者的动手能力，适合作为打算从事影视制作、栏目包装、电视广告、后期编辑与合成等工作的人员的参考手册，也可作为社会培训学校、大中专院校相关专业的教学配套教材或上机实践指导用书。

◆ 编　著　水木居土

责任编辑　张丹阳

责任印制　陈　犇

◆ 人民邮电出版社出版发行　　北京市丰台区成寿寺路 11 号
邮编　100164　电子邮件　315@ptpress.com.cn
网址　http://www.ptpress.com.cn
大厂聚鑫印刷有限责任公司印刷

◆ 开本：787×1092　1/16

印张：21.5　　　　　　　彩插：6

字数：539 千字　　　　　2017 年 1 月第 1 版

印数：1－3 000 册　　　　2017 年 1 河北第 1 次印刷

定价：45.00 元（附光盘）

读者服务热线：(010)81055410　印装质量热线：(010)81055316
反盗版热线：(010)81055315

前言
PREFACE

After Effects CS6 是 Adobe 公司开发的一个视频剪辑及特效制作软件，其功能非常强大，是制作动态影像设计时不可或缺的辅助工具，是视频后期合成处理的专业非线性编辑软件，可以高效且精确地制作出多种引人注目的动态图形和震撼人心的视觉效果，用途涵盖电影、广告、多媒体以及网页等合成制作。像《钢铁侠》《幽灵骑士》《加勒比海盗》《绿灯侠》等大片都使用 After Effects 制作各种特效。After Effects 使用技能也似乎成为影视后期编辑人员必备的技能之一。

现在，After Effects 已经被广泛地应用于数字和电影的后期制作中，而新兴的多媒体和互联网也为 After Effects 软件提供了宽广的发展空间。After Effects 使用业内的动画和构图标准呈现出电影般的视觉效果和细腻的动态图形，为人们的创意发挥提供了有用的工具，并同时提供前所未见的出色效能。

本书在编写过程中很好地把握了循序渐进的教学模式，首先对 After Effects CS6 软件的工作界面和基本操作进行详解，侧重对后期合成所需要的基础知识进行介绍，然后结合大量的实战案例，将影视特效制作的设计理念和电脑制作技术巧妙结合，淋漓尽致地讲述了用 After Effects 进行合成、校色、动画制作、视觉特效和影视栏目包装的方法和技巧。

本书的主要特色包括以下 4 点。

1. 一线作者团队：本书由一线高级讲师为入门级用户量身定制，以深入浅出、平实幽默的教学风格，将 After Effects 化繁为简，帮助读者彻底掌握。

2. 超完备的基础功能及商业案例详解：11 章超全内容，包括 7 章基础内容和 4 章精彩特效及商业栏目包装表现，将 After Effects 全盘解析，从基础到案例，从入门到入行，从新手到高手。

3. 实用的快捷键：本书的附录中，详细地列出了本书的所有快捷键列表，让读者在掌握软件的同时掌握更加快捷的命令操作技法。

4. 超大容量教学录像：本书附带 1 张教学光盘，包括书中案例的工程文件和高清语音多媒体教学录像，超长教学时间，超大容量，对软件入门、基础动画、文字及键控、蒙版与特效、渲染与输出、完美光线与电影特效和常见插件与商业栏目包装等均有讲解，真正做到多媒体教学与图书互动，使读者从零起飞，快速跨入高手行列。

本书由水木居士主编，在此感谢所有创作人员对本书付出的艰辛努力。在创作的过程中，由于时间仓促，错误在所难免，希望广大读者批评指正。如果在学习过程中发现问题，或有更好的建议，欢迎发送邮件到 bookshelp@163.com 与我们联系。

编者

2016 年 10 月

目录
CONTENTS

Ae

第 **6** 章   📹 视频时间: 33分钟

内置视频特效

第 **7** 章   📹 视频时间: 10分钟

动画的渲染与输出

附录 **A**

After Effects CS6 外挂插件的安装

附录 **B**

After Effects CS6 默认键盘快捷键

第 **1** 章

视频基础及电影蒙太奇手法

本章主要对影视后期制作的基础知识进行讲解，首先对帧、场、电视制式及视频编码进行介绍，然后讲解色彩模式的种类和含义，色彩深度与图像分辨率，视频编辑的镜头表现手法，电影蒙太奇的表现手法。

教学目标

- ✪ 了解帧、频率和场的概念
- ✪ 了解色彩模式的种类和含义
- ✪ 了解色彩深度与图像分辨率
- ✪ 掌握影视镜头的表现手法
- ✪ 了解电影蒙太奇表现手法

Ae 1.1　数码影视视频基础

1.1.1　帧的概念

所谓视频，即是由一系列单独的静止图像组成，如图 1.1 所示。每秒钟连续播放静止图像，利用人眼的视觉残留现象，在观者眼中就产生了平滑而连续活动的影像。

图1.1 单帧静止画面效果

一帧是扫描获得的一幅完整图像的模拟信号，帧是视频图像的最小单位。在日常看到的电视或电影中，视频画面其实就是由一系列的单帧图片构成的，将这些一系列的单帧图片以合适的速度连续播放，利用人眼的视觉残留现象，在观者眼中就产生了平滑而连续活动的影像，就产生了动态画面效果，而这些连续播放的图片中的每一帧图片，就可以称之为一帧，比如一个影片的播放速度为 25 帧每秒，就表示该影片每秒播放 25 个单帧静态画面。

1.1.2　帧率和帧长度比

帧率有时也叫帧速或帧速率，表示在影片播放中，每秒钟所扫描的帧数，比如对于 PAL 制式电视系统，帧率为 25 帧；而 NTSC 制式电视系统，帧率为 30 帧。

帧长度比是指图像的长度和宽度的比例，平时我们常说的 4：3 和 16：9，其实就是指图像的长宽比例。4：3 画面显示效果如图 1.2 所示；16：9 画面显示效果如图 1.3 所示。

图1.2 4：3画面显示效果　　　　　　　图1.3 16：9画面显示效果

1.1.3 像素长宽比

像素长宽比是指每个像素长度和宽度的比值。通常以电视机的长宽比为依据，即 640/160 和 480/160 之比为 4:3。以 PAL 制的 DV 格式为例，选 4:3 时，像素比为 1.0667，选 16:9 时是 1.4222。因此，对于 4:3 长宽比来讲，480/640×4/3=1.067。所以，PAL 制式的像素长宽比为 1.067。

1.1.4 场的概念

场是视频的一个扫描过程。有逐行扫描和隔行扫描，对于逐行扫描，一帧即是一个垂直扫描场；对于隔行扫描，一帧由两行构成：奇数场和偶数场，是用两个隔行扫描场表示一帧。

电视机由于受到信号带宽的限制，采用的就是隔行扫描，隔行扫描是目前很多电视系统的电子束采用的一种技术，它将一幅完整的图像按照水平方向分成很多细小的行，用两次扫描来交错显示，即先扫描视频图像的偶数行，再扫描奇数行而完成一帧的扫描，每扫描一次，就叫作一场。对于摄像机和显示器屏幕，获得或显示一幅图像都要扫描两遍才行，隔行扫描对于分辨率要求不高的系统比较适合。

在电视播放中，由于扫描场的作用，其实我们所看到的电视屏幕出现的画面不是完整的画面，而是一个"半帧"画面，如图 1.4 所示。但由于 25Hz 的帧频率能以最少的信号容量有效地利用人眼的视觉残留特性，所以看到的图像是完整图像，如图 1.5 所示，但闪烁的现象还是可以感觉出来的。我国电视画面传输率是每秒 25 帧、50 场。50Hz 的场频率隔行扫描，把一帧分为奇、偶两场，奇、偶的交错扫描相当于遮挡板的作用。

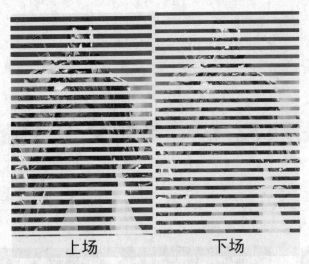
上场　　　　　　下场
图1.4 "半帧"画面

图1.5 完整图像

1.1.5 电视的制式

电视的制式就是电视信号的标准。它的区分主要在帧频、分辨率、信号带宽以及载频、色彩空间的转换关系上。不同制式的电视机只能接收和处理相应制式的电视信号。但现在也出现了多制式或全制式的电视机，为处理不同制式的电视信号提供了极大的方便。全制式电视机可以在各个国家的不同地区使用。目前各个国家的电视制式并不统一，全世界目前有以下三种彩色制式。

1. PAL 制式

PAL 是 Phase Alteration Line 的英文缩写，其含义为逐行倒相，PAL 制式即逐行倒相正交平衡调幅制，它是西德在 1962 年制定的彩色电视广播标准，它克服了 NTSC 制式相对相位失真敏感而引起色彩失真的缺点。中国、新加坡、澳大利亚、新西兰，以及西德、英国等一些西欧国家使用 PAL 制式。根据不同的参数细节，它又可以分为 G、I、D 等制式，其中 PAL-D 是我国大陆采用的制式。PAL 制式电视的帧频为每秒 25 帧，场频为每秒 50 场。

2．NTSC 制式（N 制）

NTSC 是 Natonal Television System Committee 的英文缩写，NTSC 制式是由美国国家电视标准委员会于 1952 年制定的彩色广播标准，它采用正交平衡调幅技术（正交平衡调幅制）；NTSC 制式有色彩失真的缺陷。NTSC 制式电视的帧频为每秒 29.97 帧，场频为每秒 60 场。美国、加拿大等大多西半球国家以及中国台湾、日本、韩国等采用这种制式。

3．SECAM 制式

SECAM 是法文 Sequentiel Couleur A Memoire 的缩写，含义为"顺序传送彩色信号与存储恢复彩色信号制"的缩写；是由法国在 1956 年提出，1966 年制定的一种新的彩色电视制式。它也克服了 NTSC 制式相位失真的缺点，它采用时间分隔法来逐行依次传送两个色差信号，不怕干扰，色彩保真度高，但是兼容性较差。目前法国、东欧国家以及中东部分国家使用 SECAM 制式。

1.1.6 视频时间码

一段视频片段的持续时间和它的开始帧和结束帧通常用时间单位和地址来计算，这些时间和地址被称为时间码（简称时码）。时码用来识别和记录视频数据流中的每一帧，从一段视频的起始帧到终止帧，每一帧都有一个唯一的时间码地址，这样在编辑的时候利用它可以准确地在素材上定位出某一帧的位置，方便地安排编辑和实现视频和音频的同步。这种同步方式叫作帧同步。"动画和电视工程师协会"采用的时码标准为 SMPTE，其格式为：小时 : 分钟 : 秒 : 帧，如一个 PAL 制式的素材片段表示为：00:01:30:12，那么意思是它持续 1 分钟 30 秒零 12 帧，换算成帧单位就是 2 263 帧，如果播放的帧速率为 25 帧／秒，那么这段素材可以播放约一分零三十点五秒。

电影、电视行业中使用的帧率各不相同，但它们都有各自对应的 SMPTE 标准。如 PAL 采用 25fps 或 24fps，NTSC 制式采用 30fps 或 29.97fps。早期是黑白电视采用 29.97fps 而非 30fps，这样就会产生一个问题，即在时码与实际播放之间产生 0.1% 的误差。为了解决这个问题，于是设计出帧同步技术，这样可以保证时码与实际播放时间一致。与帧同步格式对应的是帧不同步格式，它会忽略时码与实际播放帧之间的误差。

Ae 1.2　色彩模式

1.2.1 RGB模式

RGB 是光的色彩模型，俗称三原色（也就是三个颜色通道）：红、绿、蓝。每种颜色都有 256 个亮度级（0~255）。RGB 模型也称为加色模型，因为当增加红、绿、蓝色光的亮度级时，色彩变得更亮。所有显示器、投影仪和其他传递与滤光的设备，包括电视、电影放映机都依赖于加色模型。

任何一种色光都可以由 RGB 三原色混合得到，RGB 三个值中任何一个发生变化都会导致合成出来的色彩发生变化。电视彩色显像管就是根据这个原理得来的，但是这种表示方法并不适合人的视觉特点，所以产生了其他的色彩模式。

1.2.2 CMYK模式

CMYK 由青色（C）、品红（M）、黄色（Y）和黑色（K）四种颜色组成。这种色彩模式主要应用于图像的打印输出，所有商业打印机使用的都是减色模式。CMYK 色彩模型中色彩的混合正好和 RGB 色彩模式相反。

当使用 CMYK 模式编辑图像时，应当十分小心，因为通常都习惯于编辑 RGB 图像，在 CMYK 模式下编辑需要一些新的方法，尤其是编辑单个色彩通道时。在 RGB 模式中查看单色通道时，白色表示高亮度色，黑色表示低亮度色；在 CMYK 模式中正好相反，当查看单色通道时，黑色表示高亮度色，白色表示低亮度色。

1.2.3 HSB模式

HSB 色彩空间是根据人的视觉特点，用色调（Hue）、饱和度（Saturation）和亮度（Brightness）来表达色彩。我们常把色调和饱和度统称为色度，用它来表示颜色的类别与深浅程度。由于人的视觉对亮度比对色彩浓淡更加敏感，为了便于色彩处理和识别，常采用 HSB 色彩空间。它能把色调、色饱和度和亮度的变化情形表现得很清楚，它比 RGB 空间更加适合人的视觉特点。在图像处理和计算机视觉中，大量的算法都可以在 HSB 色彩空间中方便使用，它们可以分开处理而且相互独立。因此 HSB 空间可以大大简化图像分析和处理的工作量。

1.2.4 YUV（Lab）模式

YUV 的重要性在于它的亮度信号 Y 和色度信号 UV 是分离的，彩色电视采用 YUV 空间正是为了用亮度信号 Y 解决彩色电视机与黑白电视机的兼容问题的。如果只有 Y 分量而没有 UV 分量，这样表示的图像为黑白灰度图。

RGB 并不是快速响应且提供丰富色彩范围的唯一模式。Photoshop 的 Lab 色彩模式包括来自 RGB 和 CMYK 下的所有色彩，并且和 RGB 一样快。许多高级用户更喜欢在这种模式下工作。

Lab 模型与设备无关，有 3 个色彩通道，一个用于照度（Luminosity），另外两个用于色彩范围，简单地用字母 a 和 b 表示。a 通道包括的色彩从深绿色（低亮度值）到灰（中亮度值）再到粉红色（高亮度值）；b 通道包括的色彩从天蓝色（低亮度值）到灰色再到深黄色（高亮度值）；Lab 模型和 RGB 模型一样，这些色彩混在一起产生更鲜亮的色彩，只有照度的亮度值使色彩黯淡。所以，可以把 Lab 看作是带有亮度的两个通道的 RGB 模式。

1.2.5 灰度模式

灰度模式属于非色彩模式。它只包含 256 级不同的亮度级别，并且仅有一个 Black 通道。在图像中看到的各种色调都是由 256 种不同强度的黑色表示。

Ae 1.3 色彩深度与图像分辨率

1.3.1 色彩深度

色彩深度是指存储每个像素色彩所需要的位数，它决定了色彩的丰富程度，常见的色彩深度有以下几种。

1. 真彩色

组成一幅彩色图像的每个像素值中，有 R、G、B 3 个基色分量，每个基色分量直接决定其基色的强度。这样合成产生的色彩就是真实的原始图像的色彩。平常所说的 32 位彩色，就是在 24 位之外还有一个 8 位的 Alpha 通道，表示每个像素的 256 种透明度等级。

2. 增强色

用 16 位来表示一种颜色，它所能包含的色彩远多于人眼所能分辨的数量，共能表示 65 536 种不同的颜色。因此大多数操作系统都采用 16 位增强色选项。这种色彩空间的建立根据人眼对绿色最敏感的特性，所以其中红色分量占 4 位，蓝色分量占 4 位，绿色分量就占 8 位。

3. 索引色

用 8 位来表示一种颜色。一些较老的计算机硬件或文档格式只能处理 8 位的像素，8 位的显示设备通常会使用索引色来表现色彩。其图像的每个像素值不分 R、G、B 分量，而是把它作为索引进行色彩变幻，系统会根据每个像素的 8 位数值去查找颜色。8 位索引色能表示 256 种颜色。

1.3.2　图像分辨率

分辨率就是指在单位长度内含有的点（即像素）的多少。像素（pixel）是图形单元（picture element）的缩写，是位图图像中最小的完整单位。像素有两个属性——其一就是位图图像中的每个像素都具有特定的位置，其二就是可以利用位进行度量的颜色深度。

除某些特殊标准外，像素都是正方形的，而且各个像素的尺寸也是完全相同的。在 Photoshop 中像素是最小的度量单位。位图图像由大量像素以行和列的方式排列而成，因此位图图像通常表现为矩形外貌。需要注意的是分辨率并不单指图像的分辨率，它有很多种，可以分为以下几种类型。

1. 图像的分辨率

图像的分辨率：就是每英寸图像含有多少个点或者像素，分辨率的单位为 dpi，例如 72dpi 就表示该图像每英寸含有 72 个点或者像素。因此，当知道图像的尺寸和图像分辨率的情况下，就可以精确地计算得到该图像中全部像素的数目。

在 Photoshop 中也可以用厘米为单位来计算分辨率，不同的单位计算出来的分辨率是不同的，一般情况下，图像分辨率的大小以英寸为单位。

在数字化图像中，分辨率的大小直接影响图像的质量，分辨率越高，图像就越清晰，所产生的文件就越大，在工作中所需的内存和 CPU 处理时间就越长。所以在创作图像时，不同品质、不同用途的图像就应该设置不同的图像分辨率，这样才能最合理地制作生成图像作品。例如要打印输出的图像分辨率就需要高一些，若仅在屏幕上显示使用就可以低一些。

另外，图像文件的大小与图像的尺寸和分辨率息息相关。当图像的分辨率相同时，图像的尺寸越大，图像文件的大小也就越大。当图像的尺寸相同时，图像的分辨率越大，图像文件的大小也就越大。

> **技巧**
>
> 利用 Photoshop 处理图像时，按住 Alt 键的同时单击状态栏中的"文档"区域，可以获取图像的分辨率及像素数目。

2. 图像的位分辨率

图像的位分辨率又称作位深，用于衡量每个像素储存信息的位数。该分辨率决定可以标记为多少种色彩等级的可能性，通常有 8 位、16 位、24 位或 32 位色彩。有时，也会将位分辨率称为颜色深度。所谓"位"实际上就是指 2 的次方数，8 位就是 2 的 8 次方，也就是 8 个 2 的乘积 256。因此，8 位颜色深度的图像所能表现的色彩等级只有 256 级。

3. 设备分辨率

设备分辨率：是指每单位输出长度所代表的点数和像素。它和图像分辨率的不同之处在于图像分辨率可以更改，而设备分辨率则不可更改。比如显示器、扫描仪和数码相机这些硬件设备，各自都有一个固定的分辨率。

设备分辨率的单位是 ppi，即每英寸上所包含的像素数。图像的分辨率越高，图像上每英寸包含的像素点就越多，图像就越细腻，颜色过渡就越平滑。例如，72 ppi 分辨率的 1×1 平方英寸的图像总共包含（72 像素宽 ×72 像素高）5 184 个像素。如果用较低的分辨率扫描或创建的图像，只能单纯的扩大图像的分辨率，不会提高图像的品质。

显示器、打印机、扫描仪等硬件设备的分辨率，用每英寸上可产生的点数 DPI 来表示。显示器的分辨率就是显示器上每单位长度显示的像素或点的数目，以点 / 英寸（dpi）为度量单位。打印机分辨率是激光照排机或打印机每英寸产生的油墨点数（dpi）。打印机的 DPI 是指每平方英寸上所印刷的网点数。网频是打印灰度图像或分色时，每英寸打印机点数或半调单元数。网频也称网线，即在半调网屏中每英寸的单元线数，单位是线 / 英寸（lpi）。

4. 扫描分辨率

扫描分辨率指在扫描图像前所设置的分辨率，它将会直接影响到最终扫描得到的图像质量。如果扫描图像用于 640×480 的屏幕显示，那么扫描分辨率通常不必大于显示器屏幕的设备分辨率，即不超过 120 dpi。

通常，扫描图像是为了在高分辨率的设备中输出。如果图像扫描分辨率过低，将会导致输出效果非常粗糙。反之，如果扫描分辨率过高，则数字图像中会产生超过打印所需要的信息，不但减慢打印速度，而且在打印输出时会使图像色调的细微过渡丢失。

5. 网屏分辨率

专业印刷的分辨率也称为线屏或网屏，决定分辨率的主要因素是每英寸内网版点的数量。在商业印刷领域，分辨率以每英寸上等距离排列多少条网线表示，也就是常说的 lpi（lines per inch，每英寸线数）。

在传统商业印刷制版过程中，制版时要在原始图像前加一个网屏，该网屏由呈方格状透明与不透明部分相等的网线构成。这些网线就是光栅，其作用是切割光线解剖图像。网线越多，表现图像的层次越多，图像质量也就越好。因此商业印刷行业中采用了 lpi 表示分辨率。

Ae 1.4 镜头的一般表现手法

镜头是影视创作的基本单位，一个完整的影视作品，是由一个一个的镜头完成的，离开独立的镜头，也就没有了影视作品。通过多个镜头的组合与设计的表现，完成整个影视作品镜头的制作，所以说，镜头的应用技巧也直接影响影视作品的最终效果。那么在影视拍摄中，常用镜头是如何表现的呢，下面来详细讲解常用镜头的使用技巧。

1.4.1 推镜头

推镜头是拍摄中比较常用的一种拍摄手法，它主要利用摄像机前移或变焦来完成，逐渐靠近要表现的主体对象，使人感觉一步一步走进要观察的事物，近距离观看某个事物，它可以表现同一个对象从远到近变化，也可以表现一个对象到另一个对象的变化，这种镜头的运用，主要突出要拍摄的对象或是对象的某个部位，从而更清楚地看到细节的变化。比如观察一个古董，从整体通过变焦看到编辑部特征，也是应用推镜头。图 1.6 示为推镜头的应用效果。

图1.6 推镜头的应用效果

1.4.2 移镜头

移镜头也叫移动拍摄，它是将摄像机固定在移动的物体上做各个方向的移动来拍摄不动的物体，使不动的物体产生运动效果，摄像时将拍摄画面逐步呈现，形成巡视或展示的视觉感受，它将一些对象连贯起来加以表现，形成动态效果而组成影视动画展现出来，可以表现出逐渐认识的效果，并能使主题逐渐明了，比如我们坐在奔驰的车上，看窗外的景物，景物本来是不动的，但却感觉是景物在动，这是同一个道理，这种拍摄手法多用于表现静物动态时的拍摄。图 1.7 所示为移镜头的应用效果。

图1.7 移镜头的应用效果

1.4.3　跟镜头

　　跟镜头也称为跟拍，在拍摄过程中找到兴趣点，然后跟随目标进行拍摄。比如在一个酒店，开始拍摄的只是整个酒店中的大场面，然后跟随一个服务员从一个位置跟随拍摄，在桌子间走来走去的镜头。跟镜头一般要表现的对象在画面中的位置保持不变，只是跟随它所走过的画面有所变化，就如一个人跟着另一个人穿过大街小巷一样，周围的事物在变化，而本身的跟随是没有变化的。跟镜头也是影视拍摄中比较常见的一种方法，它可以很好地突出主体，表现主体的运动速度、方向及体态等信息，给人一种身临其境的感觉。图 1.8 所示为跟镜头的应用效果。

图1.8　跟镜头的应用效果

1.4.4　摇镜头

　　摇镜头也称为摇拍，在拍摄时相机不动，只摇动镜头做左右、上下、移动或旋转等运动，使人感觉从对象的一个部位到另一个部位逐渐观看，比如一个人站立不动转动脖子来观看事物，我们常说的环视四周，其实就是这个道理。

　　摇镜头也是影视拍摄中经常用到的，比如电影中出现一个洞穴，然后上下、左右或环周拍摄应用的就是摇镜头。摇镜头主要用来表现事物的逐渐呈现，一个又一个的画面从渐入镜头到渐出镜头来完成整个事物发展。图 1.9 所示为摇镜头的应用效果。

图1.9　摇镜头的应用效果

1.4.5 旋转镜头

旋转镜头是指被拍摄对象呈旋转效果的画面，镜头沿镜头光轴或接近镜头光轴的角度旋转拍摄，摄像机快速做超过 360 度的旋转拍摄，这种拍摄手法多表现人物的晕眩感觉，是影视拍摄中常用的一种拍摄手法。图 1.10 所示为旋转镜头的应用效果。

图1.10 旋转镜头的应用效果

1.4.6 拉镜头

拉镜头与推镜头正好相反，它主要是利用摄像机后移或变焦来完成，逐渐远离要表现的主体对象，使人感觉正一步一步远离要观察的事物，远距离观看某个事物的整体效果。它可以表现同一个对象从近到远的变化，也可以表现一个对象到另一个对象的变化，这种镜头的应用，主要突出要拍摄对象与整体的效果，把握全局。比如常见影视中的峡谷内部拍摄到整个外部拍摄，应用的就是拉镜头。图 1.11 所示为拉镜头的应用效果。

图1.11 拉镜头的应用效果

1.4.7 甩镜头

甩镜头是快速地将镜头摇动，极快地转移到另一个景物，从而将画面切换到另一个内容，而中间的过程则产生模糊一片的效果，这种拍摄可以表现一种内容的突然过渡。图 1.12 所示为甩镜头的应用效果。

图1.12 甩镜头的应用效果

1.4.8 晃镜头

晃镜头的应用相对于前面的几种方式应用要少一些，它主要应用在特定的环境中，让画面产生上下、左右或前后等的摇摆效果，主要用于表现精神恍惚、头晕目眩、乘车船等摇晃效果，比如表现一个喝醉酒的人物场景时，就要用到晃镜头，再比如坐车在不平道路上所产生的颠簸效果。图1.13所示为晃镜头的应用效果。

图1.13 晃镜头的应用效果

Ae 1.5 电影蒙太奇表现手法

蒙太奇是法语Montage的译音，原为建筑学用语，意为构成、装配。到了20世纪中期，电影艺术家将它引入到了电影艺术领域，意思转变为剪辑、组合剪接，即影视作品创作过程中的剪辑组合。在无声电影时代，蒙太奇表现技巧和理论的内容只局限于画面之间的剪接，在后来出现了有声电影之后，影片的蒙太奇表现技巧和理论又包括了声画蒙太奇和声声蒙太奇技巧与理论，含义便更加广泛了。"蒙太奇"的含义有广义，狭义之分。狭义的蒙太奇专指对镜头画面、声音、色彩诸元素编排组合的手段，其中最基本的意义是画面的组合。而广义的蒙太奇不仅指镜头画面的组接，也指影视剧作开始直到作品完成整个过程中艺术家的一种独特艺术思维方式。

1.5.1　蒙太奇技巧的作用

蒙太奇组接镜头与音效的技巧是决定一个影片成功与否的重要因素。在影片中的表现有下列内容。

1．表达寓意，创造意境

镜头的分割与组合，声画的有机组合，相互作用，可以给观众在心理上产生新的含义。单个的镜头、单独的画面或者声音只能表达其本身的具体含义，而如果我们使用蒙太奇技巧和表现手法的话，就可以使得一系列没有任何关联的镜头或者画面产生特殊的含义，表达出创作者的寓意，甚至还可以产生特定的含义。

2．选择和取舍，概括与集中

一部几十分钟的影片，是由许多素材镜头中挑选出来的。这些素材镜头不仅内容、构图、场面调度均不相同，甚至连摄像机的运动速度都有很大的差异，有些时候还存在一些重复。编导就必须根据影片所要表现的主题和内容，认真对素材进行分析和研究，慎重大胆地进行取舍和筛选，重新进行镜头的组合，尽量增强画面的可视性。

3．引导观众注意力，激发联想

由于每一个单独的镜头都只能表现一定的具体内容，但组接后就有了一定的顺序，可以严格的规范和引导、影响观众的情绪和心理，启迪观众进行思考。

4．可以创造银幕（屏幕）上的时间概念

运用蒙太奇技巧可以对现实生活和空间进行裁剪、组织、加工和改造，使得影视时空在表现现实生活和影片内容的领域极为广阔，延伸了银幕（屏幕）的空间，达到了跨越时空的作用。

5．蒙太奇技巧使得影片的画面形成不同的节奏

蒙太奇可以把客观因素（信息量、人物和镜头的运动速度、色彩声音效果，音频效果以及特技处理等）和主观因素（观众的心理感受）综合研究，通过镜头之间的剪接，将内部节奏和外部节奏、视觉节奏和听觉节奏有机地结合在一起，使影片的节奏丰富多彩、生动自然而又和谐统一，产生强烈的艺术感染力。

1.5.2　镜头组接蒙太奇

这种镜头的组接不考虑音频效果和其他因素，根据其表现形式，我们将这种蒙太奇分为两大类：叙述蒙太奇和表现蒙太奇。

1．叙述蒙太奇

在影视艺术中又被称为叙述性蒙太奇，它是按照情节的发展时间、空间、逻辑顺序以及因果关系来组接镜头、场景和段落。表现了事件的连贯性，推动情节的发展，引导观众理解内容，是影视节目中最基本、最常用的叙述方法。其优点是脉络清晰、逻辑连贯。叙述蒙太奇的叙述方法在具体的操作中还分为连续蒙太奇、平行蒙太奇、交叉蒙太奇以及重复蒙太奇等几种具体方式。

◆　连续蒙太奇。这种影视的叙述方法类似于小说叙述手法中的顺序方式。一般来讲它有一个明朗的主线，按照事件发展的逻辑顺序，有节奏的连续叙述。这种叙述方法比较简单，在线索上也比较明朗，能使所要叙述的事件通俗易懂。但同时也有自己的不足，一个影片中过多地使用连续蒙太奇手法会给人拖沓冗长的感觉。因此我们在进行非线性编辑的时候，需要考虑到这些方面的内容，最好与其他的叙述方式有机结合，互相配合使用。

◆　平行蒙太奇。这是一种分叙式表达方法。将两个或者两个以上的情节线索分头叙述，但仍统一在一个完整的情节之中。这种方法有利于概括集中，节省篇幅，扩大影片的容量，由于平行表现，相互衬托，可以形成对比、呼应，产生多种艺术效果。

◆ 交叉蒙太奇。这种叙述手法与平行蒙太奇一样，平行蒙太奇手法只重视情节的统一和主题的一致，以及事件的内在联系和主线的明朗。而交叉蒙太奇强调的是并列的多个线索之间的交叉关系和事件的统一性和对比性，以及这些事件之间的相互影响和相互促进，最后将几条线索汇合为一。这种叙述手法能造成强烈的对比和激烈的气氛，加强矛盾冲突的尖锐性，引起悬念，是控制观众情绪的一个重要手段。

◆ 重复蒙太奇。这种叙述手法是让代表一定寓意的镜头或者场面在关键时刻反复出现，造成强调、对比、呼应、渲染等艺术效果，以达到加深寓意之效。

2. 表现蒙太奇

这种蒙太奇表现在影视艺术中也被称作对称蒙太奇，它是以镜头序列为基础，通过相连或相叠镜头在形式或者内容上的相互对照、冲击，从而产生单独一个镜头本身不具有的或者更为丰富的含义，以表达创作者的某种情感，也给观众在视觉上和心理上造成强烈的印象，增加感染力。激发观众的联想，启迪观众思考。这种蒙太奇技巧的目的不是叙述情节，而是表达情绪、表现寓意和揭示内在的含义。这种蒙太奇表现形式又有以下几种。

◆ 隐喻蒙太奇。这种叙述手法通过镜头（或者场面）的队列或交叉表现进行分类，含蓄而形象的表达创作者的某种寓意或者对某个事件的主观情绪。它往往是将不同的事物之间具有某种相似的特征表现出来，目的是引起观众的联想，让他们领会创作者的寓意，领略事件的主观情绪色彩。这种表现手法就是将巨大的概括力和简洁的表现手法相结合，具有强烈的感染力和形象表现力。在我们要制作的节目中，必须将要隐喻的因素与所要叙述的线索相结合，这样才能达到我们想要表达的艺术效果。用来隐喻的要素必须与所要表达的主题一致，并且能够在表现手法上补充说明主题，而不能脱离情节生硬插入，因而要求这一手法必须运用的贴切、自然、含蓄和新颖。

◆ 对比蒙太奇。这种蒙太奇表现手法就是在镜头的内容上或者形式上造成一种对比，给人一种反差感受。通过内容的相互协调和对比冲突，表达作者的某种寓意或者某些话所表现的内容、情绪和思想。

◆ 心理蒙太奇。这种表现技巧是通过镜头组接，直接而生动的表现人物的心理活动、精神状态，如人物的回忆、梦境、幻觉以及想象等心理，甚至是潜意识的活动，这种手法往往用在表现追忆的镜头中。

心理蒙太奇表现手法的特点是：形象的片断性、叙述的不连贯性。多用于交叉、队列以及穿插的手法表现，带有强烈的主观色彩。

1.5.3 声画组接蒙太奇

在 1927 年以前，电影都是无声电影。画面上主要是以演员的表情和动作来引起观众的联想，达到声画的默契。后来又通过幕后语言配合或者人工声响如钢琴、留声机、乐队的伴奏与屏幕结合，进一步提高了声画融合的艺术效果。为了真正达到声画一致，把声音作为影视艺术的表现元素，则是利用录音、声电光感应胶片技术和磁带录音技术，才把声音作为影视艺术的一个有机组成部分合并到影视节目之中。

1. 影视语言

影视艺术是声画艺术的结合物，离开二者之中的任何一个都不能成为现代影视艺术。在声音元素里，包括了影视的语言因素。在影视艺术中，对语言的要求不同于其他艺术形式，它有着自己特殊的要求和规则。我们将它归纳为以下几个方面。

● 语言的连贯性，声画和谐

在影视节目中，如果把语言分解开来，会发现它不像一篇完整的文章，段落之间也不一定有着严密的逻辑性。但如果我们将语言与画面相配合，就可以看出节目整体的不可分割性和严密的逻辑性。这种逻辑性，表现在语言和画面上是互相渗透、有机结合的。在声画组合中，有些时候是以画面为主，说明画面的抽象内涵；有些时候是以声音为主，画面只是作为形象的提示。根据以上分析，影视语言有以下特点和作用：深化和升华主题，将形象的画面用语言表达出来；语言可以抽象概括画面，将具体的画面表现为抽象的概念；语言可以表现不同人物的性格和心态；语言还可以衔接画面，使镜头过渡流畅；语言还可以代替画面，将一些不必要的画面省略掉。

● 语言的口语化、通俗化

影视节目面对的观众是多层次化的，除了特定的一些影片外，都应该使用通俗语言。所谓的通俗语言，就是影片中使用的口头语、大白话。如果语言不通俗、费解、难懂，会让观众在观看时分心，这种听觉上的障碍会妨碍到视觉功能，也就会影响到观众对画面的感受和理解，当然也就不能取得良好的视听效果。

● 语言简练概括

影视艺术是以画面为基础的，所以，影视语言必须简明扼要，点明则止。剩下的时间和空间都要用画面来表达，让观众在有限的时空里自由想象。

解说词对画面也必须是亦步亦趋，如果充满节目，会使观众的听觉和视觉都处于紧张状态，顾此失彼，这样就会对听觉起干扰和掩蔽的作用。

● 语言准确贴切

由于影视画面是展示在观众眼前的，任何细节对观众来说都是一览无余的，因此对于影视语言的要求是相当精确的。每句台词，都必须经得起观众的考验。这就不同于广播的语言，即使不够准确还能够混过听众的听觉。在视听画面的影视节目前，观众既看清画面，又听见声音效果，互相对照，稍有差错，就能够被观众轻易发现。

如果对同一画面可以有不同的解说和说明，就要看你的认识是否正确和运用的词语是否妥帖。如果发生矛盾，则很有可能是语言的不准确表达造成的。

2. 语言录音

影视节目中的语言录音包括对白、解说、旁白、独白等。为了提高录音效果，必须注意解说员的声音素质、录音的技巧以及方式。

● 解说员的素质

一个合格的解说员必须充分理解剧本，对剧本内容的重点做到心中有数，对一些比较专业的词语必须理解，读的时候还要抓住主题，确定语音的基调，即总的气氛和情调。在台词对白上必须符合人物形象的性格，解说时语言要流利，不能含混不清，多听电台好的广播节目可以提高我们这方面的鉴赏力。

● 录音

录音在技术上要求尽量创造有利的物质条件，保证良好的音质音量，尽量在专业的录音棚进行录制。在进行解说录音的时候，需要对画面进行编辑，然后让配音员观看后配音。

● 解说的形式

在影视节目中，解说的形式多种多样，需要根据影片的内容而定。大致可以分为三类，第一人称解说、第三人称解说以及第一人称解说与第三人称解说交替的自由形式等。

3. 影视音乐

在电影史上，默片电影一出现就与音乐有着密切的联系。早在 1896 年，卢米埃尔兄弟的影片就使用了钢琴伴奏的形式。后来逐渐完善，将音乐逐渐渗透到影片中，而不再是外部的伴奏形式。再到后来有声电影出现后，影视音乐更是发展到了一个更加丰富多彩的阶段。

● 影视音乐的特点和作用

一般音乐都是作为一种独特的听觉艺术形式来满足人们的艺术欣赏要求。而一旦成为影视音乐，它将丧失自己的独立性，成为某一个节目的组成部分，服从影视节目的总要求，以影视的形式表现。

影视音乐的目的性：影视节目的内容、对象、形式的不同，决定了各种影视节目音乐的结构和目的的表现形式各有特点，即使同一首歌或者同一段乐曲，在不同的影视节目中也会产生不同的作用和目的。

影视音乐的融合性：融合性也就是影视音乐必须和其他影视因素结合，因为音乐本身在表达感情的程度上往往不够准确。但如果与语言、音响和画面融合，就可以突破这种局限性。

● 音乐的分类

按照影视节目的内容区分：如故事片音乐、新闻片音乐、科教片音乐、美术片音乐以及广告片音乐。

按照音乐的性质划分：抒情音乐、描绘性音乐、说明性音乐、色彩性音乐、戏剧性音乐、幻想性音乐、气氛性音乐以及效果性音乐。

按照影视节目的段落划分音乐类型：片头主体音乐、片尾音乐、片中插曲以及情节性音乐。

● 音乐与画面的结合形式

音乐与画面同步：表现为音乐与画面紧密结合，音乐情绪与画面情绪基本一致，音乐节奏与画面节奏完全吻合。音乐强调画面提供的视觉内容，起到解释画面、烘托气氛的作用。

音乐与画面平行：音乐不是直接地追随或者解释画面内容，也不是与画面处于对立状态，而是以自身独特的表现方式从整体上揭示影片的内容。

音乐与画面的对立：音乐与画面之间在情绪、气氛、节奏以至在内容上的互相对立，使音乐具有寓意性，从而深化影片的主题。

● 音乐设计与制作

专门谱曲：这是音乐创作者和导演充分交换对影片的构思创作意图后设计的。其中包括：音乐的风格、主题音乐的特征、主体题音乐的特征、主题音乐的性格特征、音乐的布局以及高潮的分布、音乐与语言、音响在影视中的有机安排、音乐的情绪等要素。

音乐资料改编：根据需要将现有的音乐进行改编，但所配的音乐要与画面的时间保持一致，有头有尾。改编的方法有很多，如将曲子中间一些不需要的段落舍去，去掉重复的段落，还可以将音乐的节奏进行调整，这在非线性编辑系统中是相当容易实现的。

影视音乐的转换技巧：在非线性编辑中，画面需要转换技巧，音乐也需要转换技巧，并且很多画面转换技巧对于音乐同样是适用的。

切：音乐的切入点和切出点最好是选择在解说和音响之间，这样不容易引起注意，音乐的开始也最好选择这个时候，这样会切得不露痕迹。

淡：在配乐的时候，如果找不到合适长度的音乐，可以取其中的一段，或者头部或者尾部，在录音的时候，可以对其进行淡入处理或者淡出处理。

第**2**章

After Effects CS6速览入门

　　本章主要引领读者快速认识After Effects CS6，学习界面的自定义及相关工具、面板、窗口的应用。首先对如何启动After Effects CS6、After Effects CS6工作界面的操作和各种浮动的面板、窗口和工具进行讲解，然后讲解了辅助功能的使用，最后通过课堂案例详细讲解了合成文件的创建与保存，文件夹的使用与素材的添加，让用户快速掌握After Effects CS6的工作环境。

教学目标

- 了解 After Effects CS6 操作界面
- 掌握自定义 After Effects CS6 工作模式
- 认识常用面板、窗口及工具
- 了解辅助功能的使用
- 掌握项目合成的创建与保存

Ae 2.1 快速了解After Effects动画制作的流程

在学习 After Effects 软件之前，先带领大家了解一下 After Effects 动画的制作流程，以便快速了解 AE 动画制作的方法，进而学习 AE 动画的制作技巧。先来看一下动画流程效果，如图 2.1 所示。

图2.1 梦幻飞散精灵动画流程效果

2.1.1 新建合成项目

执行菜单栏中的 Composition（合成）|New Composition（新建合成）命令，打开 Composition Settings（合成设置）对话框，设置 Composition Name（合成名称）为"梦幻飞散精灵"，Width（宽）为"720"，Height（高）为"405"，Frame Rate（帧速率）为"25"，并设置 Duration（持续时间）为 00：00：05：00 秒，如图 2.2 所示。

图2.2 合成设置

2.1.2 添加素材文件

STEP 01 执行菜单栏中的 File（文件）| Import（导入）命令，或是按 Ctrl + I 组合键，打开导入对话框，在此对话框中，选择配套光盘中的"工程文件 \ 第 2 章 \ 梦幻飞散精灵 \ 背景 .jpg"素材，如图 2.3 所示。

STEP 02 在面板中，选择"背景 .jpg"素材，将其拖动到"梦幻飞散精灵"合成中，如图 2.4 所示。

图2.3 导入素材

图2.4 将素材拖动到时间线面板中

2.1.3　添加特效

STEP 01 执行菜单栏中的 Layer（图层）|New（新建）|Solid（固态层）命令，打开 Solid Settings（固态层设置）对话框，设置 Name（名称）为"粒子"，Color（颜色）为白色，如图2.5所示。

STEP 02 为"粒子"层添加 CC Particle World（CC 粒子仿真世界）特效。选择"粒子"层，在 Effects & Presets（效果和预置）面板中展开 Simulation（模拟仿真）特效组，然后双击 CC Particle World（CC 粒子仿真世界）特效，如图2.6所示。

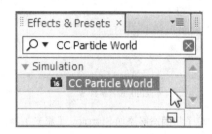

图2.5 固态层设置　　　　　　　　　　　　图2.6 双击添加特效

2.1.4　修改参数制作动画

STEP 01 在 Effect Controls（特效控制）面板中，修改 CC Particle World（CC 粒子仿真世界）特效的参数，设置 Birth Rate（生长速率）的值为 0.6，Longevity（寿命）的值为 2.09，展开 Producer（产生点）选项组，设置 Radius Z（Z 轴半径）的值为 0.435，将时间调整到 00：00：00：00 帧的位置，设置 Position X（X 轴位置）的值为 –0.53，Position Y（Y 轴位置）的值为 0.03，同时单击 Position X（X 轴位置）和 Position Y（Y 轴位置）左侧的码表 按钮，在当前位置设置关键帧，如图 2.7 所示。

STEP 02 将时间调整到 00：00：03：00 帧的位置，设置 Position X（X 轴位置）的值为 0.78，Position Y（Y 轴位置）的值为 0.01，系统会自动设置关键帧，如图 2.8 所示。

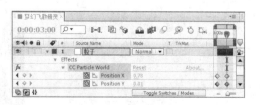

图2.7 00：00：03：00帧参数设置　　　　　图2.8 00：00：03：00帧参数设置

STEP 03 展开 Physics（物理学）选项组，从 Animation（动画）下拉菜单中选择 Viscouse（黏性）选项，设置 Velocity（速率）的值为 1.06，Gravity（重力）的值为 0，展开 Particle（粒子）选项组，从 Particle

Type（粒子类型）下拉菜单中选择 Len Convex（凸透镜）选项，设置 Birth Size（生长大小）的值为 0.357，Death Size（消逝大小）的值为 0.587，如图 2.9 所示，合成窗口效果如图 2.10 所示。

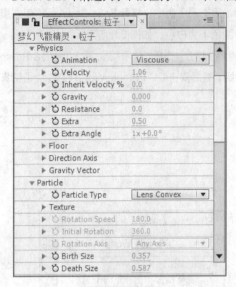

图2.9 设置参数

图2.10 设置粒子仿真世界后效果

STEP 04 为"粒子"固态层添加 Starglow（星光）特效进行修饰。在 Effects & Presets（效果和预置）面板中展开 Trapcode 特效组，然后双击 Starglow（星光）特效，如图 2.11 所示。其中一帧的画面效果，如图 2.12 所示。

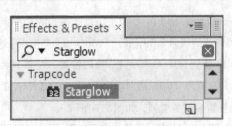

图2.11 添加特效

图2.12 窗口效果图

STEP 05 在 Effects Controls（特效控制）面板中，展开 Colormap A（颜色表 A）属性栏，设置 Midtones（中间色）为粉色（R：255；G：147；B：147），Shadows（阴影颜色）为红色（R：255；G：0；B：0），如图 2.13 所示，窗口效果如图 2.14 所示。

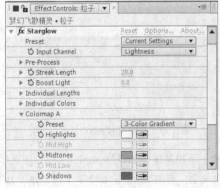

图2.13 修改特效属性

图2.14 窗口效果图

STEP 06 这样就完成了"梦幻飞散精灵效果"的整体制作，按小键盘上的 0 键，即可在合成窗口中预览动画，如图 2.15 所示。

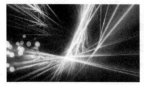   

图2.15 最终效果图

2.1.5　保存工程文件

STEP 01 保存文件。执行菜单栏中的 File（文件）|Save（保存）命令，或按 Ctrl +S 组合键，打开 Save As（保存为）对话框，在该对话框中指定保存的位置和文件名称，如图 2.16 所示。

STEP 02 单击【保存】按钮，即可将其保存起来，这种保存为源文件的保存，以后如果要进行修改或其他编辑，直接将其打开即可。同时在电脑中，指定的保存位置即可查到刚才保存的该文件，如图 2.17 所示。

图2.16 Save As（保存为）对话框　　　　　　图2.17 保存效果

2.1.6　输出动画

STEP 01 输出动画。输出动画的格式有很多种，比较常用的为 AVI 格式，这里就以 AVI 格式为例讲解输出的方法。执行菜单栏中 Composition（合成）|Add to Render Queue（添加到渲染队列）命令，或按 Ctrl+M 组合键，打开 Render Queue（渲染队列）对话框，如图 2.18 所示。

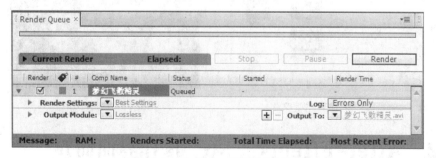

图2.18 Render Queue（渲染队列）对话框

STEP 02 单击 Output Module（输出模块）右侧 lossless（无损）的文字部分，打开 Output Module Settings（输出模块设置）对话框，从 Format（格式）下拉菜单选择 AVI 格式，单击 OK（确定）按钮，如图 2.19 所示。

STEP 03 单击 Output To（输出到）右侧的文件名称文字部分，打开 Output Movie To（输出影片到）对话框，选择输出文件放置的位置，并指定文件名称，如图 2.20 所示。

图2.19 选择AVI格式

图2.20 Output Movie To（输出影片到）对话框

STEP 04 输出的路径设置好后，单击 Render（渲染）按钮开始渲染影片，渲染过程中 Render Queue（渲染组）面板上方的进度条会走动，渲染完毕后会有声音提示，如图 2.21 所示。

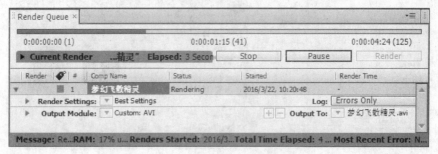

图2.21 进度条会走动效果

STEP 05 渲染完毕后，在路径设置的文件夹里可找到 AVI 格式文件，如图 2.22 所示。双击该文件，可在播放器中打开看到影片，效果如图 2.23 所示。到此 AE 动画的全部制作流程也就讲解完成了。

图2.22 保存的AVI视频文件

图2.23 播放影片效果

2.2 After Effects CS6 操作界面简介

After Effects CS6的操作界面越来越人性化，近几个版本将界面中的各个窗口和面板合并在了一起，不再是单独的浮动状态，这样在操作时免去了拖来拖去的麻烦。

2.2.1 启动After Effects CS6

单击开始 | 所有程序 | After Effects CS6 命令，便可启动 After Effects CS6 软件。如果已经在桌面上创建了 After Effects CS6 的快捷方式，则可以直接用鼠标双击桌面上的 After Effects CS6 快捷图标 Ae ，也可启动该软件，如图 2.24 所示。

图2.24 After Effects CS6 启动画面

等待一段时间后，After Effects CS6 被打开，新的 After Effects CS6 工作界面呈现出来，如图 2.25 所示。

图2.25 After Effects CS6 工作界面

2.2.2 预置工作界面介绍

After Effects CS6 在界面上更加合理地分配了各个窗口的位置，根据制作内容的不同，可以将界面设置成不同的模式，如动画、绘图、特效等，执行菜单栏中的 Window（窗口）| Workspace（工作界面）命令，可以看到其子菜单中包含多种工作模式子选项，包括 All Panels（所用面板）、Animation（动画）、Effects（特效）等模式，如图 2.26 所示。

执行菜单栏中的 Window（窗口）|Workspace（工作界面）|Animation（动画）命令，操作界面则切换到动画工作界面中，整个界面以"动画控制窗口"为主，突出显示了动画控制区，如图 2.27 所示。

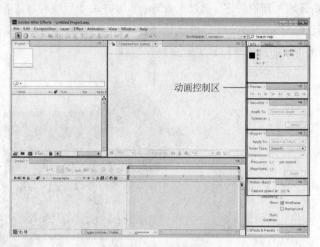

图2.26 多种工作模式　　　　　　图2.27 动画控制界面

执行菜单栏中的 Window（窗口）| Workspace（工作界面）| Paint（绘图）命令，操作界面则切换到绘图控制界面中，整个界面以"绘图控制窗口"为主，突出显示了绘图控制区域，如图 2.28 所示。

图2.28 绘图控制界面

2.2.3　课堂案例——自定义工作界面

不同的用户对于工作模式的要求也不尽相同，如果在预设的工作模式中，没有找到自己需要的模式，用户也可以根据自己的喜好来设置工作模式。

工程文件	无
视频	视频\第2章\2.2.3 课堂案例——自定义工作界面.avi

STEP 01 首先，可以从窗口菜单中，选择需要的面板或窗口，然后打开它，根据需要来调整窗口和面板，调整的方法如图 2.29 所示。

> **提 示**
>
> 在拖动面板向另一个面板靠近时，在另一个面板中，将显示出不同的停靠效果，确定后释放鼠标，面板可在不同的位置停靠。

STEP 02 当另一个面板中心显示停靠效果时，释放鼠标，两个面板将合并在一起，如图 2.30 所示。

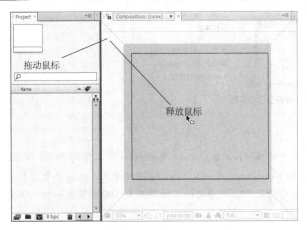

图2.29 拖动调整面板过程

图2.30 面板合并效果

STEP 03 如果想将某个面板单独地脱离出来，可以在拖动面板时，按住 Ctrl 键，释放鼠标后，就可以将面板单独地脱离出来，脱离的效果，如图 2.31 所示。

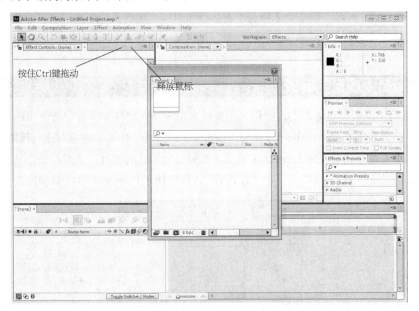

图2.31 脱离面板

STEP 04 如果想将单独脱离的面板再次合并到一个面板中，可以应用前面的方法，拖动面板到另一个可停靠的面板中，显示停靠效果时释放鼠标即可。

STEP 05 当界面面板调整满意后，执行菜单栏中的 Window（窗口）| Workspace（工作界面）| New Workspace（新建工作界面）命令，在打开的 New Workspace（新建工作界面）对话框中，输入一个名称，单击 OK（确定）按钮，即可将新的界面保存，保存后的界面将显示在 Window（窗口）| Workspace（工作界面）命令后的子菜单中，如图 2.32 所示。

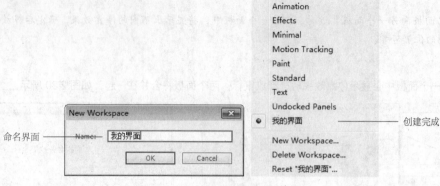

图2.32 保存自己的界面

提示

如果对保存的界面不满意，可以执行菜单栏中的Window（窗口）| Workspace（工作界面）| Delete Workspace（删除工作界面）命令，从打开的Delete Workspace(删除工作界面)对话框中，选择要删除的界面名称，单击Delete（删除）按钮即可。但需要注意的是你当前使用的工作界面是不能直接删除的，需要切换至其他工作界面再进行删除。

Ae 2.3 面板、窗口及工具介绍

After Effects CS6延续了以前版本面板、窗口及工具排列的特点，用户可以将面板、窗口及工具栏单独浮动，也可以合并起来。下面来讲解这些面板、窗口及工具的基本性能。

2.3.1 Project（项目）面板

Project（项目）面板位于界面的左上角，主要用来组织、管理视频节目中所使用的素材，视频制作所使用的素材，都要首先导入到Project（项目）面板中。在此窗口中可以对素材进行预览。

可以通过文件夹的形式来管理Project（项目）面板，将不同的素材以不同的文件夹分类导入，以便视频编辑时操作的方便，文件夹可以展开也可以折叠，这样更便于Project（项目）的管理，如图2.33所示。

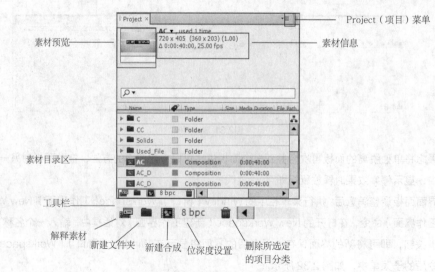

图2.33 导入素材后的Project（项目）面板

在素材目录区的上方表头，标明了素材、合成或文件夹的属性显示，显示每个素材不同的属性。

- Name（名称）：显示素材、合成或文件夹的名称，单击该图标，可以将素材以名称方式进行排序。
- Label（标记）：可以利用不同的颜色来区分项目文件，同样单击该图标，可以将素材以标记的方式进行排序。如果要修改某个素材的标记颜色，直接单击该素材右侧的颜色按钮，在弹出的快捷菜单中，选择适合的颜色即可。
- Type（类型）：显示素材的类型，如合成、图像或音频文件。同样单击该图标，可以将素材以类型的方式进行排序。
- Size（大小）：显示素材文件的大小。同样单击该图标，可以将素材以大小的方式进行排序。
- Duration（持续时间）：显示素材的持续时间。同样单击该图标，可以将素材以持续时间的方式进行排序。
- File Path（文件路径）：显示素材的存储路径，以便于素材的更新与查找，方便素材的管理。
- Date（日期）：显示素材文件创建的时间及日期，以便更精确地管理素材文件。
- Comment（备注）：单击需要备注的素材的该位置，激活文件并输入文字对素材进行备注说明。

> 属性区域的显示可以自行设定，从项目菜单中的 Columns（列）子菜单中，选择打开或关闭属性信息的显示。

2.3.2 Timeline（时间线）面板

时间线面板是工作界面的核心部分，视频编辑工作的大部分操作都是在时间线面板中进行的。它是进行素材组织的主要操作区域。当添加不同的素材后，将产生多层效果，然后通过层的控制来完成动画的制作，如图 2.34 所示

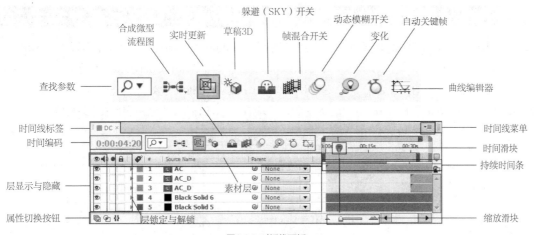

图2.34 时间线面板

在时间线面板中，有时会创建多条时间线，多条时间线将并列排列在时间线标签处，如果要关闭某个时间线，可以在该时间线标签位置，单击关闭 ✖ 按钮即可将其关闭，如果想再次打开该时间线，可以在项目窗口中，双击该合成对象即可。

> (提 示)
>
> 时间滑块下方有一条线，是用于显示是否预览缓存的，当进行预览后会变成绿色，小键盘数字"0"是快速预览键。

2.3.3 Composition（合成）窗口

Composition（合成）窗口是视频效果的预览区，在进行视频项目的安排时，它是最重要的窗口，在该窗口中可以预览到编辑时的每一帧的效果，如果要在节目窗口中显示画面，首先要将素材添加到时间线上，并将时间滑块移动到当前素材的有效帧内，才可以显示，如图 2.35 所示。

图2.35 Composition（合成）窗口

2.3.4 Effects&Presets（效果和预置）面板

Effects&Presets（效果和预置）面板中包含了 Animation Presets（动画预置）、Audio（音频）、Blur & Sharpen（模糊和锐化）、Channel（通道）和 Color Correction（色彩校正）等多种特效，是进行视频编辑的重要部分，主要针对时间线上的素材进行特效处理，一般常见的特效都是利用 Effects&Presets(效果和预置)面板中的特效来完成，Effects&Presets(效果和预置)面板如图 2.36 所示。

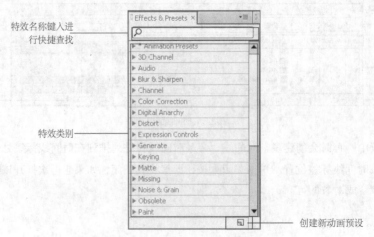

图2.36 Effects&Presets（效果和预置）面板

2.3.5 Effects Controls（特效控制）面板

Effects Controls(特效控制)面板主要用于对各种特效进行参数设置，当一种特效添加到素材上面时，该面板将显示该特效的相关参数设置，可以通过参数的设置对特效进行修改，以便达到所需要的最佳效果，如图 2.37 所示。

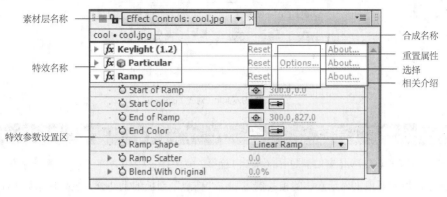

图2.37 Effects Controls（特效控制）面板

2.3.6 Character（字符）面板

通过工具栏或是执行菜单栏中的 Window（窗口）|Character（字符）命令来打开 Character（字符）面板，Character（字符）主要用来对输入的文字进行相关属性的设置，包括字体、字号、颜色、描边、行距等参数，Character（字符）面板如图 2.38 所示。

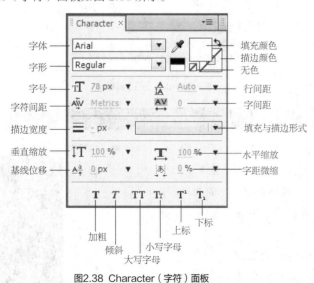

图2.38 Character（字符）面板

2.3.7 Align & distribute（对齐与分布）面板

执行菜单栏中的菜单 Window（窗口）| Align & distribute（对齐与分布）命令，可以打开或关闭对齐与分布面板。

对齐与分布面板命令主要对素材进行对齐与分布处理，面板及说明如图 2.39 所示。

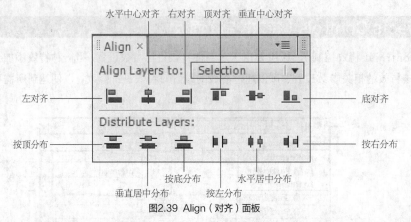

图2.39 Align（对齐）面板

2.3.8 Info（信息）面板

执行菜单栏中的 Window（窗口）| Info（信息）命令，或按 Ctrl+2 组合键，可以打开或关闭"信息"面板。

"信息"面板主要用来显示素材的相关信息，在"信息"面板的上部分，主要显示如 RGB 值、Alpha 通道值、鼠标在合成窗口的 X 和 Y 轴坐标位置；在"信息"面板的下部分，根据选择素材的不同，主要显示选择素材的名称、位置、持续时间、出点和入点等信息。"信息"面板及说明如图 2.40 所示。

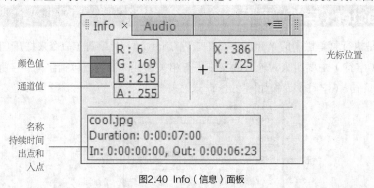

图2.40 Info（信息）面板

2.3.9 Layer（层）窗口

在层窗口中，默认情况下是不显示图像的，如果要在层窗口中显示画面，有两种方法可以实现。一种是双击 Project（项目）面板中的素材；另一种是直接在时间线面板中，双击该素材层。层窗口如图 2.41 所示。

层窗口是进行素材修剪的重要部分，一般素材的前期处理，比如入点和出点的设置，处理的方法有两种。一种是可以在时间布局窗口，直接通过拖动改变层的入点和出点；另一种是可以在层窗口中，移动时间滑条到相应位置，单击"入点"按钮设置素材入点，单击"出点"按钮设置素材出点。在处理完成后将素材加入到轨道中，然后在 Composition（合成）窗口中进行编排，以制作出符合要求的视频文件。

图2.41 素材显示效果

2.3.10 Time controls（时间控制）面板

执行菜单栏中的Window（窗口）| Preview（预演）命令，或按Ctrl + 3组合键，将打开或关闭"时间控制"面板。

"时间控制"面板中的命令，主要用来控制素材图像的播放与停止，进行合成内容的预演操作，还可以进行预演的相关设置。"时间控制"面板及说明如图2.42所示。

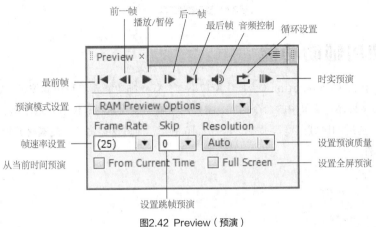

图2.42 Preview（预演）

2.3.11 Tools（工具栏）

执行菜单栏中的菜单 Window（窗口）| Tools（工具）命令，或按 Ctrl + 1 组合键，打开或关闭工具栏，工具栏中包含了常用的编辑工具，使用这些工具可以在合成窗口中对素材进行编辑操作，如移动、缩放、旋转、输入文字、创建遮罩、绘制图形等，工具栏及说明如图 2.43 所示。

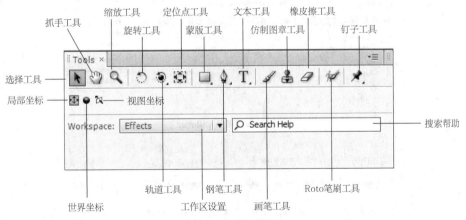

图2.43 工具栏及说明

提示

　　在工具栏中，有些工具按钮的右下角有一个黑色的三角形箭头，表示该工具还包含有其他工具，在该工具上按下鼠标左键不放，即可显示出其他的工具，如图2.44所示。

在工具上按住鼠标左键不放，即可显示其他工具

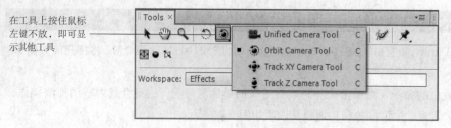

图2.44 显示其他工具

Ae 2.4 使用辅助功能

在进行素材的编辑时，Composition（合成）窗口下方，有一排功能菜单和功能按钮，如图2.45所示。它的许多功能与 View（视图）菜单中的命令相同，主要用于辅助编辑素材，包括显示比例、安全框、网格、参考线、标尺、快照、通道和区域预览等命令，如图2.46所示，通过这些命令，使素材编辑更加得心应手，下面来讲解这些功能的用法。

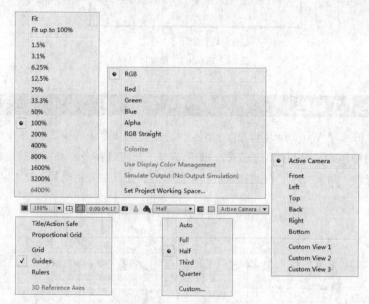

图2.45 功能菜单和按钮

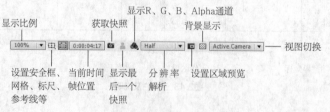

图2.46 菜单和按钮功能说明

提示

这些在 Composition（合成）窗口中的图标，在 Footage（素材）和 Layer（层）窗口中也会出现，它们的用法是相同的，后面章节将不再赘述。

2.4.1　应用缩放功能

在素材编辑过程中，为了更好地查看影片的整体效果或细微之处，往往需要对素材做放大或缩小处理，这时就需要应用缩放功能。缩放素材可以使用以下 3 种方法。

● 方法 1：选择 Tools（工具）栏中的 Zoom Tool（缩放工具）🔍 按钮，或按快捷键 Z，选择该工具，然后在 Composition（合成）窗口中单击，即可放大显示区域。如果按住 Alt 键单击，可以缩小显示区域。

● 方法 2：单击 Composition（合成）窗口下方的显示比例 100% ▼ 按钮，在弹出的菜单中，选择合适的缩放比例，即可按所选比例对素材进行缩放操作。

● 方法 3：按键盘上的 < 或 > 键，缩小或放大显示区域。

如果想让素材快速返回到原尺寸 100% 的状态，可以直接双击 Zoom Tool（缩放工具）🔍 按钮。

2.4.2　安全框

如果制作的影片要在电视上播放，由于显像管的不同，造成显示范围也不同，这时就要注意视频图像及字幕的位置了，因为在不同的电视机上播放时，会出现少许的边缘丢失现象，这种现象叫作溢出扫描。

在 After Effects CS6 软件中，要防止重要信息的丢失，可以启动安全框，通过安全框来设置素材，以避免重要图像信息的丢失。

1. 显示安全框

单击 Composition（合成）窗口下方的 按钮，从弹出的菜单中，选择 Title|Action Safe（字幕 | 运动安全框）命令，即可显示安全框，如图 2.47 所示。

从启动的安全框中可能看出，有两个安全区域：Action - Safe（运动安全框）和 Title - Safe（字幕安全框）。通常来讲，重要的图像要保持在 Action - Safe（运动安全框）内，而动态的字幕及标题文字应该保持在 Title - Safe（字幕安全框）以内。

字幕安全框
运动安全框

图2.47　启动安全框效果

2. 隐藏安全框

确认当前已经显示安全框，然后单击 Composition（合成）窗口下方的 按钮，从弹出的快捷菜单中，选择 Title / Action Safe（字幕 / 运动安全框）命令，即可隐藏安全框。

3. 修改设置安全框

执行菜单栏中的 Edit（编辑）| Preferences（属性）| Grids & Guides（网格与参考线）命令，打开的 Preferences（属性）对话框中，在 Safe Margins（安全框）选项组中，设置 Action - Safe（运动安全框）和 Title - Safe（字幕安全框）的大小，如图 2.48 所示。

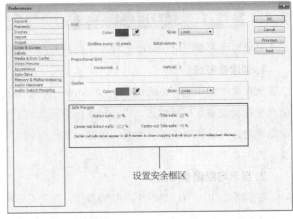

设置安全框区

图2.48　Preferences（属性）对话框

2.4.3 网格的使用

在素材编辑过程中，需要精确的素材定位和对齐，这时就可以借助网格来完成，在默认状态下，网格为绿色的效果。

1. 启用网格

网格的启用可以用下面 3 种方法来完成。

● 方法 1：执行菜单栏中的 View（视图）| Show Grid（显示网格）命令，显示网格。

● 方法 2：单击 Composition（合成）窗口下方的 田 按钮，在弹出的菜单中，选择 Grid（网格）命令，即可显示网格。

● 方法 3：按 Ctrl + ' 组合键，显示或关闭网格。

启动网格后的效果，如图 2.49 所示。

2. 修改网格设置

为了方便网格与素材的大小匹配，还可以对网格的大小及颜色进行设置，执行菜单栏中的 Edit（编辑）| Preferences（属性）| Grids & Guides（网格和参考线）命令，打开 Preferences（属性）对

图2.49 网格显示效果

话框，在 Grid（网格）选项组中，对网格的间距与颜色进行设置。

2.4.4 参考线

参考线也主要应用在精确素材的定位和对齐，参考线相对网格来说，操作更加灵活，设置更加随意。

1. 创建参考线

执行菜单栏中的 View（视图）| Show Rulers（显示标尺）命令，将标尺显示出来，然后用光标移动水平标尺或垂直标尺位置，当光标变成双箭头时，向下或向右拖动鼠标，即可拉出水平或垂直参考线，重复拖动，可以拉出多条参考线。在拖动参考线的同时，在 Info（信息）面板中将显示出参考线的精确位置，如图 2.50 所示。

2. 显示与隐藏参考线

在编辑过程中，有时参考线会妨碍操作，而又不想将参考线删除，此时可以执行菜单栏中的 View（视图）| Hide Guides（隐藏参考线）命令，将参考线暂时隐藏。如果想再次显示参考线，执行菜单栏中的 View（视图）| Show Guides（显示参考线）命令即可。

3. 吸附参考线

执行菜单栏中的 View（视图）| Snap to Guides（吸附到参考线）命令，启动参考线的吸附属性，可以在拖动素材时，在一定距离内与参考线自动对齐。

4. 锁定与取消锁定参考线

如果不想在操作中改变参考线的位置，可以执行菜单栏中的 View（视图）| Lock Guides（锁定参考线）命令，将参考线锁定，锁定后的参考线将不能再次被拖动改变位置。如果想再次修改参考线的位置，可以执行菜单栏中的 View（视图）| Unlock Guides（取消锁定）命令，取消参考线的锁定。

图2.50　参考线

5. 清除参考线

如果不再需要参考线，可以执行菜单栏中的 View（视图）| Clear Guides（清除参考线）命令，将参考线全部删除；如果只想删除其中的一条或多条参考线，可以将光标移动到该条参考线上，当光标变成双箭头时，按住鼠标将其拖出窗口范围即可。

6. 修改参考线设置

执行菜单栏中的 Edit（编辑）| Preferences（属性）| Grids & Guides（网格与参考线）命令，打开 Preferences（属性）对话框，在 Guides（参考线）选项组中，设置参考线的 Color（颜色）和 Style（样式）。

2.4.5　标尺的使用

执行菜单栏中的 View（视图）| Show Rulers（显示标尺）命令，或按 Ctrl + R 组合键，即可显示水平和垂直标尺。标尺内的标记可以显示鼠标光标移动时的位置，可更改标尺原点，从默认左上角标尺上的（0，0）标志位置，拉出十字线到图像上新的标尺原点位置即可。

1. 隐藏标尺

当标尺处于显示状态时，执行菜单栏中的 View（视图）| Hide Rulers（隐藏标尺）命令，或在打开标尺时，再按 Ctrl + R 组合键，即可关闭标尺的显示。

2. 修改标尺原点

标尺原点的默认位置，位于窗口左上角，将光标移动到左上角标尺交叉点的位置，即原点上，然后按住鼠标拖动，此时，鼠标光标会出现一组十字线，当拖动到合适的位置时，释放鼠标，标尺上的新原点就出现在刚才释放鼠标键的位置，如图2.51所示。

图2.51　修改原点位置

3．还原标尺原点

双击图像窗口左上角的标尺原点位置，可将标尺原点还原到默认位置。

2.4.6 快照

快照其实就是将当前窗口中的画面进行抓图预存，然后在编辑其他画面时，显示快照内容以进行对比，这样可以更全面地把握各个画面的效果，显示快照并不影响当前画面的图像效果。

1．获取快照

单击 Composition（合成）窗口下方的 Take Snapshot（获取快照）📷 按钮，将当前画面以快照形式保存起来。

2．应用快照

将时间滑块拖动到要进行比较的画面帧位置，然后按住 Composition（合成）窗口下方的 Show Last Snapshot（显示最后一个快照）👤 按钮不放，将显示最后一个快照效果画面。

> **提示**
>
> 用户还可以利用 Shift + F5、Shift + F6、Shift + F7 和 Shift + F8 组合键来抓拍 4 张快照并将其存储，然后分别按住 F5、F6、F7 和 F8 键来逐个显示。

2.4.7 显示通道

单击 Composition（合成）窗口下方的 Show Channel（显示通道）🔵 按钮，将弹出一个下拉菜单，从菜单中可以选择 Red（红）、Green（绿）、Blue（蓝）和 Alpha（通道）等选项，选择不同的通道选项，将显示不同的通道模式效果。

在选择不同的通道时，Composition（合成）窗口边缘将显示不同通道颜色的标识方框，以区分通道显示，同时，在选择红、绿、蓝通道时，Composition（合成）窗口显示的是灰色的图案效果，如果想显示出通道的颜色效果，可以在下拉菜单中，选择 Colorize（着色）命令。

选择不同的通道，观察通道颜色的比例，有助于图像色彩的处理，在抠图时更加容易掌控。

2.4.8 分辨率解析

分辨率的大小直接影响图像的显示效果，在进行渲染影片时，设置的分辨率越大，影片的显示质量越好，但渲染的时间就会越长。

如果在制作影片过程中，只想查看一下影片的大概效果，而不是最终的输出，这时，就可以考虑应用低分辨率来提高渲染的速度，以更好地提高工作效率。

单击 Composition（合成）窗口下方的分辨率解析 Full ▼ 按钮，将弹出一个下拉菜单，从该菜单中选择不同的选项，可以设置不同的分辨率效果，各选项的含义如下。

● Full（完整）：主要在最终的输出时使用，表示在渲染影片时，以最好的分辨率效果来渲染。

● Half（一半）：在渲染影片时，只渲染影片中一半的分辨率。

● Third（2/3）：在渲染影片时，只渲染影片中 2/3 的分辨率。

● Quarter（2/4）：在渲染影片时，只渲染影片中 2/4 的分辨率。

● Custom（自定义）：选择该命令，将打开 Custom Resolution（自定义分辨率）对话框，在该对话框中，可以设置水平和垂直每隔多少像素来渲染影片，如图 2.52 所示。

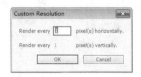

图2.52 Custom Resolution（自定义分辨率）对话框

2.4.9 设置区域预览

在渲染影片时，除了使用分辨率设置来提高渲染速度外，还可以应用区域预览来快速渲染影片，区域预览与分辨率解析不同的地方在于，区域预览可以预览影片的局部，而分辨率解析则不可以。

单击 Composition（合成）窗口区域预览按钮，然后在 Composition（合成）窗口中单击拖动绘制一个区域，释放鼠标后可以看到区域预览的效果，如图 2.53 所示。

单击区域预览按钮

图2.53 区域预览效果

> **提示**
> 在单击"区域预览"按钮后，如果按住 Ctrl 键，光标将变成钢笔状，这时，可以像使用钢笔工具一样绘制一个多边形预览区域。

2.4.10 设置不同视图

单击 Composition（合成）窗口下方的 3D View Popup（3D 视图）按钮，将弹出一个下拉菜单，从该菜单中，可以选择不同的 3D 视图，主要包括：Active Camera（活动摄像机）、Front（前）、Left（左）、Top（顶）、Back（后）、Right（右）和 Bottom（底）等视图。

> **提示**
> 要想在 Composition（合成）窗口中看到影片图像的不同视图效果，首先要在 Timeline（时间线）面板打开三维视图模式。

Ae 2.5　项目合成文件的操作

本节将通过几个简单实例讲解创建项目和保存项目的基本步骤。这几个实例虽然效果和操作都比较简单，但是包括许多基本的操作，初步体现了使用 After Effects CS6 的乐趣。本节的重点在于基本步骤和基本操作的熟悉和掌握，强调总体步骤的清晰明确。

2.5.1 课堂案例——创建项目及合成文件

在编辑视频文件时，首先要做的就是创建一个项目文件，规划好项目的名称及用途，根据不同的视频用途来创建不同的项目文件，创建项目的方法如下。

工程文件	无
视频	视频\第2章\2.5.1 课堂案例——创建项目及合成文件.avi

STEP 01 执行菜单栏中的 New（新建）| New Project（新建项目）命令，或按 Ctrl + Alt + N 组合键，这样就创建了一个项目文件。

(提)(示)

创建项目文件后还不能进行视频的编辑操作，还要创建一个合成文件，这是 After Effects CS6 软件与一般软件不同的地方。

STEP 02 执行菜单栏中的 Composition（合成）| New Composition（新建合成）命令，也可以在 Project（项目）面板中单击鼠标右键，在弹出的快捷菜单中选择 New Composition（新建合成）命令，即可打开 Composition Settings（合成设置）对话框，如图 2.54 所示。

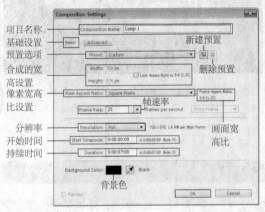
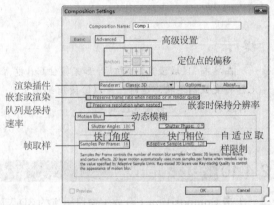

图2.54 Composition Settings（合成设置）对话框

(提)(示)

预置选项的使用可以参考第 1 章。帧取样是控制 3D 图层、形状图层以及某些特效的动态模糊取样数量，2D 图层需要时自动使用更多帧进行取样，直到自适应取样限制为止。

STEP 03 在 Composition Settings（合成设置）对话框中输入合适的名称、尺寸、帧速率、持续时间等内容后，单击 OK（确定）按钮，即可创建一个合成文件，在 Project（项目）面板中可以看到此文件。

(提)(示)

创建合成文件后，如果用户想在后面的操作中修改合成设置，可以执行菜单栏中的 Composition（合成）| Composition Settings（合成设置）命令，打开 Composition Settings（合成设置）对话框，对其进行修改。

2.5.2 课堂案例——保存项目文件

在制作完项目及合成文件后，需要及时地将项目文件进行保存，以免电脑出错或突然停电带来不必要的损失，保存项目文件的方法有两种。

工程文件	无
视频	视频\第2章\2.5.2 课堂案例——保存项目文件.avi

STEP 01 如果是新创建的项目文件，可以执行菜单栏中的 File（文件）| Save（保存）命令，或按 Ctrl + S 组合键，此时将打开 Save As（另存为）对话框，如图 2.55 所示。在该对话框中，设置适当的保存位置、文件名和文件类型，然后单击"保存"按钮即可将文件保存。

图2.55 Save As（另存为）对话框

提示

如果是第 1 次保存文件，系统将自动打开"保存文件"对话框，如果已经做过保存，则再次应用保存命令时，不会再打开保存对话框，而是直接将文件按原来设置的位置进行覆盖保存。

STEP 02 如果不想覆盖原文件而另外保存一个副本，此时可以执行菜单栏中的 File（文件）| Save As（另存为）命令，打开 Save As（另存为）对话框，设置相关的参数，保存为另外的副本。

STEP 03 还可以将文件以复制的形式进行另存，这样不会影响原文件的保存效果，执行菜单栏中的 File（文件）| Save a Copy（保存一个拷贝）命令，将文件以复制的形式另存为一个副本，其参数设置与保存的参数相同。

提示

Save As（另存为）与 Save a Copy（保存一个拷贝）的不同之处在于：使用 Save As（另存为）命令后，再次修改项目文件内容时，应用保存命令时保存的位置为另存为后的位置，而不是第 1 次保存的位置；而使用 Save a Copy（保存一个拷贝）命令后，再次修改项目文件内容时，应用保存命令时保存的位置为第 1 次保存的位置，而不是应用保存一个复制后保存的位置。

2.5.3 使用文件夹归类管理素材

虽然在制作视频编辑中应用的素材很多，但所使用的素材还是有规律可循的，一般来说可以分为静态图像素材、视频动画素材、声音素材、标题字幕、合成素材等，有了这些素材规律，就可以创建一些文件夹放置相同类型的文件，以便于快速地查找。

在 Project（项目）面板中，创建文件夹的方法有多种。

● 执行菜单栏中的 File（文件）| New（新建）| New Folder（新建文件夹）命令，即可创建一个新的文件夹。

● 在 Project（项目）面板中单击鼠标右键，在弹出的快捷菜单中，选择 New Folder（新建文件夹）命令。

● 在 Project（项目）面板的下方，单击 Greate a new Folder（创建一个新文件夹）■ 按钮。

● 使用快捷键 Ctrl + Alt + Shift +N 能快速直接地建立一个新文件夹。

2.5.4 课堂案例——重命名文件夹

新创建的文件夹，将以系统未命名 1、2……的形式出现，为了便于操作，需要对文件夹进行重新命名，重命名的方法如下。

工程文件	无
视频	视频\第2章\2.5.4 课堂案例——重命名文件夹.avi

STEP 01 在 Project（项目）面板中，选择需要重命名的文件夹。

STEP 02 按键盘上的 Enter 键，激活输入框。

STEP 03 输入新的文件夹名称。图 2.56 所示为重新命名文件夹后的效果。

名称激活状态 —

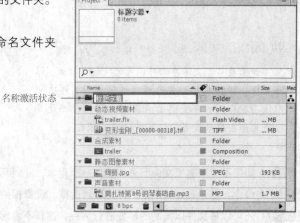

图2.56 重命名文件夹效果

2.5.5 课堂案例——添加素材

要进行视频制作，首先要将素材添加到时间线，下面来讲解添加素材的方法，具体操作如下。

工程文件	无
视频	视频\第2章\2.5.5 课堂案例——添加素材.avi

STEP 01 执行菜单栏中的 Composition（合成）| New Composition（新建合成）命令，打开 Composition Settings（合成设置）对话框并进行适当的参数设置。

STEP 02 执行菜单栏中的 File（文件）| Import（导入）| File（文件）命令，打开 Import File（导入文件）对话框，然后选择一个合适的图片，将其导入。

STEP 03 在 Project（项目）面板中，选择刚导入的素材，然后按住鼠标，将其拖动到 Timeline（时间线）面板中，拖动的过程如图 2.57 所示。

STEP 04 当素材拖动到 Timeline（时间线）面板中时，鼠标会有相应的变化，此时释放鼠标，即可将素材添加到 Timeline（时间线）面板中，如图 2.58 所示，这样在合成窗口中也将看到素材的预览效果。

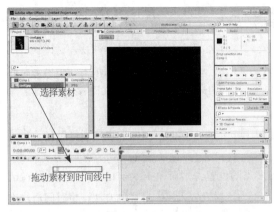

图2.57 拖动素材的过程

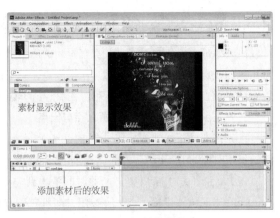

图2.58 添加素材后的效果

2.5.6 查看素材

查看某个素材，可以在Project（项目）面板中直接双击这个素材，系统将根据不同类型的素材打开不同的浏览效果，如静态素材将打开Footage（素材）窗口，动态素材将打开对应的视频播放软件来预览，静态和动态素材的预览效果分别如图2.59、图2.60所示。

如果想在Footage（素材）窗口中显示动态素材，可以按住Alt键，然后在Project（项目）面板中双击该素材即可。

图2.59 静态素材的预览效果

图2.60 动态素材的预览效果

2.5.7 移动素材

默认情况下，添加的素材起点都位于00:00:00:00帧的位置，如果想将起点位于其他时间帧的位置，可以通过拖动持续时间条的方法来改变，拖动的效果如图2.61所示。

图2.61 移动素材

在拖动持续时间条时，不但可以将起点后移，也可以将起点前移，即持续时间条可以向前或向后随意移动。

2.5.8 设置入点和出点

视频编辑中角色的设置一般都有不同的出场顺序，有些贯穿整个影片，有些只显示数秒，这样就形成了角色的入点和出点的不同设置。所谓入点，就是影片开始的时间位置；所谓出点，就是影片结束的时间位置。设置素材的入点和出点，可以在 Layer（层）窗口或 Timeline（时间线）面板来设置。

1. 从 Layer（层）窗口设置入点与出点

首先将素材添加到 Timeline（时间线）面板，然后在 Timeline（时间线）面板中双击该素材，将打开该层所对应的 Layer（层）窗口，如图 2.62 所示。

在 Layer（层）窗口中，拖动时间滑块到需要设置入点的位置，然后单击 Set In point to current time（在当前位置设置入点）按钮，即可在当前时间位置为素材设置入点。同样的方法，将时间滑块拖动到需要设置出点的位置，然后单击 Set Out point to current time（在当前位置设置出点）按钮，即可在当前时间位置为素材设置出点。入点和出点设置后的效果，如图 2.63 所示。

设置入点按钮　设置出点按钮

图2.62 Layer（层）窗口

设置入点位置　　　　　设置出点位置

图2.63 设置入点和出点效果

2. 从 Timeline（时间线）面板设置入点与出点

在 Timeline（时间线）面板中设置素材的入点和出点，首先也要将素材添加到 Timeline（时间线）面板中，然后将光标放置在素材持续时间条的开始或结束位置，当光标变成双箭头 ↔ 时，向左或向右拖动鼠标，即可修改素材的入点或出点的位置，图 2.64 所示为修改入点的操作效果。

鼠标变成双箭头，按住鼠标拖动

图2.64 修改入点的操作效果

第**3**章

层及层基础动画

本章主要对层和摄像机的使用以及层属性设置进行讲解，包括层的类型介绍、多种灯光的创建、摄像机的使用、层的基本操作、层的排序设置、层列表、缩放、旋转、透明度等。通过本章内容，读者可以学习掌握层和摄像的应用，掌握层属性设置及简单动画制作。

教学目标

- ✪ 认识几种常见类型的层
- ✪ 掌握层的创建方法
- ✪ 了解灯光的使用
- ✪ 学习摄像机的使用方法
- ✪ 掌握常见层属性的设置技巧
- ✪ 掌握利用层属性制作动画技巧

Ae 3.1 层的分类

在编辑图像过程中，运用不同的层类型产生的图像效果也各不相同，After Effects CS6 软件中的层类型主要有素材层、Text（文字）层、Solid（固态）层、Light（灯光）层、Cameral（摄像机）层、Null Object（虚拟物体）层和 Adjustment（调节）层等，如图 3.1 所示。下面分别对其进行讲解。

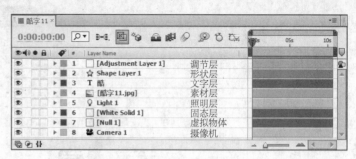

图3.1 常用层说明

3.1.1 素材层

素材层主要包括从外部导入到 After CS6 软件中，然后添加到时间线面板中的素材形成的层。其实，文字层、固态层等，也可以称为素材层，这里为了更好地说明，将素材层分离了出来，以便更好地理解。

3.1.2 文字层

在工具栏中选择文字工具，或执行菜单栏中的 Layer（图层）| New（新建）| Text（文字）命令，都可以创建一个文字层。当选择 Text（文字）命令后，在 Composition（合成）窗口中将出现一个闪动的光标符号，此时可以应用相应的输入法直接输入文字。

文字层主要用来输入横排或竖排的说明文字，用来制作如字幕、影片对白等文字性的东西，它是影片中不可缺少的部分。

3.1.3 固态层

执行菜单栏中的 Layer（图层）| New（新建）| Solid（固态层）命令，即可创建一个固态层，它主要用来制作影片中的蒙版效果，有时添加特效制作出影片的动态背景，当选择 Solid（固态层）命令时，将打开 Solid Settings（固态层设置）对话框，如图 3.2 所示。在该对话框中，可以对固态层的名称、大小、颜色等参数进行设置。

（提 示）

制作合成大小，单击后，所建立的固态层会依据合成大小进行建立。

图3.2 Solid Settings（固态层设置）对话框

3.1.4 照明层

执行菜单栏中的Layer（图层）| New（新建）| Light（灯光）命令，将打开Light Settings（灯光设置）对话框，在该对话框中，可以通过Light Type（灯光类型）来创建不同的灯光效果，对话框及说明如图3.3所示。

灯光是基于计算机的对象，其模拟灯光，如家用或办公室灯、舞台和电影工作时使用的灯光设备以及太阳光本身。不同种类的灯光对象可用不同的方式投射灯光，用于模拟真实世界不同种类的光源。在Light Type（灯光类型）右侧的下拉菜单中，包括4种灯光类型，分别为Parallel（平行光）、Spot（聚光灯）、Point（点光）、Ambient（环境光），应用不同的灯光将产生不同的光照效果。

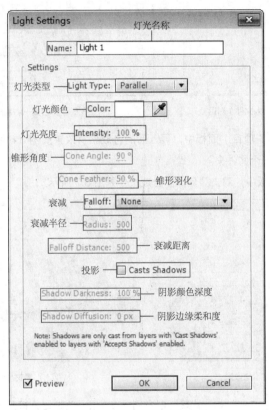

图3.3 Light Settings（灯光设置）对话框

3.1.5 课堂案例——聚光灯的创建及投影设置

通过上面的知识讲解，读者应该可以理解灯光的基本知识，下面来通过实例，讲解聚光灯的创建及投影设置，以加深对灯光创建及阴影表现的理解。

工程文件	工程文件\第3章\聚光灯
视频	视频\第3章\3.1.5 课堂案例——聚光灯的创建及投影设置.avi

STEP 01 导入素材。执行菜单栏中的File（文件）| Import（导入）| File（文件）命令，或按Ctrl + I组合键，打开Import File（导入文件）对话框，选择配套光盘中的"工程文件\第3章\聚光灯\夏天.psd"文件，如图3.4所示。

STEP 02 在 Import File（导入文件）对话框中，单击"打开"按钮，将打开"夏天 .psd"对话框，在 Import Kind（导入类型）右侧的下拉列表中，选择 Composition–Retain Layer Sizes（合成 – 保持图层大小）命令，如图 3.5 所示。

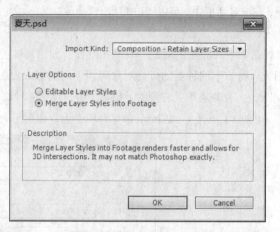

图3.4 Import File（导入文件）对话框　　　　　　　　　图3.5 选择合成-保持图层大小命令

STEP 03 将素材导入到 Project（项目）面板中，导入后的合成素材效果如图 3.6 所示。从图中可以看到导入的合成文件"夏天"和一个文件夹。

STEP 04 在 Project（项目）面板中，双击"夏天"合成文件如图 3.7 所示。

图3.6 导入的素材效果　　　　　　　　　　　　图3.7 素材显示效果

STEP 05 在时间线面板中，单击"伞"和"背景"层右侧的 3D 层开关位置，打开层的三维属性，关闭原有的影子层，如图 3.8 所示。

图3.8 打开三维属性

灯光和摄像机一样，只能在三维层中使用，所以，在应用灯光和摄像机时，一定要先打开层的三维属性。

STEP 06 执行菜单栏中的 Layer（图层）| New（新建）| Light（灯光）命令，将打开 Light Settings（灯光设置）

对话框，在该对话框中，设置灯的 Name（名称）为聚光灯 1，设置 Light Type（灯光类型）为 Spot（聚光）灯，其他设置如图 3.9 所示。

STEP 07 单击 OK（确定）按钮，即可创建一个聚光灯，此时，从 Composition（合成）窗口中可以看到创建聚光灯后的效果，如图 3.10 所示。

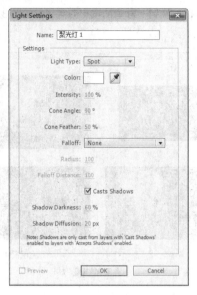

图3.9 Light Settings（灯光设置）对话框

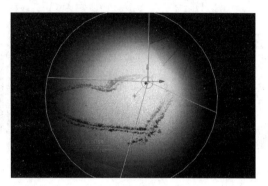

图3.10 聚光灯效果

提示

在创建灯光时，如果不为灯光命名，灯光将默认按 Light 1、Light 2……依次命名，这与摄像机、固态层、虚拟物体等的创建名称方法是相同的。

STEP 08 切换视图。首先，为了更好地观察视图，将视图切换为 4 View（视图），在 Composition（合成）窗口中，单击其下方的 Select View Layout（选择视图布局）1 View 按钮，然后从弹出的快捷菜单中，选择 4 Views（视图）命令，如图 3.11 所示。

STEP 09 应用 4 Views（视图）命令后，Composition（合成）窗口中将出现 4 个窗口，从多个视图来显示当前的素材效果，如图 3.12 所示。

图3.11 选择4 Views（4视图）命令

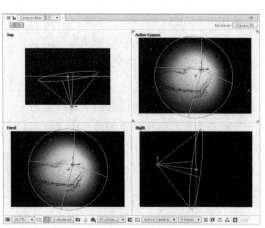

图3.12 四视图显示效果

STEP 10 因为两个层距离得很近，不容易看出投影效果，所以在"伞"层中，修改它的 Position（位置）Z轴的值为 –10。因为其为投影层，设置 Material Options（材质选项）下的 Casts Shadows（投射阴影）为打开状态。在"背景"层中，因为其为接受投影层，所以设置 Material Options（材质选项）下的 Accepts Shadows（接受阴影）为打开状态，如图 3.13 所示。

STEP 11 参数设置完成后，从 Composition（合成）窗口中可以清楚地看到七彩伞的投影效果了，如图 3.14 所示。这样就完成了聚光灯的创建及投影的设置过程。

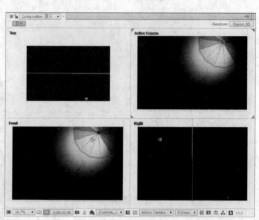

图3.13 投影参数的设置

图3.14 投影效果

3.1.6 摄像机层

执行菜单栏中的 Layer（图层）| New（新建）| Camera（摄像机）命令，将打开 Camera Settings（摄像机设置）对话框，在该对话框中，可以设置摄像机的名称、缩放、视角、镜头类型等多种参数，如图 3.15 所示。

  在摄像机的镜头类型中，可以从预设的列表中选择合适的类型，也可以通过修改相关参数自定义摄像机镜头类型。如果想保存自定义类型，可以在设置好参数后，单击 Preset（预设）右侧的 按钮，来保存自定义镜头类型。也可以单击 Preset（预设）右侧的 按钮，将选择的类型删除。

  摄像机是 After Effects 中制作三维景深效果的重要工具之一，配合灯光的投影可以轻松实现三维立体效果，通过设置摄像机的焦距、景深、缩放等参数，可以使三维效果更加逼真。

  摄像机具有方向性，可以直接通过拖动摄像机和目标点来改变摄像机的视角，从而更好地操控三维画面。图 3.16 所示为创建 Camera（摄像机）后，经过调整参数，素材在 4 View（视图）中的显示效果。

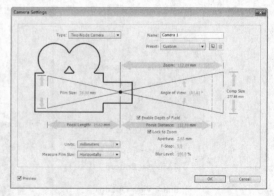

图3.15 Camera Settings（摄像机设置）对话框

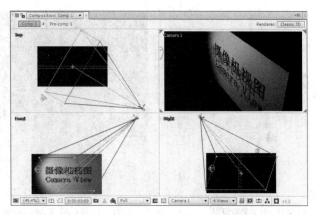

图3.16 Camera（摄像机）效果

3.1.7 课堂案例——摄像机的使用

　　通过上面摄像机基础知识的讲解，了解了摄像机的基本属性，下面通过具体的实例，来讲解摄像机的使用技巧。通过这个实例，学习文字的创建及修改方法，固态层的应用及摄像机的使用技巧。

工程文件	工程文件\第3章\摄像机的使用
视频	视频\第3章\3.1.7 课堂案例——摄像机的使用.avi

STEP 01 首先创建合成。执行菜单栏中的 Composition（合成）| New Composition（新建合成）命令，打开 Composition Settings（合成设置）对话框，进行参数设置如图 3.17 所示。

STEP 02 创建渐变背景。执行菜单栏中的 Layer（层）| New（新建）| Solid（固态层）命令，打开 Solid Settings（固态层设置）对话框，进行参数设置如图 3.18 所示。

图3.17 Composition Settings（合成设置）对话框

图3.18 Solid Settings（固态层设置）对话框

STEP 03 在时间线面板中，选择"渐变"层，然后执行菜单栏中的 Effect（特效）| Generate（创造）| Ramp（渐变）命令，为"渐变"层添加一个特效，设置 Start Color（开始颜色）为黑色，End Color（结束颜色）为白色，其他参数设置如图 3.19 所示。此时，从 Composition（合成）窗口中，可以看到添加特效后的效果，如图 3.20 所示。

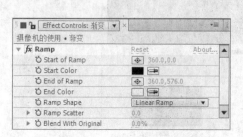

图3.19 Ramp（渐变）特效参数设置 图3.20 添加特效后的效果

STEP 04 执行菜单栏中的 Layer（图层）| New（新建）| Text（文字）命令，应用合适的输入法，输入文字，并修改文字的颜色为红色（R：255，G：0，B：0），参数设置如图 3.21 所示，图像效果如图 3.22 所示。

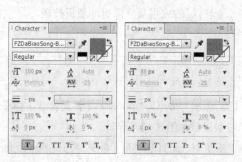

图3.21 上、下文字参数设置 图3.22 文字效果

STEP 05 打开固态层和文字层的三维属性。执行菜单栏中的 Layer（图层）| New（新建）| Light（灯光）命令，将打开 Light Settings（灯光设置）对话框，设置灯光的参数如图 3.23 所示。

STEP 06 在 Composition（合成）窗口中，打开 4 View（视图），选择灯光并修改它的位置，产生灯光照射的效果如图 3.24 所示。

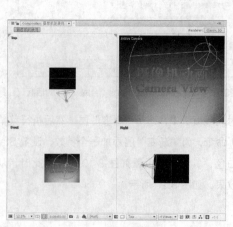

图3.23 Light Settings（灯光设置）对话框 图3.24 灯光位置

STEP 07 为了表现投影，在时间线面板中，展开文字和固态层，修改两文字层的深度（Z 轴方向改为 –50），并开启文字层和固态层接受投影，如图 3.25 和图 3.26 所示。

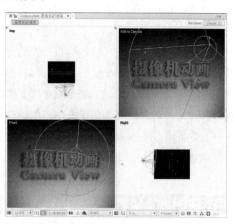

图3.25 参数设置　　　　　　　　　　　　　　图3.26 参数设置

STEP 08 执行菜单栏中的 Layer（图层）| New（新建）| Camera（摄像机）命令，打开 Camera Settings（摄像机设置）对话框，在该对话框中，设置摄像机参数，如图 3.27 所示。

STEP 09 在时间线面板中，修改摄像机的位置参数，以更好地应用摄像机观察图像，如图 3.28 所示。

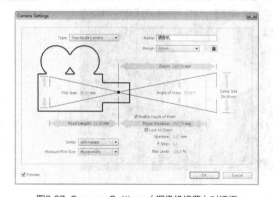

图3.27 Camera Settings（摄像机设置）对话框　　　　　图3.28 摄像机参数修改

STEP 10 修改摄像机参数后，从 Composition（合成）窗口中，可以看到使用摄像机的最终效果，如图 3.29 所示。

图3.29 摄像机效果

3.1.8 虚拟物体层

执行菜单栏中的 Layer（图层）| New（新建）| Null Object（虚拟物体）命令，在时间线面板中，将创建一个虚拟物体。

虚拟物体是一个线框体，它有名称和基本的参数，但不能渲染。它主要用于层次链接，辅助多层同时变化，通过它可以与不同的对象链接，也可以将虚拟对象用作修改的中心。当修改虚拟对象参数时，其链接的所有子对象与它一起变化。通常虚拟对象使用这种方式设置链接运动的动画。

虚拟对象的另一个常用用法是在摄影机的动画中。可以创建一个虚拟对象并且在虚拟对象内定位摄影机的目标点。然后可以将摄影机和其目标链接到虚拟对象，并且使用路径约束设置虚拟对象的动画。摄影机将沿路径跟随虚拟对象运动。

3.1.9 形状图层

执行菜单栏中的 Layer（图层）| New（新建）| Shape Layer（形状图层）命令，在时间线面板中，将创建一个形状图层。另外使用形状工具如图 3.30 所示，也可以创建形状图层。

形状图层就是用来快速地创建形状图案的。形状图层一般做遮罩使用，如图 3.31 所示。

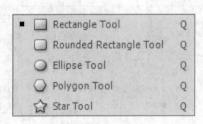

图3.30 形状工具种类 　　　　　图3.31 形状图层画遮罩效果

 做形状用就直接单击 ☆ 进行创建。如果做遮罩用的话就先选中图层再单击 ☆ 就可以了。

3.1.10 调节层

执行菜单栏中的 Layer（图层）| New（新建）| Adjustment Layer（调节层）命令，在时间线面板中，将创建一个 Adjustment Layer（调节层）。

调节层主要辅助场景影片进行色彩和特效的调整，创建调节层后，直接在调节层上应用特效，可以对调节层下方的所有层同时产生该特效，这样就避免了不同层应用相同特效时一个个单独设置的麻烦操作。

3.2 层的基本操作

层是 After Effects 软件的重要组成部分，几乎所有的特效及动画效果，都是在层中完成的，特效的应用首先要添加到层中，才能制作出最终效果。层的基本操作，包括创建层、选择层、层顺序的修改、查看层列表、层的自动排序等，掌握这些基本的操作，才能更好地管理层，并应用层制作优质的影片效果。

3.2.1 创建层

层的创建非常简单，只需要将导入到 Project（项目）面板中的素材，拖动到时间线面板中即可创建层，如果同时拖动几个素材到 Project（项目）面板中，就可以创建多个层。也可以双击导入的合成文件，打开一个合成文件，这样也可以创建层。

3.2.2 选择层

要想编辑层，首先要选择层。选择层可以在时间线面板或 Composition（合成）窗口中完成。

● 如果要选择某一个层，可以在时间线面板中直接单击该层名称位置，也可以在 Composition（合成）窗口中单击该层中的任意素材图像，即可选择该层。

● 如果要选择多层，可以在按住 Shift 键的同时，选择连续的多个层；按住 Ctrl 键依次单击要选择的层名称位置，这样可以选择多个不连续的层。如果选择错误，可以按住 Ctrl 键再次选择的层名称位置，取消该层的选择。

● 如果要选择全部层，可以执行菜单栏中的 Edit（编辑）| Select All（选择全部）命令，或按 Ctrl + A 组合键；如果要取消层的选择，可以执行菜单栏中的 Edit（编辑）| Deselect All（取消全部）命令，或在时间线面板中的空白处单击，即可取消层的选择。

● 选择多个层还可以从时间线面板中的空白处单击拖动一个矩形框，与框有交叉的层将被选择。

3.2.3 删除层

有时，由于错误的操作，可能会产生多余的层，这时需要将其删除，删除层的方法十分简单，首先选择要删除的层，然后执行菜单栏中的 Edit（编辑）| Clear（清除）命令，或按 Delete 键，即可将层删除，如图 3.32 所示为层删除前后的效果。

图3.32 删除层前后效果

3.2.4 层的顺序

应用 Layer（图层）| New（新建）下的子命令，或其他方法创建新层时，新创建的层都位于所有层的上方，但有时根据场景的安排，需要将层进行前后的移动，这时就要调整层顺序，在时间线面板中，通过拖动可以轻松完成层的顺序修改。

选择某个层后，按住鼠标拖动它到需要的位置，当出现一个黑色的长线时，释放鼠标，即可将层顺序改变，拖动的效果如图 3.33 所示。

改变层顺序，还可以应用菜单命令，在 Layer（层）菜单中，包含如下多个移动层的命令。

● Bring Layer to Front（移到顶部）：将选择层移动到所有层的顶部，组合键 Ctrl + Shift +] 。

● Bring Layer Forward（上移一层）：将选择层向上移动一层，组合键 Ctrl +] 。

● Send Layer Backward（下移一层）：将选择层向下移动一层，组合键 Ctrl + [。

● Send Layer to Back（移动底层）：将选择层移动到所有层的底部，组合键 Ctrl + Shift + [。

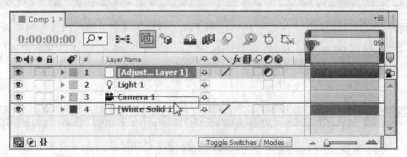

图3.33 修改层顺序

3.2.5　层的复制与粘贴

"复制"命令可以将相同的素材快速重复使用，选择要复制的层后，执行菜单栏中的 Edit（编辑）| Copy（复制）命令，或按 Ctrl + C 组合键，可以将层复制。

在需要的合成中，执行菜单栏中的 Edit（编辑）| Paste（粘贴）命令，或按 Ctrl + V 组合键，即可将层粘贴，粘贴的层将位于当前选择层的上方。

另外，还可以应用"副本"命令来复制层，执行菜单栏中的 Edit（编辑）| Duplicate（副本）命令，或按 Ctrl + D 组合键，快速复制一个位于所选层上方的同名副本层，如图 3.34 所示。

图3.34 制作副本前后的效果

> **提示**
>
> 　　Duplicate（副本）、Copy（复制）和 Paste（粘贴）的不同之处在于：Duplicate（副本）命令只能在同一个合成中完成副本的制作，不能跨合成复制；而 Copy（复制）和 Paste（粘贴）命令，可以在不同的合成中完成复制。

3.2.6　序列层

序列层就是将选择的多个层按一定的次序进行自动排序，并根据需要设置排序的重叠方式，还可以通过持续时间来设置重叠的时间，选择多个层后，执行菜单栏中的 Animation（动画）| Keyframe Assistant（关键帧助理）| Sequence Layers（层序列）命令，打开 Sequence Layers（层序列）对话框，如图 3.35 所示。

执行 Sequence Layers（层序列）命令后的效果如图 3.36 所示。

通过不同的参数设置，将产生不同的层过渡效果。Off（直接过渡）表示不使用任何过渡效果，直接从前素材切换到后素材；Dissolve Front Layer（前层渐隐）表示前素材逐渐透明消失，后素材出现；Cross Dissolve Front and Back Layers（交叉渐隐）表示前素材和后素材以交叉方式渐隐过渡。

图3.35 Sequence Layers（层序列）对话框

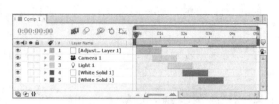

图3.36 执行命令后的时间线面板

层的持续时间排列后要记得保证小于合成的总长。

3.2.7 层的显示、锁定与重命名

在进行视频编辑过程中，为了便于多层的操作不出现错误，层的"显示""锁定"与"重命名"也是经常用到的，下面来看看这几种层的设置方法。

● 层的显示与隐藏：在层的左侧，有一个层显示与隐藏的图标，单击该图标，可以将层在显示与隐藏之间切换。层的隐藏不但可以关闭该层图像在合成窗口中的显示，还影响最终的输出效果，如果想在输出的画面中出现该层，还要将其显示。

● 音频的显示与隐藏：在层的左侧，有一个音频图标，添加音频层后，单击音频层左侧的音频图标，图标将会消失，在预览合成时将听不到声音。

● 层的单独显示：在层的左侧，有一个层单独显示的图标，单击该图标，其他层的视频图标就会变为灰色，在合成窗口中只显示开启单独显示图标的层，其他层处于隐藏状态。

● 层的锁定：在层的左侧，有一个层锁定与解锁的图标，单击该图标，可以将层在锁定与隐藏之间切换。层锁定后，将不能再对该层进行编辑，要想重新选择编辑就要首先对其解除锁定。层的锁定只影响用户对该层的选择编辑，不影响最终的输出效果。

● 重命名：首先单击选择层，并按下键盘上的 Enter 键，激活输入框，然后直接输入新的名称即可。层的重命名可以更好地对不同层进行操作。

在时间线面板的中部，还有一个参数区，主要用来对素材层显示、质量、特效、运动模糊等属性进行设置与显示，如图 3.37 所示。

● 隐藏图标：单击隐藏图标可以将选择层隐藏，而图标样式会变为扁平，但时间线面板中的层不发生任何变化，这时要在时间线面板上方单击隐藏按钮，用于开启隐藏功能操作。

● 塌陷图标：单击塌陷图标后，嵌套层的质量会提高，渲染时间减少。

● 质量图标：可是设置合成窗口中素材的显示质量，单击图标可以切换高质量与低质量两种显示方式。

● 特效图标：在层上增加滤镜特效命令后，当前层将显示特效图标，单击特效图标后，当前层就取消了特效命令的应用。

● 帧融合图标：可以在渲染时对影片进行柔和处理，通常在调整素材播放速率后单击应用。首先在时间线面板中选择动态素材层，然后单击帧融合图标，最后在时间线面板上方开启帧融合按钮。

● 运动模糊图标：可以在 After Effects CS6 软件中记录层位移动画时产生模糊效果。

- ⊘层调整图标：可以将原层制作成透明层，在开启 Adjustment Layer（调整层）图标后，在调整层下方的这个层上可以同时应用其他效果。
- ⬛三维属性图标：可以将二维层转换为三维层操作，开启三维层图标后，层将具有 Z 轴属性。

在时间线面板的中间部分还包含了 8 个开关按钮，用来对视频进行相关的属性设置，如图 3.38 所示。

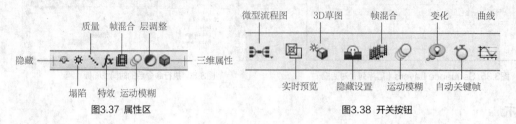

图3.37 属性区　　　　图3.38 开关按钮

- ▶◀微型流程图按钮：AE 作为一款层级式合成软件，会有层级的前后关系，而这个按钮就是用来显示当前合成的前后层级的。
- ⬚实时预览按钮：使用鼠标左键选择并拖动图像时不会产生出现线框，而关闭实时预览按钮后，在合成窗口中拖动图像时将以线框模式移动。
- ✹3D 草图按钮：在三维环境中进行制作时，可以将环境中的阴影、摄像机和模糊等功能状态进行屏蔽。
- ⬚隐藏设置：隐藏开关面板中标记为退缩的层。
- ⊙自动关键帧：开启后在设置素材层各属性值时系统可以自动建立关键帧。

（提示）

对于属性区域的按钮，有的需要在开启了时间线上方的开关按钮后才会出现效果，也就是说上方开关起到一个总控的效果。

在时间线面板中，还有很多其他的参数设置，可以通过单击时间线面板右上角的时间线菜单来打开，也可以在时间线面板中，在各属性名称上，单击鼠标右键，通过 Columns（列）子菜单选项来打开，如图 3.39 所示。

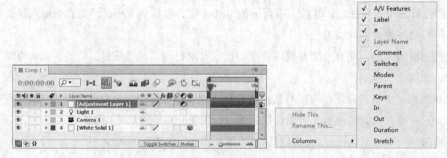

图3.39 快捷菜单

Ae 3.3　层属性设置

时间线面板中，每个层都有相同的基本属性设置，包括层的定位点、位置、缩放、旋转和透明度，这些常用层属性是进行动画设置的基础，也是修改素材比较常用的属性设置，它是掌握基础动画制作的关键所在。

3.3.1 层列表

当创建一个层时，层列表也相应出现，应用的特效越多，层列表的选项也就越多，层的大部分属性修改、动画设置，都可以通过层列表中的选项来完成。

层列表具有多重性，有时一个层的下方有多个层列表，在应用时可以一一展开进行属性的修改。

展开层列表，可以单击层前方的 ▶ 按钮，当 ▶ 按钮变成 ▼ 状态时，表明层列表被展开，如果单击 ▼ 按钮，使其变成 ▶ 状态时，表明层列表被关闭，如图 3.40 所示为层列表的显示效果。

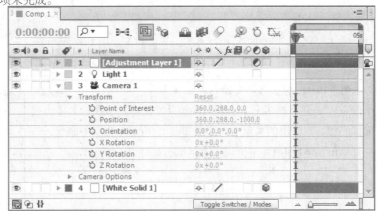

图3.40 层列表显示效果

在层列表中，还可以快速应用组合键来打开相应的属性选项。如按 A 键可以打开 Anchor Point（定位点）选项；按 P 键可以打开 Position（位置）选项等。详细使用可参考本书后面的附录内容。

3.3.2 Anchor Point（定位点）

Anchor Point（定位点）主要用来控制素材的旋转中心，即素材的旋转中心点位置，默认的素材定位点位置，一般位于素材的中心位置。在 Composition（合成）窗口中，选择素材后，可以看到一个 ✛ 标记，这就是定位点，如图 3.41 所示。

定位点在标志中间键旋转效果　　　　　　　　　　　　定位点不在标志中间键旋转效果

图3.41 定位点关于标志旋转效果

定位点的修改，可以通过下面 3 种方法来完成。

● 方法 1：应用工具 ▦ 。首先选择当前层，然后单击工具栏中的 ▦ 工具按钮，或按 Y 键，将鼠标移动到 Composition（合成）窗口中，拖动定位点 ♨ 到指定的位置释放鼠标即可，如图 3.42 所示。

● 方法 2：输入修改。单击展开当前层列表，或按 A 键，将光标移动到 Anchor Point（定位点）右侧的数值上，当光标变成 ▧ 状时，按住鼠标拖动，即可修改定位点的位置，如图 3.43 所示。

图3.42 移动定位点过程

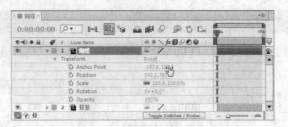

图3.43 拖动修改定位点位置

● 方法 3：利用对话框修改。通过 Edit Value（编辑值）来修改。展开层列表后，在 Anchor Point（定位点）上单击鼠标右键，在弹出的菜单中，选择 Transform（变换）命令，打开 Anchor Point（定位点）对话框，如图 3.44 所示。

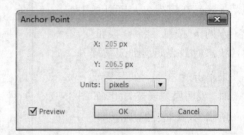

图3.44 Anchor Point（定位点）对话框

3.3.3 Position（位置）

Position（位置）用来控制素材在 Composition（合成）窗口中的相对位置，为了获得更好的效果，Position（位置）和 Anchor Point（定位点）参数相结合应用，它的修改也有以下 3 种方法。

● 方法 1：直接拖动。在 Timeline（时间线）或 Composition（合成）窗口中选择素材，然后使用 Selection Tool（选择工具） 按钮，或按 V 键，在 Composition（合成）窗口中按住鼠标拖动素材到合适的位置，如图 3.45 所示。如果按住 Shift 键拖动，可以将素材沿水平或垂直方向移动。

● 方法 2：组合键修改。选择素材后，按键盘上的方向键来修改位置，每按一次，素材将向相应方向移动 1 个像素，如果辅助 Shift 键，素材将向相应方向一次移动 10 个像素。

● 方法 3：输入修改。单击展开层列表，或直接按 P 键，然后单击 Position（位置）右侧的数值，激活后直接输入数值来修改素材位置。也可以在 Position（位置）上单击鼠标右键，在弹出的快捷菜单中选择 Edit Value（编辑值）命令，打开 Position（位置）对话框，重新设置参数，以修改素材位置，如图 3.46 所示。

图3.45 修改素材位置

图3.46 Position（位置）对话框

3.3.4 课堂案例——位移动画

通过修改素材的位置，可以很轻松地制作出精彩的位置动画效果，下面就来制作一个位置动画效果，通过该实例的制作，学习帧时间的调整方法，了解关键帧的使用，掌握路径的修改技巧。

工程文件	工程文件\第3章\位移动画
视频	视频\第3章\3.3.4 课堂案例——位移动画.avi

STEP 01 打开工程文件。执行菜单栏中的 File（文件）| Open Project（打开项目）命令，打开【打开】对话框，选择配套光盘中的"工程文件\第 3 章\位移动画\位移动画练习 .aep"文件，如图 3.47 所示。

STEP 02 将时间调整到 00:00:00:00 的位置。选择"手机""屏幕 1"层，然后按 P 键，展开 Position（位置），单击 Position（位置）左侧的码表 按钮，设置 Position（位置）的值为（−140，288），在当前时间设置一个关键帧，如图 3.48 所示。

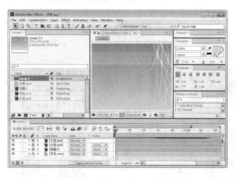

图3.47 位置动画练习文件

图3.48 设置关键帧

STEP 03 将时间调整到 00:00:00:13 的位置。在时间线面板中，选择"手指"图，然后按 P 键，展开 Position（位置），单击 Position（位置）左侧的码表 按钮，在当前时间设置一个关键帧。修改 Position（位置）的值为（984，582），再选择 "手机""1 屏幕"层分别修改 Position（位置）的值为（373，288），（373，288）以移动素材的位置，如图 3.49 所示。

STEP 04 修改完关键帧位置后，素材的位置也将跟着变化，此时，Composition（合成）窗口中的素材效果如图 3.50 所示。

（提示）

当 Add or remove keyframe at current time（在当前时间添加或删除关键帧）为 状时，单击该按钮，将添加一个关键帧；如果当前时间在某个关键帧位置，则 Add or remove keyframe at current time（在当前时间添加或删除关键帧）将变成 状，此时单击该按钮，将删除当前关键帧。

图3.49 修改位置添加关键帧

图3.50 素材的变化效果

STEP 05 将时间调整到 00:00:01:04 的位置。选择"手指",修改 Position(位置)的值为(426,578),如图 3.51 所示。

STEP 06 修改完关键帧位置后,素材的位置也将跟着变化,此时,Composition(合成)窗口中的素材效果,如图3.52 所示。

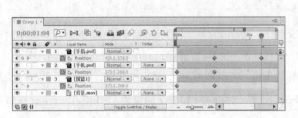

图3.51 修改位置添加关键帧

图3.52 素材的变化效果

STEP 07 这样,就完成了位移动画的制作,按空格键或小键盘上的 0 键,可以预览动画的效果,其中的几帧画面 如图 3.53 所示。

图3.53 位移动画效果

3.3.5 Scale(缩放)

缩放属性用来控制素材的大小,可以通过直接拖动的方法来改变素材大小,也可以通过修改数值来改变素材的大小。利用负值的输入,还可以使用缩放命令来翻转素材,修改的方法有以下 3 种。

● 方法 1:直接拖动缩放。在 Composition(合成)窗口中,使用 Selection(选择)工具选择素材,可以看到素材上出现 8 个控制点,拖动控制点就可以完成素材的缩放。其中,4 个角的点可以水平垂直同时缩放素材;两个水平中间的点可以水平缩放素材;两个垂直中间的点可以垂直缩放素材,如图 3.54 所示。

● 方法 2:输入修改。单击展开层列表,或按 S 键,然后单击 Scale(缩放)右侧的数值,激活后直接输入数值来修改素材大小,如图 3.55 所示。

图3.54 缩放效果

图3.55 修改数值

● 方法 3：利用对话框修改。展开层列表后，在 Scale（缩放）上单击鼠标右键，在弹出的菜单中选择 Transform（变换）命令，打开 Scale（缩放）对话框，如图 3.56 所示，在该对话框中设置新的数值即可。

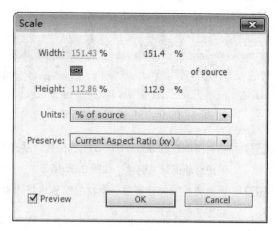

图3.56　Scale（缩放）对话框

如果当前层为 3D 层，还将显示一个 Depth（深度）选项，表示素材的 Z 轴上的缩放，同时在 Preserve（保持）右侧的下拉列表中，Current Aspect Ratio（XYZ）将处于可用状态，表示在三维空间中保持缩放比例。

3.3.6　课堂案例——缩放动画

下面通过实例来讲解缩放动画的应用方法，通过本例的学习，掌握关键帧的复制和粘贴方法，掌握缩放动画的制作技巧。

工程文件	工程文件\第3章\缩放动画
视频	视频\第3章\3.3.6 课堂案例——缩放动画.avi

STEP 01 打开工程文件。执行菜单栏中的 File（文件）| Open Project（打开项目）命令，打开"打开"对话框，选择配套光盘中的"工程文件 \ 第 3 章 \ 缩放动画 \ 缩放动画练习 .aep"文件，如图 3.57 所示。

STEP 02 在时间线面板中，将时间调整到 00:00:01:04 帧的位置。选择"屏幕 1"层，然后按 S 键，展开 Scale（缩放），单击 Scale（缩放）左侧的码表 按钮，在当前时间设置一个关键帧，如图 3.58 所示。

图3.57　工程文件

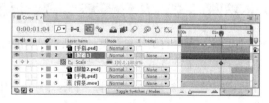

图3.58　00:00:01:04帧　设置关键帧

STEP 03 将时间调整到 00:00:01:13 帧的位置。修改 Scale（缩放）的值为（0，0），系统将自动记录关键帧，如图 3,59 所示。

STEP 04 将时间调整到 00:00:01:04 帧的位置。选择"屏幕 2"层，然后按 S 键，展开 Scale（缩放），设置 Scale（缩放）的值为（0，0）单击 Scale（缩放）左侧的码表 按钮，在当前时间设置一个关键帧，如图 3.60 所示。

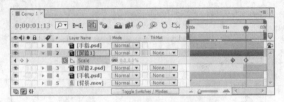

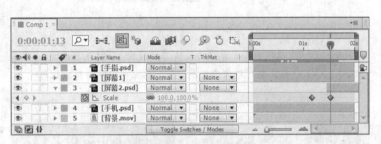

图3.59 00:00:01:13帧 时间参数设置

图3.60 00:00:01:04帧修改Position（位移）

STEP 05 将时间调整到00:00:01:13帧的位置。展开Scale（缩放），设置Scale（缩放）的值为（100，100）
系统自动记录关键帧，如图3.61所示。

STEP 06 修改完关键帧位置后，素材的缩放也将跟着变化，此时，Composition（合成）窗口中的素材效果，
如图3.62所示。

图3.61 00:00:01:13帧关键帧

图3.62 素材的变化效果

STEP 07 这样，就完成了缩放动画的制作，按空格键或小键盘上的0键，可以预览动画的效果，其中的几帧画面
如图3.63所示。

图3.63 缩放动画效果

3.3.7 Rotation（旋转）

旋转属性用来控制素材的旋转角度，依据定位点的位置，使用旋转属性，可以使素材产生相应的旋转
变化，旋转操作可以通过以下3种方式进行。

● 方法1：利用工具旋转。首先选择素材，然后单击工具栏中的Rotation Tool（旋转工具） 按钮，
或按W键，选择旋转工具，然后移动鼠标到Composition（合成）窗口中的素材上，可以看到光标呈 状，
光标放在素材上直接拖动鼠标，即可将素材旋转，如图3.64所示。

● 方法2：输入修改。单击展开层列表，或按R键，然后单击Rotation（旋转）右侧的数值，激活后
直接输入数值来修改素材旋转度数，如图3.65所示。

图3.64 旋转操作效果

图3.65 输入数值修改旋转度数

　　旋转的数值不同于其他的数值，它的表现方式为0X+0.0，在这里，加号前面的0X表示旋转的周数，如旋转1周，输入1X，即旋转360，旋转2周，输入2X，依次类推。加号后面的0.0表示旋转的度数，它是一个小于360度的数值，比如输入30.0，表示将素材旋转30。输入正值，素材将按顺时针方向旋转；输入负值，素材将按逆时针旋转。

　　● 方法3：利用对话框修改。展开层列表后，在Rotation（旋转）上单击鼠标右键，在弹出的菜单中，选择Transform（变换）命令，打开Rotation（旋转）对话框，如图3.66所示，在该对话框中设置新的数值即可。

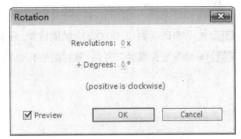

图3.66 Rotation（旋转）对话框

3.3.8 课堂案例——旋转动画

　　下面就通过旋转属性来修改手机的旋转效果。通过配合的制作，学习旋转属性的设置技巧。

工程文件	工程文件\第3章\旋转动画
视频	视频\第3章\3.3.8 课堂案例——旋转动画.avi

STEP 01 打开工程文件。执行菜单栏中的 File（文件）| Open Project（打开项目）命令，打开"打开"对话框，选择配套光盘中的"工程文件\第3章\旋转动画\旋转动画练习 aep"文件，如图3.67所示。

STEP 02 将时间调整到00：00：00：00帧的位置，单击"手机"素材层，按R键，打开Rotation（旋转）属性，设置Rotation（旋转）的值为−180。单击Rotation（旋转）属性左侧的码表 按钮，在当前时间设置一个关键帧，如图3.68所示。

图3.67 打开的工程文件效果

图3.68 设置关键帧

STEP 03 调整时间到 00:00:00:13 帧的位置，修改 Rotation（旋转）值为 0，此时会自动建立新的关键帧，如图3.69 所示。

STEP 04 调整时间到 00:00:00:00 帧的位置，单击"屏幕 1"素材层，按 R 键，打开 Rotation（旋转）属性，设置 Rotation（旋转）的值为 –180。单击 Rotation（旋转）属性左侧的码表 ⏱ 按钮，在当前时间设置一个关键帧，如图 3.70 所示。

图3.69 00:00:00:13帧 设置关键帧

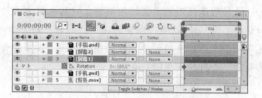

图3.70 00:00:00:00帧 设置关键帧

STEP 05 调整时间到 00:00:00:13 帧的位置，设置 Rotation（旋转）的值为 0。系统自动记录关键帧，如图3.71所示。

STEP 06 修改完关键帧位置后，素材的旋转也将跟着变化，此时，Composition（合成）窗口中的素材效果，如图3.72 所示。

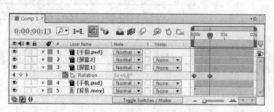

图3.71 00:00:00:13帧 设置关键帧

图3.72 素材的变化效果

STEP 07 这样，就完成了旋转动画的制作，按空格键或小键盘上的 0 键，可以预览动画的效果，其中的几帧画面如图 3.73 所示。

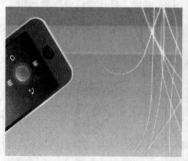

图3.73 旋转动画效果

3.3.9 Opacity（透明度）

透明度属性用来控制素材的透明程度，一般来说，除了包含通道的素材具有透明区域，其他素材都以不透明的形式出现，要想将素材透明，就要使用透明度属性来修改，透明度的修改方式有以下两种。

● 方法 1：输入修改。单击展开层列表，或按 T 键，然后单击 Opacity（透明度）右侧的数值，激活后直接输入数值来修改素材透明度，如图 3.74 所示。

● 方法 2：利用对话框修改。展开层列表后，在 Opacity（透明度）上单击鼠标右键，在弹出的菜单中，选择 Edit Value（编辑值）命令，打开 Opacity（透明度）对话框，如图 3.75 所示，在该对话框中设置新的数值即可。

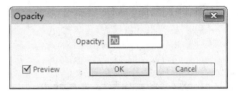

图3.74 修改透明数值　　　　　　　　　　图3.75 Opacity（透明度）对话框

3.3.10 课堂案例——透明度动画

前面讲解了透明度应用的基本知识，下面来通过实例，详细讲解透明度动画的制作过程，通过本实例的制作，掌握透明度的设置方法及动画制作技巧。

工程文件	工程文件\第3章\透明度动画
视频	视频\第3章\3.3.10 课堂案例——透明度动画.avi

STEP 01 打开工程文件。执行菜单栏中的 File（文件）| Open Project（打开项目）命令，打开"打开"对话框，选择配套光盘中的"工程文件\第 3 章\透明度动画\透明度动画练习 aep"文件，如图 3.76 所示。

STEP 02 调整时间到 00:00:00:13 帧的位置，单击"屏幕 1"素材层，按 T 键，打开 Opacity（透明度）属性，设置 Opacity（透明度）的值为 0%，单击 Opacity（透明度）属性左侧的码表 按钮，在当前时间设置一个关键帧，如图 3.77 所示。

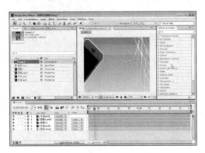

图3.76 打开的工程文件效果　　　　　　图3.77 00:00:00:13帧 设置关键帧

STEP 03 调整时间到 00:00:01:04 帧的位置，打开 Opacity（透明度）属性，设置 Opacity（透明度）的值为 100%，系统自动记录关键帧，如图 3.78 所示。

STEP 04 调整时间到 00:00:01:04 帧的位置，单击"屏幕 2"素材层，按 T 键，打开 Opacity（透明度）属性，设置 Opacity（透明度）的值为 0%，单击 Opacity（透明度）属性左侧的码表 按钮，在当前时间设置一个关键帧，如图 3.79 所示。

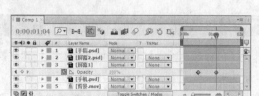

图3.78 00:00:01:04帧 设置关键帧　　　　　　图3.79 00:00:01:04帧 设置关键帧

STEP 05 调整时间到 00:00:01:18 帧的位置，打开 Opacity（透明度）属性，修改 Opacity（透明度）的值为 100%，系统自动记录关键帧，如图 3.80 所示。

STEP 06 修改完关键帧位置后，素材的旋转也将跟着变化，此时，Composition（合成）窗口中的素材效果，如图 3.81 所示。

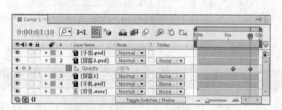

图3.80 00:00:01:18帧 设置关键帧　　　　　　图3.81 素材的变化效果

STEP 07 这样就完成了透明度动画的制作。按空格键或小键盘上的 0 键预览动画，其中的几帧动画效果如图 3.82 所示。

图3.82 透明度动画效果

第4章

文字及键控抠像动画

文字可以说是视频制作的灵魂，可以起到画龙点睛的作用，它被用在制作影视片头字幕、广告宣传广告语、影视语言字幕等方面，掌握文字工具的使用，对于影视制作也是至关重要的一个环节。键控抠像是合成图像中不可缺少的部分，它可以通过前期的拍摄和后期的处理，使影片的合成更加真实。本章详细讲解了文字和键控抠像的使用方法和技巧。

教学目标

- ❂ 了解文字工具
- ❂ 掌握文字动画的制作技巧
- ❂ 掌握路径文字的应用
- ❂ 了解常用键控抠像特效
- ❂ 掌握键控抠像的使用技巧

Ae 4.1 文字工具介绍

在影视作品中，不是仅仅只有图像，文字也是很重要的一项内容。尽管 After Effects CS4 是一个视频编辑软件，但其文字处理功能也是十分强大的。

4.1.1 创建文字的方法

直接创建文字的方法有两种，可以使用菜单，也可以使用工具栏中的文字工具，创建方法如下。

● 方法 1：使用菜单。执行菜单栏中的 Layer（图层）| New（新建）| Text（文字）命令，此时，Composition（合成）窗口中将出现一个光标效果，在时间线面板中，将出现一个文字层。使用合适的输入法，直接输入文字即可。

● 方法 2：使用文字工具。单击工具栏中的 Horizontal Type Tool（横排文字工具）T 按钮或 Vertical Type Tool（直排文字工具）IT 按钮，使用横排或直排文字工具，直接在 Composition（合成）窗口中单击输入文字。横排文字和直排文字的效果，如图 4.1 所示。

图4.1 横排和直排文字效果

4.1.2 字符和段落面板

Character（字符）和 Paragraph（段落）面板是进行文字修改的地方。利用 Character（字符）面板，可以对文字的字体、字形、字号、颜色等属性进行修改；利用 Paragraph（段落）面板可以对文字进行对齐、缩进等的修改。打开 Character（字符）和 Paragraph（段落）面板的方法有以下两种。

● 方法 1：利用菜单。执行菜单栏中的 Window（窗口）| Character（字符）或 Paragraph（段落）命令，即可打开 Character（字符）或 Paragraph（段落）面板。

● 方法 2：利用工具栏。在工具栏中选择文字工具。字符和段落面板分别如图 4.2、图 4.3 所示。

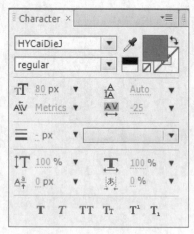

图4.2 Character（字符）面板

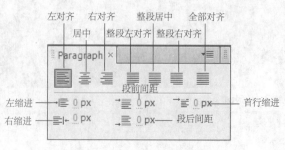

图4.3 Paragraph（段落）面板

Ae 4.2 文字属性介绍

创建文字后，在时间线面板中，将出现一个文字层，展开 Text（文字）列表选项，将显示出文字属性选项，如图 4.4 所示。在这里可以修改文字的基本属性。下面讲解基本属性的修改方法，并通过实例详述常用属性的动画制作技巧。

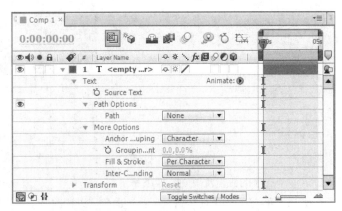

图4.4 文字属性列表选项

> **提示**
>
> 在时间线面板中展开 Text（文字）列表选项，More Options（更多选项）中，还有几个选项，这几个选项的应用比较简单，主要用来设置定位点的分组形式、组排列、填充与描边的关系、文字的混合模式，这里不再以实例讲解。下面主要用实例讲解 Animate（动画）和 Path Options（路径选项）的应用。

4.2.1 Animate（动画）

在 Text（文字）列表选项右侧，有一个动画 Animate: ⦿ 按钮，单击该按钮，将弹出一个菜单，该菜单包含了文字的动画制作命令，选择某个命令后，在 Text（文字）列表选项中将添加该命令的动画选项，通过该选项，可以制作出更加丰富的文字动画效果。动画菜单，如图 4.5 所示。

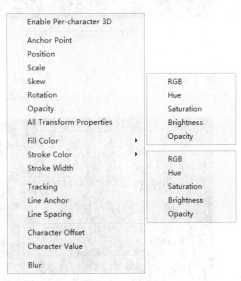

图4.5 动画菜单

4.2.2 Path（路径）

在 Path Options（路径选项）列表中，有一个 Path（路径）选项，通过它可以制作一个路径文字，在 Composition（合成）窗口创建文字并绘制路径，然后通过 Path（路径）右侧的菜单，可以制作路径文字效果。路径文字设置，如图 4.6 所示。

在应用路径文字后，在 Path Options（路径选项）列表中，将多出 5 个选项，用来控制文字与路径的排列关系，如图 4.7 所示。

图4.6 路径文字设置

图4.7 增加的选项

这 5 个选项的应用及说明，如下所示。

● Reverse Path（反转路径）：该选项可以将路径上的文字进行反转，反转前后效果如图 4.8 所示。

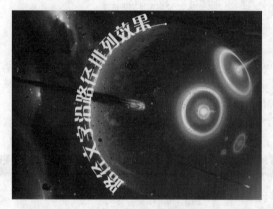

Reverse Path（反转路径）为off（关闭）

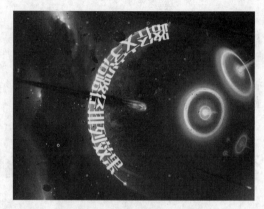

Reverse Path（反转路径）为on（开启）

图4.8 反转前后效果对比

● Perpendicular To Path（垂直路径）：该选项控制文字与路径的垂直关系，如果开启垂直功能，不管路径如何变化，文字始终与路径保持垂直，应用前后的效果对比，如图 4.9 所示。

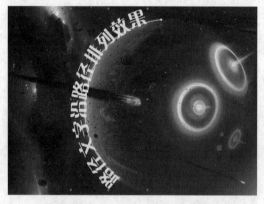

Perpendicular To Path（与路径垂直）为off

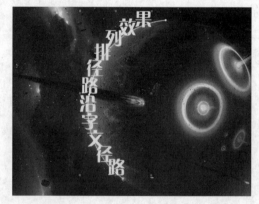

Perpendicular To Path（与路径垂直）为on

图4.9 与路径垂直应用前后效果对比

● Force Alignment（强制对齐）：强制将文字与路径两端对齐。如果文字过少，将出现文字分散的效果，应用前后的效果对比，如图 4.10 所示。

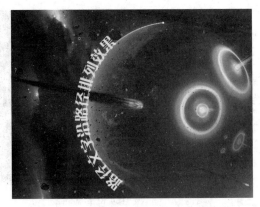 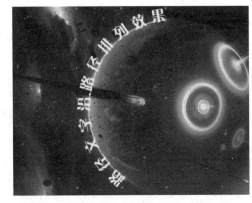

Force Alignment（强制对齐）为off　　　　　　　Force Alignment（强制对齐）为on

图4.10 强制对齐应用前后效果对比

● First Margin（首字位置）：用来控制开始文字的位置，通过后面的参数调整，可以改变首字在路径上的位置。

● Last Margin（末字位置）：用来控制结束文字的位置，通过后面的参数调整，可以改变终点文字在路径上的位置。

4.2.3 课堂案例——跳动的路径文字

本例主要讲解利用 Path Text（路径文字）特效制作跳动的路径文字效果，完成的动画流程画面，如图 4.11 所示。

工程文件	工程文件\第4章\跳动的路径文字
视频	视频\第4章\4.2.3 课堂案例——跳动的路径文字.avi

  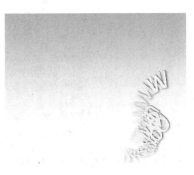

图4.11 动画流程画面

知识点

1. Path Text（路径文字）。

2. Echo（拖尾）。

3.Drop Shadow（投影）。

4.Color Emboss（彩色浮雕）。

STEP 01 执行菜单栏中的 Composition（合成）| New Composition（新建合成）命令，打开 Composition Settings（合成设置）对话框，设置 Composition Name（合成名称）为"跳动的路径文字"，Width（宽）为"720"，

Height（高）为"576"，Frame Rate（帧率）为"25"，并设置 Duration（持续时间）为 00：00：10：00 秒。

STEP 02 执行菜单栏中的 Layer（层）INew（新建）ISolid（固态层）命令，打开 Solid Settings（固态层设置）对话框，设置 Name（名称）为"路径文字"，Color（颜色）为黑色。

STEP 03 选中"路径文字"层，在工具栏中选择 Pen Tool（钢笔工具）, 在"路径文字"层上绘制一个路径，如图 4.12 所示。

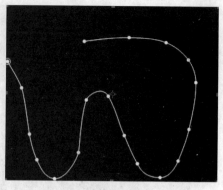

图4.12 绘制路径

STEP 04 为"路径文字"层添加 Path Text（路径文字）特效。在 Effects & Presets（效果和预置）面板中展开 Obsolete（旧版本）特效组，然后双击 Path Text（路径文字）特效，在 Path Text 对话框中输入"Rainbow"。

STEP 05 在 Effect Controls（特效控制）面板中，修改 Path Text（路径文字）特效的参数，从 Custom Path（自定义路径）下拉菜单中选择 Mask1（蒙版1）选项；展开 Fill and Stroke（填边与描边）选项组，设置 Fill Color（填充色）为浅蓝色（R：0；G：255；B：246）；将时间调整到 00：00：00：00 帧的位置，设置 Size（大小）的值为 30，Left Margin（左侧空白）的值为 0，单击 Size（大小）和 Left Margin（左侧空白）左侧的码表按钮，在当前位置设置关键帧，如图 4.13 所示，合成窗口效果，如图 4.14 所示。

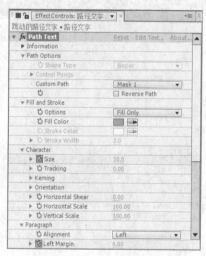

图4.13 设置大小和左侧空白的关键帧

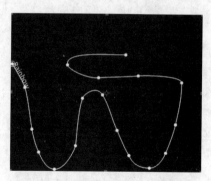

图4.14 设置大小和左侧空白后效果

STEP 06 将时间调整到 00：00：02：00 帧的位置，设置 Size（大小）的值为 80，系统会自动设置关键帧，如图 4.15 所示，合成窗口效果，如图 4.16 所示。

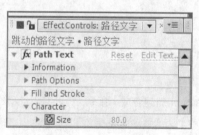

图4.15 设置大小关键帧

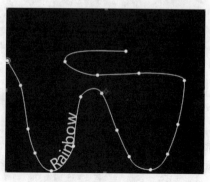

图4.16 设置大小后效果

STEP 07 将时间调整到 00：00：06：15 帧的位置，设置 Left Margin（左侧空白）的值为 2090，如图 4.17 所示，合成窗口效果，如图 4.18 所示。

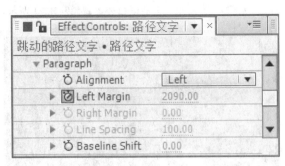

图4.17 设置左侧空白关键帧

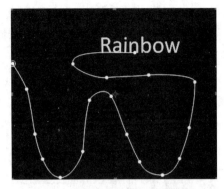

图4.18 设置左侧空白关键帧后效果

STEP 08 展开 Advanced（高级）lJitter Setting（抖动设置）选项组，将时间调整到 00：00：00：00 帧的位置，设置 Baseling Jitter Max（基线最大抖动）、Kerning Jitter Max（字距最大抖动）、Rotation Jitter Max（旋转最大抖动）及 Scale Jitter Max（缩放最大抖动）的值为 0，单击 Baseling Jitter Max（基线最大抖动）、Kerning Jitter Max（字距最大抖动）、Rotation Jitter Max（旋转最大抖动）以及 Scale Jitter Max（缩放最大抖动）左侧的码表 按钮，在当前位置设置关键帧，如图 4.19 所示。

STEP 09 将时间调整到 00：00：03：15 帧的位置，设置 Baseling Jitter Max（基线最大抖动）的值为 122，Kerning Jitter Max（字距最大抖动）的值为 164，Rotation Jitter Max（旋转最大抖动）的值为 132，Scale Jitter Max（缩放最大抖动）的值为 150，如图 4.20 所示。

图4.19 设置0秒关键帧

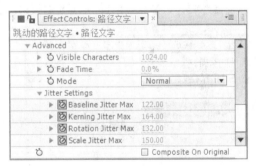

图4.20 设置3秒15帧关键帧

STEP 10 将时间调整到 00：00：06：00 帧的位置，设置 Baseling Jitter Max（基线最大抖动）、Kerning Jitter Max（字距最大抖动）、Rotation Jitter Max（旋转最大抖动）以及 Scale Jitter Max（缩放最大抖动）的值为 0，系统会自动设置关键帧，如图 4.21 所示，合成窗口效果，如图 4.22 所示。

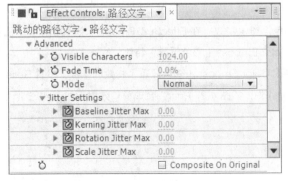

图4.21 设置6秒关键帧

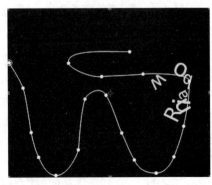

图4.22 设置路径文字特效后效果

STEP 11 为"路径文字"层添加 Echo（拖尾）特效。在 Effects & Presets（效果和预置）面板中展开 Time（时间）特效组，然后双击 Echo（拖尾）特效。

STEP 12 在 Effect Controls（特效控制）面板中，修改 Echo（拖尾）特效的参数，设置 Number of Echoes（重影数量）的值为 12，Decay（衰减）的值为 0.7，如图 4.23 所示，合成窗口效果，如图 4.24 所示。

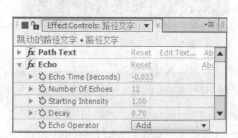

图4.23 设置拖尾参数

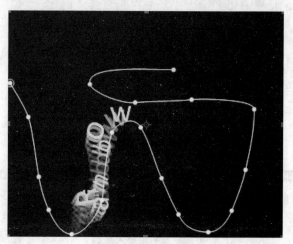

图4.24 设置拖尾后效果

STEP 13 为"路径文字"层添加 Drop Shadow（投影）特效。在 Effects & Presets（效果和预置）面板中展开 Perspective（透视）特效组，然后双击 Drop Shadow（投影）特效。

STEP 14 在 Effect Controls（特效控制）面板中，修改 Drop Shadow（投影）特效的参数，设置 Softness（柔化）的值为 15，如图 4.25 所示，合成窗口效果，如图 4.26 所示。

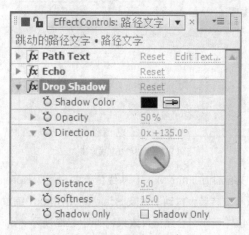

图4.25 设置投影参数

图4.26 设置投影后效果

STEP 15 为"路径文字"层添加 Color Emboss（彩色浮雕）特效。在 Effects & Presets（效果和预置）面板中展开 Stylize（风格化）特效组，然后双击 Color Emboss（彩色浮雕）特效。

STEP 16 在 Effect Controls（特效控制）面板中，修改 Color Emboss（彩色浮雕）特效的参数，设置 Relief（起伏）的值为 1.5，Contrast（对比度）的值为 169，如图 4.27 所示，合成窗口效果，如图 4.28 所示。

图4.27 设置彩色浮雕参数

图4.28 设置彩色浮雕后效果

STEP 17 执行菜单栏中的 Layer（层）|New（新建）|Solid（固态层）命令，打开 Solid Settings（固态层设置）对话框，设置 Name（名称）为"背景"，Color（颜色）为白色。

STEP 18 为"背景"层添加 Ramp（渐变）特效。在 Effects & Presets（效果和预置）面板中展开 Generate（创造）特效组，然后双击 Ramp（渐变）特效。

STEP 19 在 Effect Controls（特效控制）面板中，修改 Ramp（渐变）特效的参数，设置 Start Color（开始色）为蓝色（R：11；G：170；B：252），End of Ramp（渐变结束）的值为（380，400），End Colo（结束色）为淡蓝色（R：221；G：253；B：253），如图 4.29 所示，合成窗口效果，如图 4.30 所示。

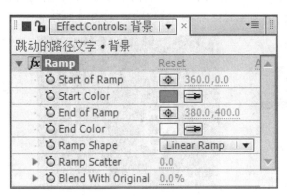

图4.29 设置渐变参数

图4.30 设置渐变后效果

STEP 20 在时间线面板中将"背景"层拖动到"路径文字"层下面。这样就完成了跳动的路径文字整体制作，按小键盘上的"0"键，即可在合成窗口中预览动画。

4.2.4 课堂案例——聚散文字

本例主要讲解利用 Animate Text（文字动画）属性制作聚散文字效果，完成的动画流程画面，如图 4.31 所示。

工程文件	工程文件\第4章\聚散文字
视频	视频\第4章\4.2.4 课堂案例——聚散文字.avi

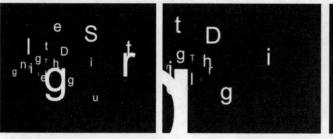
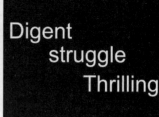

图4.31 动画流程画面

Animate Text（文字动画）。

STEP 01 执行菜单栏中的 Composition（合成）| New Composition（新建合成）命令，打开 Composition Settings（合成设置）对话框，设置 Composition Name（合成名称）为"飞出"，Width（宽）为"720"，Height（高）为"576"，Frame Rate（帧率）为"25"，并设置 Duration（持续时间）为 00：00：03：00 秒。

STEP 02 执行菜单栏中的 Layer（层）| New（新建）| Text（文本）命令，输入"Struggle"，在 Character（字符）面板中，设置文字字体为 Arial，字号为 100px，字体颜色为白色。

STEP 03 打开文字层的三维开关，在工具栏中选择 Pen Tool（钢笔工具），绘制一个四边形路径，在 Path（路径）下拉菜单中选择 Mask1（蒙版1），设置 Reverse Path（反转路径）为 On（打开），Perpendicular To Path（与路径垂直）为 Off（关闭），Force Alignment（强制对齐）为 On（打开），First Margin（首字位置）为 200，分别调整单个字母的大小，使其参差不齐，如图4.32 所示，合成窗口效果如图4.33 所示。

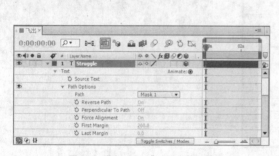
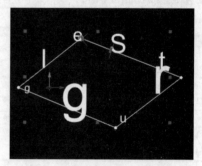

图4.32 "Struggle"文字参数设置　　　　图4.33 "Struggle"文字路径效果

STEP 04 选择"Struggle"文字层，按 Ctrl+D 组合键复制出另一个文字层，将文字修改为"Digent"，设置 Scale（缩放）数值为（50，50，50），修改 First Margin（首字位置）为 300，分别调整单个字母的大小，使其参差不齐。将"Struggle"文字层暂时关闭并查看效果，如图4.34 所示，合成窗口效果如图4.35 所示。

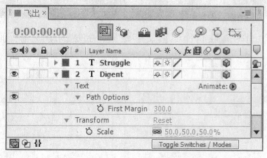
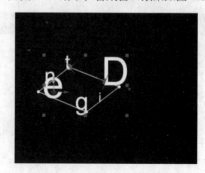

图4.34 "Digent"文字参数设置　　　　图4.35 "Digent"文字路径效果

STEP 05 以相同的方式建立文字层。选择"Struggle"文字层，按 Ctrl+D 组合键复制出另一个文字层，将文字修
改为"Thrilling"，设置 Scale（缩放）数值为（25，25，25），修改 First Margin（首字位置）为 90，
分别调整单个字母的大小，使其参差不齐。将"Digent"文字层暂时关闭查看效果，如图 4.36 所示，合
成窗口效果如图 4.37 所示。

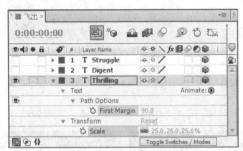

图4.36 "Thrilling"文字参数设置

图4.37 "Thrilling"文字路径效果

STEP 06 选中"Struggle"文字层，将时间调整到 00：00：00：00 帧的位置，按 P 键展开"Struggle"文字
层 Position（位置）属性，设置 Position（位置）数值为（152，302，0），单击 Position（位置）左侧的
码表按钮，在当前位置设置关键帧；将时间调整到 00：00：01：00 帧的位置，设置"Struggle"
文字层 Position（位置）数值为（149，302，−876），系统会自动创建关键帧，如图 4.38 所示。

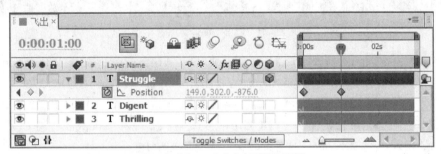

图4.38 "Struggle"文字层关键帧设置

STEP 07 选中"Digent"文字层，将时间调整到 00：00：00：00 帧的位置，按 P 键展开"Digent"文字层
Position（位置）属性，设置 Position（位置）数值为（152，302，0），单击 Position（位置）左侧的码
表按钮，在当前位置设置关键帧；将时间调整到 00：00：01：15 帧的位置，设置"Digent"文字
层 Position（位置）数值为（152，302，−1005），系统会自动创建关键帧，如图 4.39 所示。

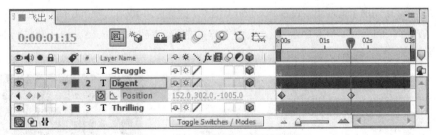

图4.39 "Digent"文字层关键帧的设置

STEP 08 选中"Thrilling"文字层，将时间调整到 00：00：00：00 帧的位置，按 P 键展开"Thrilling"文字
层 Position（位置）属性，设置 Position（位置）数值为（152，302，0），单击 Position（位置）左
侧的码表按钮，在当前位置设置关键帧；将时间调整到 00：00：02：00 帧的位置，设置"Struggle"

文字层 Position（位置）数值为（152，302，–788），系统会自动创建关键帧，如图 4.40 所示。

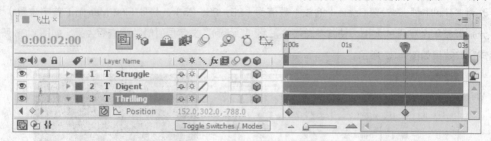

图4.40 "Thrilling"文字层关键帧设置

STEP 09 这样就完成了"飞出"的制作，按小键盘上的 0 键，在合成窗口中预览动画，效果如图 4.41 所示。

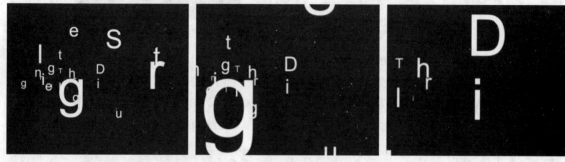

图4.41 "飞出"动画

STEP 10 执行菜单栏中的 Composition(合成)I New Composition(新建合成)命令，打开 Composition Settings(合成设置)对话框，设置 Composition Name（ 合成名称 ）为"飞入"，Width（ 宽 ）为"720"，Height（ 高 ）为"576"，Frame Rate（ 帧率 ）为"25"，并设置 Duration（ 持续时间 ）为 00：00：03：00 秒。

STEP 11 执行菜单栏中的 Layer（ 层 ）INew（ 新建 ）IText（ 文本 ）命令，输入"Struggle"，在 Character（ 字符 ）面板中，设置文字字体为 Arial，字号为 100px，字体颜色为白色。

STEP 12 为"Struggle"文字层添加 Alphabet Soup（ 字母汤 ）特效。将时间调整到 00：00：00：00 帧的位置，在 Effects & Presets（ 效果和预置 ）面板中展开 Aninmation Presets（ 动画预设 ）IText（ 文本 ）IMulti-Line（ 多行 ）特效组，然后双击 Alphabet Soup（ 字母汤 ）特效。

STEP 13 单击"Struggle"文字层左侧的灰色三角形 ▼ 按钮，展开 Text（ 文本 ）选项组，删除 Animator-Randomize Scale（ 动画 – 随机缩放 ）选项。

STEP 14 单击"Struggle"文字层左侧的灰色三角形 ▼ 按钮，展开 Text(文本)IAnimator-Pos/Rot/Opacity(动画 – 位置 / 旋转 / 透明度)选项组，设置 Position（ 位置 ）的值为（ 1000，–1000 ），Rotation（ 旋转 ）的值为 0，Wiggly Selector–（ By Char ）（ 抖动选择器 ）选项组下的 Wiggles/Second（ 抖动 / 秒 ）的值为 0，如图 4.42 所示，合成窗口效果如图 4.43 所示。

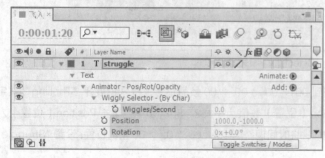

图4.42 "Struggle"文字参数设置

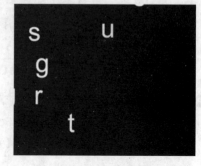

图4.43 "Struggle"文字聚散效果

STEP 15 选择"Struggle"文字层，按 Ctrl+D 组合键复制出另一个文字层，将文字修改为"Digent"，按 P 键展开 Position（位置）属性，设置 Position（位置）数值为（24，189）；选中"Struggle"文字层，按 P 键展开 Position（位置）属性，设置 Position（位置）数值为（205，293），如图 4.44 所示，合成窗口效果如图 4.45 所示。

图4.44 文字参数设置

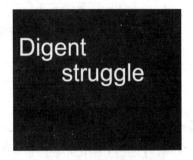

图4.45 文字位置设置后效果

STEP 16 选择"Digent"文字层，按 Ctrl+D 组合键复制出另一个文字层，将文字修改为"Thrilling"，按 P 键展开 Position（位置）属性，设置 Position（位置）的值为（363，423），如图 4.46 所示，合成窗口效果如图 4.47 所示。

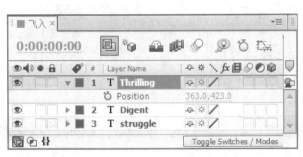

图4.46 "Thrilling"文字位置设置

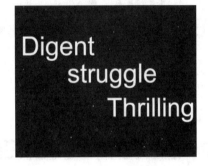

图4.47 "Thrilling"位置设置后效果

STEP 17 这样就完成了"飞入"的制作，按小键盘上的 0 键，即可在合成窗口中预览动画，效果如图 4.48 所示。

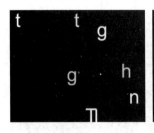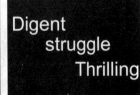

图4.48 "飞入"

STEP 18 执行菜单栏中的 Composition（合成）| New Composition（新建合成）命令，打开 Composition Settings（合成设置）对话框，设置 Composition Name（合成名称）为"聚散的文字"，Width（宽）为"720"，Height（高）为"576"，Frame Rate（帧率）为"25"，并设置 Duration（持续时间）为 00：00：03：00 秒。

STEP 19 在 Project（项目）面板中，选择"飞出"和"飞入"合成，将其拖动到"聚散文字"合成的时间线面板中。

STEP 20 选中"飞入"层,将时间调整到00:00:01:00帧的位置,按 [键,设置"飞入"层入点为00:00:01:00帧的位置,如图4.49所示。

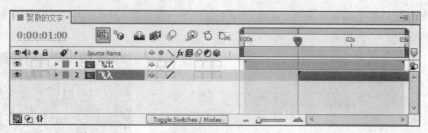

图4.49 设置"飞入"层入点

STEP 21 选中"飞入"层,按 T 键展开Opacity(不透明度)属性,设置Opacity(不透明度)的值为0%,单击左侧的码表 按钮,在当前位置设置关键帧;将时间调整到00:00:02:00帧的位置,设置Opacity(不透明度)的值为100%,系统会自动设置关键帧,如图4.50所示。

STEP 22 这样就完成了聚散文字的整体制作,按小键盘上的0键,即可在合成窗口中预览动画。

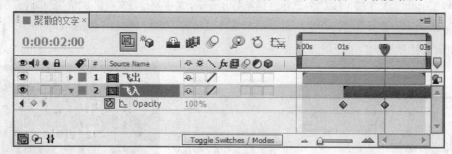

图4.50 关键帧设置

4.2.5 课堂案例——机打字效果

本例主要讲解利用Character Offset(字符偏移)属性制作机打字效果。本例最终的动画流程效果,如图4.51所示。

工程文件	工程文件\第4章\机打字效果
视频	视频\第4章\4.2.5 课堂案例——机打字效果.avi

图4.51 动画流程画面

1. 了解Character Offset(字符偏移)属性。

2. 掌握Opacity(不透明度)的应用。

STEP 01 执行菜单栏中的 File（文件）IOpen Project（打开项目）命令，选择配套光盘中的"工程文件\第4章\机打字效果\机打字练习.aep"文件，将文件打开。

STEP 02 执行菜单栏中的 Layer（图层）INew（新建）IText（文本）命令，新建文字层，此时，Composition（合成）窗口中将出现一个闪动的光标效果，在时间线面板中将出现一个文字层，输入"大江东去，浪淘尽，千古风流人物。故垒西边，人道是，三国周郎赤壁。乱石穿空，惊涛拍岸，卷起千堆雪。江山如画，一时多少豪杰。"。在 Character（字符）面板中，设置文字字体为草檀斋毛泽东字体，字号为 32px，字体颜色为黑色，参数如图4.52所示，合成窗口效果如图4.53所示。

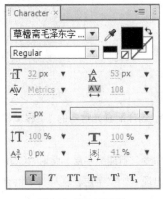

图4.52 设置字体参数　　　　　　　　　　　图4.53 设置字体后效果

STEP 03 将时间调整到 00：00：00：00 帧的位置，展开文字层，单击 Text（文字）右侧的三角形 ● 按钮，从菜单中选择 Character Offset（字符偏移）命令，设置 Character Offset（字符偏移）的值为20，单击 Animate 1（动画1）右侧的三角形 ● 按钮，从菜单中选择 Opacity（不透明度）选项，设置 Opacity（不透明度）的值为0%。设置 Start（开始）的值为0，单击 Start（开始）左侧的码表 按钮，在当前位置设置关键帧，合成窗口效果如图4.54所示。

STEP 04 将时间调整到 00：00：02：00 帧的位置，设置 Start（开始）的值为100，系统会自动设置关键帧，如图4.55所示。

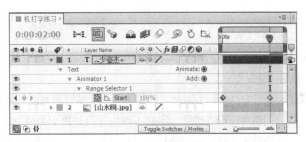

图4.54 设置0帧关键帧后效果　　　　　　　图4.55 设置文字参数

STEP 05 这样就完成了机打字动画效果的整体制作，按小键盘上的 0 键，即可在合成窗口中预览动画。

4.2.6 课堂案例——清新文字

本例主要讲解利用 Scale（缩放）属性制作清新文字效果。本例最终的动画流程效果，如图4.56所示。

工程文件	工程文件\第4章\清新文字
视频	视频\第4章\4.2.6 课堂案例——清新文字.avi

图4.56 动画流程画面

1. 了解 Scale（缩放）属性的使用。

2. 了解 Opacity（不透明度）属性的使用。

3. 了解 Blur（模糊）的应用。

STEP 01 执行菜单栏中的 File（文件）lOpen Project（打开项目）命令，选择配套光盘中的"工程文件\第4章\清新文字\清新文字练习.aep"文件，将文件打开。

STEP 02 执行菜单栏中的 Layer（图层）lNew（新建）lText（文本）命令，新建文字层，此时，Composition（合成）窗口中将出现一个闪动的光标效果，在时间线面板中将出现一个文字层，输入"FantasticEternity"。

在 Character（字符）面板中，设置文字字体为ChopinScript，字号为94px，字体颜色为白色，参数如图4.57所示，合成窗口效果如图4.58所示。

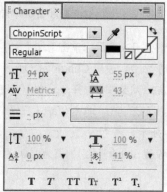

图4.57 设置字体参数

图4.58 设置参数后效果

STEP 03 选择文字层，在 Effects & Presets（特效）面板中展开 Generate（创造）特效组，双击 Ramp（渐变）特效。

STEP 04 在 Effects & Presets（特效）面板中修改 Ramp（渐变）特效参数，设置 Start of Ramp（渐变开始）的值为（88，82），Start Color（开始色）为绿色（H：156，S：255，B：86），End of Ramp（渐变结束）的值为（596，267），End Color（结束色）为白色，如图4.59所示，合成窗口效果如图4.60所示。

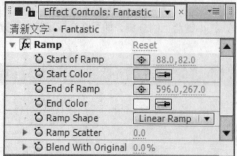

图4.59 设置渐变参数

图4.60 设置渐变后效果

STEP 05 选择文字层，在 Effects & Presets（效果和预置）面板中展开 Perspective（透视）特效组，双击 Drop Shadow（阴影）特效。

STEP 06 在 Effects & Presets（特效）面板中修改 Drop Shadow（阴影）特效参数，设置 Shadow Color（阴影颜色）为暗绿色（H：89，S：140，B：30），Softness（柔和）的值为 18，如图 4.61 所示，合成窗口效果如图 4.62 所示。

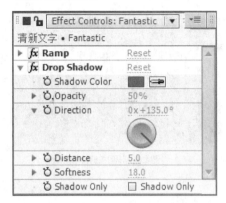

图4.61 设置阴影参数

图4.62 设置阴影后效果

STEP 07 在时间线面板中展开文字层，单击 Text（文本）右侧的 Animate（动画）按钮，在弹出的菜单中选择 Scale（缩放）命令，设置 Scale（缩放）的值为 300，单击 Animate 1（动画 1）右侧的三角形 ⊙ 按钮，从菜单中选择 Opacity（不透明度）和 Blur（模糊）选项，设置 Opacity（不透明度）的值为 0%，Blur（模糊）的值为 120，如图 4.63 所示，合成窗口效果如图 4.64 所示。

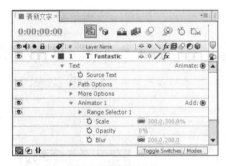

图4.63 设置属性参数

图4.64 设置参数后效果

STEP 08 展开 Animator1（动画 1）选项组 |Range Selector1（范围选择器 1）选项组 |Advanced（高级）选项，在 Units（）右侧的下拉列表中选择 Index，Shape（形状）右侧的下拉列表中选择 Ramp Up，设置 Ease Low 的值为 100%，Randomize Order（随机化）为 On（开启），如图 4.65 所示，合成窗口效果如图 4.66 所示。

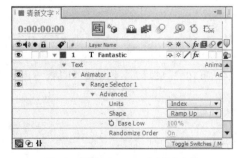

图4.65 设置Advanced（高级）参数

图4.66 设置参数后效果

STEP 09 调整时间到 00：00：00：00 帧的位置，展开 Range Selector1（范围选择器）选项，设置 End（结束）的值为 10，Offset（偏移）的值为 –10，单击 Offset（偏移）左侧的码表按钮，在此位置设置关键帧。

STEP 10 调整时间到 00：00：02：00 帧的位置，设置，Offset（偏移）的值为 10，系统自动添加关键帧，如图 4.67 所示，合成窗口效果如图 4.68 所示。

STEP 11 这样就完成了清新文字的整体制作，按小键盘上的 0 键，即可在合成窗口中预览动画。

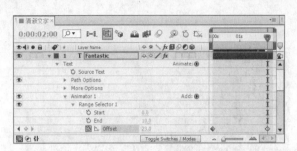

图4.67 添加关键帧

图4.68 设置关键帧后效果

4.3 键控抠像——Keying（键控）

键控有时也叫叠加或抠像，它本身包含在 After Effects CS6 的 Effects & Presets（效果和预置）面板中，在实际的视频制作中，应用非常广泛，也相当重要。

它和蒙版在应用上很相似，主要用于素材的透明控制，当蒙版和 Alpha 通道控制不能满足需要时，就需要应用到键控。

4.3.1 CC Simple Wire Removal（CC 擦钢丝）

该特效是利用一根线将图像分割，在线的部位产生模糊效果。该特效的参数设置及前后效果，如图 4.69 所示。

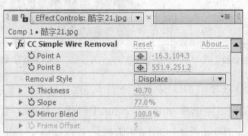

图4.69 擦钢丝的参数设置及前后效果

该特效的各项参数含义如下。

● Point A（点 A）：设置控制点 A 在图像中的位置。

● Point B（点 B）：设置控制点 B 在图像中的位置。

● Removal Style（移除样式）：设置钢丝的样式。包括 Fade（衰减）、Frame Offset（帧偏移）、Displace（置换）和 Displace Horizontal（水平置换）。

● Thickness（厚度）：设置钢丝的厚度。

● Slope（倾斜）：设置钢丝的倾斜角度。

- Mirror Blend（镜像混合）：设置线与源图像的混合程度。值越大，越模糊；值越小，越清晰。
- Frame Offset（帧偏移）：当 Removal Style（移除样式）设置为 Frame Offset（帧偏移）时，此项才可使用。

4.3.2　Color Difference Key（颜色差值键控）

该特效具有相当强大的抠像功能，通过颜色的吸取和加选、减选的应用，将需要的图像内容抠出。该特效的参数设置及前后效果，如图 4.70 所示。

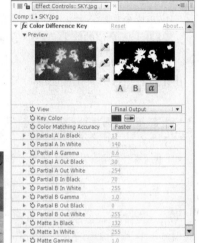

图4.70　应用颜色差值键控的参数设置及前后效果

该特效的各项参数含义如下。
- Preview（预览）：该选项组中的选项，主要用于抠像的预览。
- 吸管：可以从图像上吸取键控的颜色。
- 黑场：从特效图像上吸取透明区域的颜色。
- 白场：从特效图像上吸取不透明区域的颜色。
- A B α：图像的不同预览效果，与参数区中的选项相对应。参数中带有字母 A 的选项对应 **A** 预览效果；参数中带有字母 B 的选项对应 **B** 预览效果；参数中带有单词 Matte 的选项对应 α 预览效果。通过切换不同的预览效果并修改相应的参数，可以更好地控制图像的抠像。
- View（视图）：设置不同的图像视图。
- Key Color（键控颜色）：显示或设置从图像中删除的颜色。
- Color Matching Accuracy（色彩匹配精确度）：设置颜色的匹配精确程度。包括 Faster（更快的）表示匹配的精确度低，More Accurate（精确的）表示匹配的精确度高。
- Partial A ……（局部 A……）：调整遮罩 A 的参数精确度。
- Partial B ……（局部 B……）：调整遮罩 B 的参数精确度。
- Matte ……（遮罩……）：调整 Alpha 遮罩的参数精确度。

4.3.3　Color Key（色彩键）

该特效将素材的某种颜色及其相似的颜色范围设置为透明，还可以为素材进行边缘预留设置，制作出类似描边的效果。该特效的参数设置及前后效果，如图 4.71 所示。

图4.71 应用色彩键的参数设置及前后效果

该特效的各项参数含义如下。

● Key Color（键控颜色）：用来设置透明的颜色值，可以单击右侧的色块█████来选择颜色，也可以单击右侧的吸管工具█████，然后在素材上单击吸取所需颜色，以确定透明的颜色值。

● Color Tolerance（颜色容差）：用来设置颜色的容差范围。值越大，所包含的颜色越广。

● Edge Thin（边缘薄厚）：用来设置边缘的粗细。

● Edge Feather（边缘羽化）：用来设置边缘的柔化程度。

4.3.4 课堂案例——色彩键抠像

下面通过实例讲解利用 Color Key（色彩键）特效键控抠像的方法及操作技巧。本例最终的动画流程效果，如图 4.72 所示。

工程文件	工程文件\第4章\色彩键抠像
视频	视频\第4章\4.3.4 课堂案例——色彩键抠像.avi

图4.72 动画流程画面

Color Key（色彩键）特效。

STEP 01 导入素材。执行菜单栏中的 File（文件）| Import（导入）| File（文件）命令，或按 Ctrl + I 组合键，打开 Import File（导入文件）对话框，选择配套光盘中的"工程文件\第 4 章\色彩键抠像\水背景 .avi、龙 .mov"文件，以"水背景 .avi"为合成，然后将其添加到时间线面板中，选择"龙 .mov"按快捷键 S，设置 scale（缩放）值为（110，110）。

STEP 02 在时间线面板中，确认选择"红鲤鱼"层，然后在 Effects & Presets（效果和预置）中展开 Keying（键控）选项，然后双击 Color Key（色彩键）特效，如图 4.73 所示。

STEP 03 此时，该层图像就应用了 Color Key（色彩键）特效，打开 Effect Controls（特效控制面板，可以看到该特效的参数设置，如图 4.74 所示。

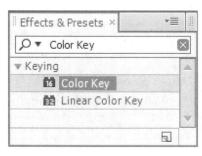

图4.73 双击特效

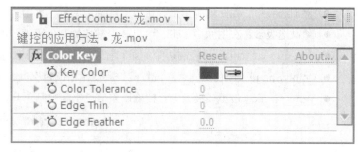

图4.74 特效控制面板

STEP 04 单击 Key Color（色彩键）右侧的吸管工具 ，然后在合成窗口中，单击素材上的白色部分，吸取白色，如图 4.75 所示。

STEP 05 使用吸管吸取颜色后，可以看到有些白色部分已经透明，可以看到背景了，在 Effect Controls（特效控制）面板中，修改 Color Tolerance（颜色容差）的值为 45，Edge Thin（边缘薄厚）的值为 1，Edge Feather（边缘羽化）的值为 2，以制作柔和的边缘效果，如图 4.76 所示。

图4.75 吸取颜色

图4.76 修改参数

STEP 06 这样，利用键控中的 Color Key（色彩键）特效抠像完成，因为素材本身是动画，可以预览动画效果，其中几帧的画面，如图 4.77 所示。

图4.77 键控应用中的几帧画面效果

4.3.5 Color Range（颜色范围）

该特效可以应用的色彩模式包括 Lab、YUV 和 RGB，被指定的颜色范围将产生透明。该特效的参数设置及前后效果，如图 4.78 所示。

该特效的各项参数含义如下。

● Preview（预览）：用来显示抠像所显示的颜色范围预览。

● 吸管：可以从图像中吸取需要镂空的颜色。

- 🖉加选吸管：在图像中单击，可以增加键控的颜色范围。
- 🖉减选吸管：在图像中单击，可以减少键控的颜色范围。
- Fuzziness（柔化）：控制边缘的柔和程度。值越大，边缘越柔和。
- Color Space（颜色空间）：设置键控所使用的颜色空间。包括 Lab、YUV 和 RGB 3 个选项。
- Min ／ Max（最小／最大）：精确调整颜色空间中颜色开始范围最小值和颜色结束范围的最大值。

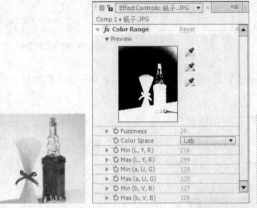

图4.78 应用颜色范围的参数设置及前后效果

4.3.6 Difference Matte（差异蒙版）

该特效通过指定的差异层与特效层进行颜色对比，将相同颜色区域抠出，制作出透明的效果。特别适合在相同背景下，将其中一个移动物体的背景制作成透明效果。该特效的参数设置及前后效果，如图 4.79 所示。

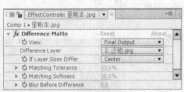

图4.79 应用差异蒙版的参数设置及前后效果

该特效的各项参数含义如下。

- View（视图）：设置不同的图像视图。
- Difference Layer（差异层）：指定与特效层进行比较的差异层。
- If Layer Sizes Differ（如果层尺寸不同）：如果差异层与特效层大小不同，可以选择居中对齐或拉伸差异层。
- Matching Tolerance（匹配容差）：设置颜色对比的范围大小。值越大，包含的颜色信息量越多。
- Matching Softness（匹配柔和）：设置颜色的柔化程度。
- Blur Before Difference（差异前模糊）：可以在对比前将两个图像进行模糊处理。

4.3.7 Extract（提取）

该特效可以通过抽取通道对应的颜色，来制作透明效果。该特效的参数设置及前后效果，如图 4.80 所示。

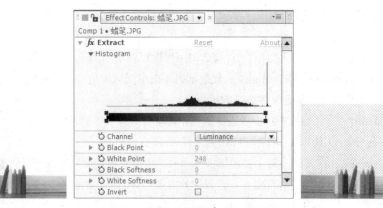

图4.80　应用提取的参数设置及前后效果

该特效的各项参数含义如下。

- Histogram（柱形统计图）：显示图像亮区、暗区的分布情况和参数值的调整情况。
- Channel（通道）：选择要提取的颜色通道，以制作透明效果。包括 Luminance（亮度）、Red（红色）、Green（绿色）、Blue（蓝色）和 Alpha（Alpha 通道）5 个选项。
- Black Point（黑点）：设置黑点的范围，小于该值的黑色区域将变透明。
- White Point（白点）：设置白点的范围，小于该值的白色区域将不透明。
- Black Softness（黑点柔和）：设置黑色区域的柔化程度。
- White Softness（白点柔和）：设置白色区域的柔化程度。
- Invert（反转）：反转上面参数设置的颜色提取区域。

4.3.8　Inner/Outer Key（内外键控）

该特效可以通过指定的遮罩来定义内边缘和外边缘，根据内外遮罩进行图像差异比较，得出透明效果。应用该特效的参数设置及应用前后效果，如图 4.81 所示。

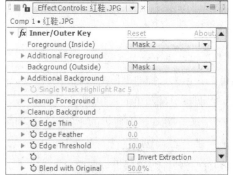

图4.81　应用内外键控的参数设置及前后效果

该特效的各项参数含义如下。

- Foreground（Inside）（内前景）：为特效层指定内边缘遮罩。
- Additional Foreground（附加前景）：可以为特效层指定更多的内边缘遮罩。
- Background（Outside）（外背景）：为特效层指定外边缘遮罩。
- Additional Background（附加背景）：可以为特效层指定更多的外边缘遮罩。

- Single Mask Highlight Radius（单一遮罩高亮半径）：当使用单一遮罩时，修改该参数可以扩展遮罩的范围。
  - Cleanup Foreground（清除前景）：该选项组用指定遮罩来清除前景颜色。
  - Cleanup Background（清除背景）：该选项组用指定遮罩来清除背景颜色。
  - Edge Thin（边缘薄厚）：设置边缘的粗细。
  - Edge Feather（边缘羽化）：设置边缘的柔化程度。
  - Edge Threshold（边缘阈值）：设置边缘颜色的阈值。
  - Invert Extraction（反转提取）：勾选该复选框，将设置的提取范围进行反转操作。
  - Blend With Original（混合程度）：设置特效图像与原图像间的混合比例，值越大越接近原图。

4.3.9　Keylight 1.2（抠像1.2）

该特效可以通过指定的颜色来对图像进行抠除，根据内外遮罩进行图像差异比较。应用该特效的参数设置及应用前后效果，如图 4.82 所示。

图4.82 应用抠像1.2的参数设置及前后效果

该特效的各项参数含义如下。
- View（视图）：设置不同的图像视图。
- Unpremultiply Result（非预乘结果）：是否进行预乘。
- Screen Colour（屏幕颜色）：用来选择要抠除的颜色。
- Screen Gain（屏幕增益）：调整屏幕颜色的饱和度。
- Screen Matte（屏幕蒙版）：调节图像黑白所占的比例，以及图像的柔和程度等。
- Inside Mask（内部遮罩）：对内部遮罩层进行调节。
- Outside Mask（外部遮罩）：对外部遮罩层进行调节。
- Foreground Colour Correction（前景色校正）：校正特效层的前景色。
- Edge Colour Correction（边缘色校正）：校正特效层的边缘色。
- Source Crops（来源）：设置图像的范围。

 提 示

　　Keylight 作为最常用也是最好用的抠像特效，经常用来抠除蓝背或绿背，但它也是会有它的局限的，它不能对纯白和纯黑进行抠像。

4.3.10 课堂案例——制作《忆江南》

本例主要讲解利用 Keylight（1.2）（抠像 1.2）特效制作忆江南动画效果，完成的动画流程画面，如图 4.83 所示。

工程文件	工程文件\第4章\制作《忆江南》动画
视频	视频\第4章\4.3.10 课堂案例——制作《忆江南》.avi

图4.83 动画流程画面

Keylight（1.2）（抠像 1.2）。

STEP 01 执行菜单栏中的 File（文件）IOpen Project（打开项目）命令，选择配套光盘中的"工程文件\第 4 章\制作忆江南动画\制作《忆江南》动画练习 .aep"文件，将"制作《忆江南》动画练习 .aep"文件打开。

STEP 02 为"抠像动态素材 .mov"层添加 Keylight（1.2）（抠像 1.2）特效。在 Effects & Presets（效果和预置）面板中展开 Keying（键控）特效组，然后双击 Keylight（1.2）（抠像 1.2）特效。

STEP 03 在 Effect Controls（特效控制）面板中，修改 Keylight（1.2）（抠像 1.2）特效的参数，设置 Screen Colour（屏幕颜色）为蓝色（R：6；G：0；B：255），如图 4.84 所示，合成窗口效果如图 8.85 所示。

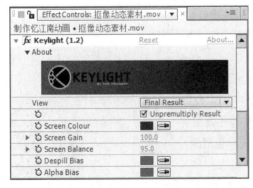

图4.84 设置抠像1.2参数

图4.85 设置抠像1.2参数后效果

STEP 04 执行菜单栏中的 Layer（层）INew（新建）IText（文本）命令，输入"忆江南"，在 Character（字符）面板中，设置文字字体为 HYZhongLiShuJ，字号为 92px，字体颜色为灰色（R：66；G：66；B：66）。

STEP 05 将时间调整到 00：00：00：17 帧的位置，展开"忆江南"层，单击 Text（文本）右侧的三角形

Animate: ⊙ 按钮，从菜单中选择 Opacity（不透明度）命令，设置 Opacity（不透明度）的值为 0%；展开 Text（文本）|Animator1（动画 1）|Range Selector1（范围选择器 1）选项组，设置 Start（开始）的值为 0%，单击 Start（开始）左侧的码表 按钮，在当前位置设置关键帧。

STEP 06 将时间调整到 00：00：02：03 帧的位置，设置 Start（开始）的值为 100%，系统会自动设置关键帧，如图 4.86 所示。

图4.86 设置关键帧

STEP 07 这样就完成了忆江南的整体制作，按小键盘上的 0 键，即可在合成窗口中预览动画。

4.3.11 Linear Color Key（线性颜色键控）

该特效可以根据 RGB 彩色信息或 Hue（色相）及 Chroma（饱和度）信息，与指定的键控色进行比较，产生透明区域。该特效的参数设置及前后效果，如图 4.87 所示。

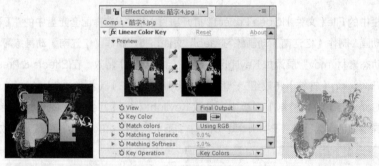

图4.87 应用线性颜色键控的参数设置及前后效果

该特效的各项参数含义如下。

● Preview（预览）：用来显示抠像所显示的颜色范围预览。

● 吸管：可以从图像中吸取需要镂空的颜色。

● 加选吸管：在图像中单击，可以增加键控的颜色范围。

● 减选吸管：在图像中单击，可以减少键控的颜色范围。

● View（视图）：设置不同的图像视图。

● Key Color（键控颜色）：显示或设置从图像中删除的颜色。包括 Using RGB（使用 RGB 颜色）、Using Hue（使用色相）和 Using Chroma（使用饱和度）3 个选项。

● Matching Colors（匹配颜色）：设置键控所匹配的颜色模式。

● Matching Tolerance（匹配容差）：设置颜色的范围大小。值越大，包含的颜色信息量越多。

● Matching Softness（匹配柔和）：设置颜色的柔化程度。

● Key Operation（键控运算）设置键控的运算方式。包括 Key Colors（键控颜色）和 Keep Colors（保留颜色）两个选项。

4.3.12　Luma Key（亮度键）

该特效可以根据图像的明亮程度将图像制作出透明效果，画面对比强烈的图像更适用。该特效的参数设置及前后效果，如图 4.88 所示。

图4.88　应用亮度键的参数设置及前后效果

该特效的各项参数含义如下。

● Key Type（键控类型）：指定键控的类型。只有 Key Out Brighter（键出亮区）、Key Out Darker（键出暗区）、Key Out Similar（键出相似）和 Key Out Dissimilar（键出不同的）4 个选项。

● Threshold（阈值）：用来调整素材背景的透明程度。

● Tolerance（容差）：调整键出颜色的容差大小。值越大，包含的颜色信息量越多。

● Edge Thin（边缘薄厚）：用来设置边缘的粗细。

● Edge Feather（边缘羽化）：用来设置边缘的柔化程度。

4.3.13　课堂案例——抠除白背景

本例主要讲解利用 Luma Key（亮度键）特效制作抠除白背景效果，完成的动画流程画面，如图 4.89 所示。

工程文件	工程文件\第4章\抠除白背景
视频	视频\第4章\4.3.13 课堂案例——抠除白背景.avi

图4.89　动画流程画面

知识点

Luma Key（亮度键）。

STEP 01　执行菜单栏中的 File（文件）lOpen Project（打开项目）命令，选择配套光盘中的"工程文件\第 4 章\抠除白背景\抠除白背景练习 .aep"文件，将"抠除白背景练习 .aep"文件打开。

STEP 02　选中"相机 .jpg"层，按 P 键打开 Position（位置）属性，设置 Position（位置）的值为（481，400）。

STEP 03 为"相机.jpg"层添加 Luma Key（亮度键）特效。在 Effects & Presets（效果和预置）面板中展开 Keying（键控）特效组，然后双击 Luma Key（亮度键）特效。

STEP 04 在 Effect Controls（特效控制）面板中，修改 Luma Key（亮度键）特效的参数，从 Key Type（键控类型）菜单中选择 Key Out Brighter（亮部抠出）命令，设置 Threshold（阈值）的值为 254，Edge Thin（边缘薄厚）的值为 1，Edge Feather（边缘羽化）的值为 2，如图 4.90 所示，合成窗口效果如图 4.91 所示，这样就完成了抠除白背景的整体制作。

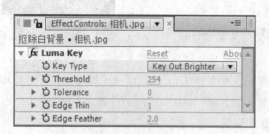

图4.90 设置亮度键参数

图4.91 设置亮度键参数后效果

4.3.14　Spill Suppressor（溢出抑制）

该特效可以去除键控后的图像残留的键控色的痕迹，可以将素材的颜色替换成另一种颜色。应用该特效的参数设置及应用前后效果，如图 4.92 所示。

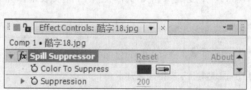

图4.92 应用溢出抑制的参数设置及前后效果

该特效的各项参数含义如下。

● Color To Suppress（溢出颜色）：指定溢出的颜色。
● Suppressor（抑制）：设置抑制程度。

第5章

蒙版的操作

本章主要讲解蒙版及蒙版动画的应用，使用矩形、椭圆、钢笔工具绘制蒙版的方法，包括矩形、椭圆形和自由形状蒙版的创建，蒙版形状的修改，节点的选择、调整、转换操作，蒙版属性的设置及修改，蒙版的模式、形状、羽化、透明度和扩展的修改及设置，蒙版动画的制作。

教学目标

- ✿ 了解蒙版的作用原理
- ✿ 学习各种形状蒙版的创建方法
- ✿ 学习蒙版形状的修改及节点的转换调整
- ✿ 掌握蒙版属性的设置
- ✿ 掌握蒙版动画的制作技巧

5.1 蒙版动画的原理

蒙版就是通过蒙版层中的图形或轮廓对象，透出下面图层中的内容。蒙版的原理如图 5.1 所示。

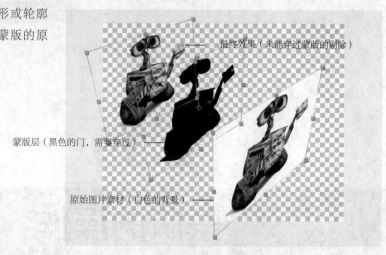

最终效果（未能穿过蒙版的剔除）

蒙版层（黑色的门，需要穿过）

原始图片素材（白色的背景）

图5.1 蒙版原理图

一般来说，蒙版需要有两个层，而在 After Effects 软件中，可以将蒙版绘制在原始素材层上，通过绘制轮廓制作成蒙版，蒙版层的轮廓形状（门的形状）决定最终结果的图像形状，而原始素材决定得到的内容。

蒙版动画可以理解为一个人拿着望远镜眺望远方，在眺望时不停地移动望远镜，通过望远镜，眼睛所看到的内容就会有不同的变化，这样就形成了蒙版动画；当然，也可以理解为，望远镜静止不动，而画面在移动，即被蒙版层不停运动，以此来产生蒙版动画效果。

Ae 5.2 创建蒙版

蒙版主要用来制作背景的镂空透明和图像间的平滑过渡等，蒙版有多种形状，在 After Effects CS6 软件自带的工具栏中，可以利用相关的蒙版工具来创建，比如矩形、圆形和自由形状蒙版工具。

利用 After Effects CS6 软件自带的工具创建蒙版，首先要具备一个层，可以是固态层，也可以是素材层或其他的层，在相关的层中创建蒙版。一般来说，在固态层上创建蒙版的较多，固态层本身就是一个很好的辅助层。

5.2.1 利用矩形工具创建矩形蒙版

矩形蒙版的创建很简单，在 After Effects CS6 软件中自带的有矩形蒙版的创建工具，其创建方法如下。

STEP 01 先选择需要绘制蒙版的素材图层，在单击工具栏中的 Rectangle Tool（矩形工具）□按钮，选择矩形工具。

STEP 02 在 Composition（合成）窗口中，单击拖动即可绘制一个矩形蒙版区域，如图 5.2 所示，在矩形蒙版区域中，将显示当前层的图像，矩形以外的部分变成透明。

提示

选择创建蒙版的层，然后双击工具栏中的 Rectangle Tool（矩形工具）□按钮，可以快速创建一个与层素材大小相同的矩形蒙版。在绘制矩形蒙版时，如果按住 Shift 键，可以创建一个正矩形蒙版。

图5.2 矩形蒙版的绘制过程

5.2.2　课堂案例——利用矩形工具制作文字倒影

本例主要讲解利用 Rectangle Tool（矩形工具）■制作文字倒影效果，完成的动画流程画面，如图 5.3 所示。

工程文件	工程文件\第5章\文字倒影
视频	视频\第5章\5.2.2 课堂案例——利用矩形工具制作文字倒影.avi

图5.3 动画流程画面

知识点

Rectangle Tool（矩形工具）■。

STEP 01 执行菜单栏中的 File（文件）|Open Project（打开项目）命令，选择配套光盘中的"工程文件\第5章\文字倒影\文字倒影练习.aep"文件，将"文字倒影练习.aep"文件打开。

STEP 02 执行菜单栏中的 Layer（层）|New（新建）|Text（文本）命令，输入"SHOPAHOLIC"，在 Character（字符）面板中，设置文字字体为 DilleniaUPC，字号为 90px，字体颜色为红色（R:240；G:9；B:8）。

STEP 03 为"SHOPAHOLIC"层添加 Drop Shadow（投影）特效。在 Effects & Presets（效果和预置）面板中展开 Perspective（透视）特效组，然后双击 Drop Shadow（投影）特效。

STEP 04 在 Effect Controls（特效控制）面板中，修改 Drop Shadow（投影）特效的参数，设置 Distance（距离）的值为1，如图 5.4 所示。

STEP 05 选中"SHOPAHOLIC"层，按Ctrl + D组合键将文字层复制一份，将复制出的文字重命名为"SHOPAHOLIC 2"，选择该层，在 Effect Controls（特效控制）面板中，将 Drop Shadow（投影）特效删除；然后在时间线面板中，单击 Scale（缩放）左侧的 Constrain Proportions（约束比例）按钮，取消约束，设置 Scale（缩放）的值为（100，–100），合成窗口效果如图 5.5 所示。

After Effects **CS6** 标准教程

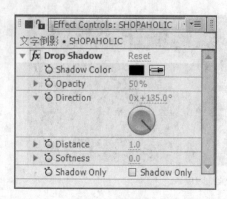

图5.4 设置投影参数

图5.5 设置缩放参数后效果

STEP 06 选中"SHOPAHOLIC2"层，在工具栏中选择 Rectangle Tool（矩形工具）▭，在文字层上绘制一个矩形路径，如图 5.6 所示，选中 Mask 1（蒙版 1）右侧 Inverted（反转）复选框，按 F 键打开 Mask Feather（蒙版羽化）属性，设置 Mask Feather（蒙版羽化）的值为（38，38），如图 5.7 所示。

图5.6 绘制矩形路径

图5.7 设置蒙版羽化后的效果

STEP 07 选中"SHOPAHOLIC2"和"SHOPAHOLIC"层，将时间调整到 00：00：01：00 帧的位置，按 T 键打开 Opacity（不透明度）属性，设置 Opacity（不透明度）的值为 1%，单击 Opacity（不透明度）左侧的码表 按钮，在当前位置设置关键帧。

STEP 08 将时间调整到 00：00：02：15 帧的位置，设置 Opacity（不透明度）的值为 100%，系统会自动设置关键帧，如图 5.8 所示。

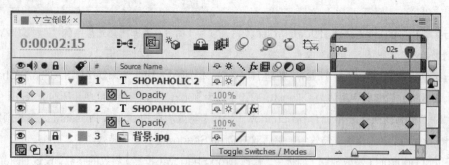

图5.8 设置不透明度关键帧

STEP 09 这样就完成了利用矩形工具制作文字倒影的整体制作，按小键盘上的 0 键，即可在合成窗口中预览动画。

104

5.2.3　利用椭圆工具创建椭圆形蒙版

椭圆形蒙版的创建方法与矩形蒙版的创建方法基本一致，其具体操作如下。

STEP 01　先选择需要绘制蒙版的素材图层，在单击工具栏中的 Ellipse Tool（椭圆工具）◯ 按钮，选择椭圆工具。

STEP 02　在 Composition（合成）窗口中，单击拖动即可绘制一个椭圆蒙版区域，如图 5.9 所示，在该区域中，将显示当前层的图像，椭圆以外的部分变成透明。

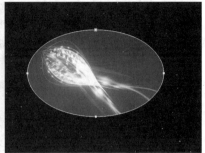

图5.9　椭圆蒙版的绘制过程

提示

选择创建蒙版的层，然后双击工具栏中的 Ellipse Tool（椭圆工具）◯ 按钮，可以快速创建一个与层素材大小相同的椭圆蒙版，而椭圆蒙版正好是该矩形的内切圆。在绘制椭圆蒙版时，如果按住 Shift 键，可以创建一个圆形蒙版。

5.2.4　利用钢笔工具创建自由蒙版

要想随意创建多边形蒙版，就要用到钢笔工具，它不但可以创建封闭的蒙版，还可以创建开放的。利用钢笔工具的好处在于，它的灵活性更高，可以绘制直线，也可以绘制曲线，可以绘制直角多边形，也可以绘制弯曲的任意形状。

使用钢笔工具创建自由蒙版的过程如下。

STEP 01　先选择需要绘制蒙版的素材图层，在单击工具栏中的 Pen Tool（钢笔工具）◊ 按钮，选择钢笔工具。

STEP 02　在 Composition（合成）窗口中，单击创建第 1 点，然后直接单击可以创建第 2 点，如果连续单击下去，可以创建一个直线的蒙版轮廓。

STEP 03　如果按下鼠标并拖动，则可以绘制一个曲线点，以创建曲线，多次创建后，可以创建一个弯曲的曲线轮廓。当然，直线和曲线是可以混合应用的。

STEP 04　如果想绘制开放蒙版，可以在绘制到需要的程度后，按 Ctrl 键的同时在合成窗口中单击鼠标，即可结束绘制。如果要绘制一个封闭的轮廓，则可以将光标移到开始点的位置，当光标变成 ♨₀ 状时，单击鼠标，即可将路径封闭。

图 5.10 所示为多次单击创建的彩色区域的轮廓。

绘制蒙版的过程　　　　　　　　　　　绘制蒙版的结果

图5.10　钢笔工具绘制蒙版

Ae 5.3 改变蒙版的形状

创建蒙版也许不能一步到位，有时还需要对现有的蒙版进行再修改，以更适合图像轮廓要求，这时就需要对蒙版的形状进行改变。下面就来详细讲解蒙版形状的改变方法。

5.3.1 节点的选择

不管用哪种工具创建蒙版形状，都可以从创建的形状上发现小的矩形控制点，这些矩形控制点，就是节点。

选择的节点与没有选择的节点是不同的，选择的节点小方块将呈现实心矩形，而没有选择的节点呈镂空的矩形效果。

选择节点有多种方法。

● 方法1：单击选择。使用 Selection Tool（选择工具）🔈，在节点位置单击，即可选择一个节点。如果想选择多个节点，可以按住 Shift 键的同时，分别单击要选择的节点即可。

● 方法2：使用拖动框。在合成窗口中，单击拖动鼠标，将出现一个矩形选框，被矩形选框框住的节点将被选择。图5.11所示为框选前后的效果。

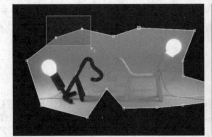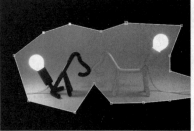

图5.11 框选操作过程及选中效果

在框选的时候，可以配合Shift键来框选，因为如果底下有图层会很容易拖动底下图层，而不能达到框选节点的效果。如果有多个独立的蒙版形状，按Alt键单击其中一个蒙版的节点，可以快速选择该蒙版形状。

5.3.2 节点的移动

移动节点，其实就是修改蒙版的形状，通过选择不同的点并移动，可以将矩形改变成不规则矩形。移动节点的操作方法如下。

STEP 01 选择一个或多个需要移动的节点。

STEP 02 使用 Selection Tool（选择工具）🔈拖动节点到其他位置，操作过程如图 5.12 所示。

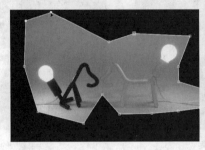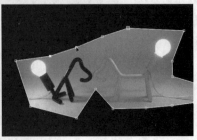

图5.12 移动节点操作过程

5.3.3　添加/删除节点的方法

绘制好的形状，还可以通过后期的节点添加或删除操作，来改变形状的结构，使用 Add Vertex Tool（添加节点工具） 在现有的路径上单击，可以添加一个节点，通过添加该节点，可以改变现有轮廓的形状；使用 Delete Vertex Tool（删除节点工具） ，在现有的节点上单击，即可将该节点删除。添加节点和删除节点的操作方法如下。

STEP 01 添加节点。在工具栏中，单击 Add Vertex Tool（添加节点工具） 按钮，将光标移动到路径上需要添加

节点的位置。单击鼠标，即可添加一个节点，多次在不同的位置单击，可以添加多个节点，如图 5.13 所示，为添加节点前后的效果。

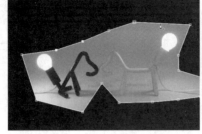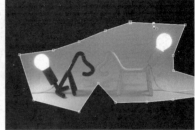

图5.13 添加节点的操作过程及添加前后的效果

STEP 02 删除节点。单击工具栏中的 Delete Vertex Tool（删除节点工具） 按钮，将光标移动到要删除的节点

位置，单击鼠标，即可将该节点删除，删除节点的操作过程及删除后的效果，如图 5.14所示。

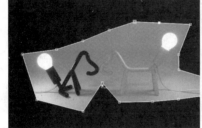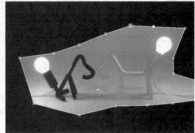

图5.14 删除节点的操作过程及删除前后的效果

技巧

选择节点后，通过按键盘上的 Delete 键，也可以删除节点。

5.3.4　节点的转换技巧

在 After Effects CS6 软件中，节点可以分为以下两种。

● 一种是角点。点两侧的都是直线，没有弯曲角度。

● 一种是 Bessel（贝塞尔）点。点的两侧有两个控制柄，可以控制曲线的弯曲角度和弯曲距离。

图5.15所示为两种点的不同显示状态。

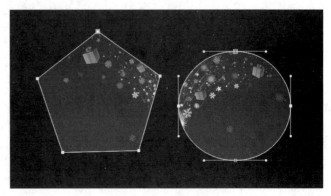

图5.15 节点的选中显示状态

通过工具栏中的 Convert Vertex Tool（转换点工具），可以将角点和 Bessel（贝塞尔）点进行快速转换，转换的操作方法如下。

角点转换成曲线点。使用工具栏中的 Convert Vertex Tool（转换点工具），单击节点，即可将角点转换成 Bessel（贝塞尔）点，操作过程如图 5.16 所示。

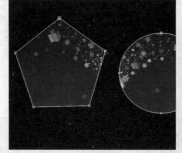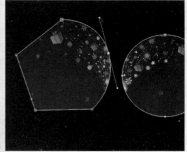

图5.16 角点转换成曲线点的前后效果

> **提示**
>
> 当转换成曲线点后，通过使用 Selection Tool（选择工具），可以手动调节 Bessel（贝塞尔）点两侧的控制柄，以修改蒙版的形状。

Ae 5.4 修改蒙版属性

蒙版属性主要包括蒙版的混合模式、锁定、羽化、不透明度、蒙版区域的扩展和收缩等，下面来详细讲解这些属性的应用。

5.4.1 蒙版的混合模式

绘制蒙版形状后，在时间线面板，展开该层列表选项，将看到多出一个 Masks（蒙版）属性，展开该属性，可以看到蒙版的相关参数设置选项，如图 5.17 所示。

图5.17 蒙版层列表

其中，在 Mask 1 右侧的下拉菜单中，显示了蒙版混合模式选项，如图 5.18 所示。

图5.18 混合模式选项

1. None（无）

选择此模式，路径不起蒙版作用，只作为路径存在，可以对路径进行描边、光线动画或路径动画的辅助，如图 5.19 所示。

2. Add（添加）

默认情况下，蒙版使用的是 Add（添加）命令，如果绘制的蒙版中，有两个或两个以上的图形，可以清楚地看到两个蒙版以添加的形式显示效果，如图 5.20 所示。

图5.19 无混合效果

图5.20 添加效果

3. Subtract（减去）

如果选择 Subtract（减去）选项，蒙版的显示将变成镂空的效果，这与选择 Mask 1 右侧的 Inverted（反相）命令相同，如图 5.21 所示。

4. Intersect（相交）

如果两个蒙版都选择 Intersect（相交）选项，则两个蒙版将产生交叉显示的效果，如图 5.22 所示。

图5.21 减去效果

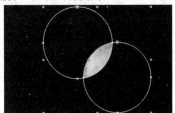
图5.22 相交效果

5. Difference（差异）

如果两个蒙版都选择 Difference（差异）选项，则两个蒙版将产生交叉镂空的效果，如图 5.23 所示。

图5.23 差异效果

6. Lighten（变亮）

Lighten（变亮）对于可视区域来说，与 Add（添加）模式相同，但对于重叠处，则采用不透明度较高的那个值。

7. Darken（变暗）

Darken（变暗）对于可视区域来说，与 Intersect（相交）模式相同，但对于蒙版重叠处，则采用不透明度值较低的那个。

5.4.2 修改蒙版的大小

在时间线面板中，展开蒙版列表选项，单击 Mask Path（蒙版形状）右侧的 Shape...文字链接，将打开 Mask Path（蒙版形状）对话框，如图 5.24 所示。在 Bounding box（矩形）选项组中，通过修改 Top（顶）、Left（左）、Right（右）、Bottom（底）选项的参数，可以修改当前蒙版的大小，而通过 Units（单位）右侧的下拉菜单，可以为修改值设置一个合适的单位。

通过 Shape（形状）选项组，可以修改当前蒙版的形状，可以将其他的形状，快速改成矩形或椭圆形选择 Rectangle（矩形）复选框，将该蒙版形状修改成矩形；选择 Ellipse（椭圆形）复选框，将该蒙版形状修改成椭圆形。

提示

如果需要调节形状时，要将 Reset To 前面的复选框选中，才会有形状的改变。

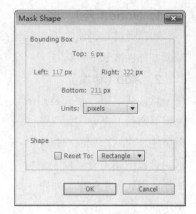

图5.24 Mask Path（蒙版形状）对话框

5.4.3 蒙版的锁定

为了避免操作中出现失误，可以将蒙版锁定，锁定后的蒙版将不能被修改，锁定蒙版的操作方法如下。

STEP 01 在时间线面板中，将蒙版属性列表选项展开。

STEP 02 单击锁定的蒙版层左面的 图标，该图标将变成带有一把锁的效果 🔒，如图5.25所示，表示该蒙版被锁定。

图5.25 锁定蒙版效果

5.4.4 课堂案例——利用轨道蒙版制作扫光文字效果

本例主要讲解利用轨道蒙版制作扫光文字效果，完成动画流程画面，如图5.26所示。

工程文件	工程文件\第5章\扫光文字效果
视频	视频\第5章\5.4.4 课堂案例——利用轨道蒙版制作扫光文字效果.avi

图5.26 动画流程画面

知识点

Track Matte（轨道蒙版）。

STEP 01 执行菜单栏中的 File（文件）|Open Project（打开项目）命令，选择配套光盘中的"工程文件\第5章\扫光文字效果\扫光文字效果练习.aep"文件，将"扫光文字效果练习.aep"文件打开。

STEP 02 执行菜单栏中的 Layer（层）|New（新建）|Text（文本）命令，输入"A NIGHTMARE ON ELM STREET"，在 Character（字符）面板中，设置文字字体为 HYZongYiJ，字号为39px，行距为14px，字体颜色为红色（R：255；G：0；B：0），如图5.27 所示。设置后的效果如图5.28 所示。

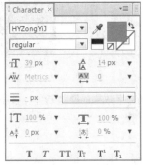

图5.27 设置字体

图5.28 设置字体后效果

STEP 03 执行菜单栏中的 Layer（层）|New（新建）|Solid（固态层）命令，打开 Solid Settings（固态层设置）对话框，设置 Name（名称）为"光"，Color（颜色）为白色。

STEP 04 选中"光"层，在工具栏中选择 Pen Tool（钢笔工具）🖊，绘制一个长方形路径，按 F 键打开 Mask Feather（蒙版羽化）属性，设置 Mask Feather（蒙版羽化）的值为（16，16），如图5.29 所示。

STEP 05 选中"光"层，将时间调整到 00：00：00：00 帧的位置，按 P 键打开 Position（位置）属性，设置 Position（位置）的值为（304，254），单击 Position（位置）左侧的码表🕑按钮，在当前位置设置关键帧。

STEP 06 将时间调整到 00：00：01：15 帧的位置，设置 Position（位置）的值为（840，332），系统会自动设置关键帧，如图5.30 所示。

图5.29 设置蒙版形状

图5.30 设置位置关键帧

STEP 07 在时间线面板中，将"光"层拖动到"A NIGHTMARE ON ELM STREET"文字层下面，设置"光"层的 Track Matte（轨道蒙版）为"Alpha Matte 'A NIGHTMARE ONELM STREET'"如图5.31 所示，合成窗口效果如图5.32 所示。

图5.31 设置蒙版

图5.32 设置蒙版后效果

STEP 08 选中"A NIGHTMARE ON ELM STREET"层，按 Ctrl+D 组合键复制出另一个新的文字层并拖动到"光"层下面，如图 5.33 所示，合成窗口效果如图 5.34 所示。

图5.33 拖动文字层

图5.34 扫光效果

STEP 09 这样就完成了利用轨道蒙版制作扫光文字效果的整体制作，按小键盘上的 0 键，即可在合成窗口中预览动画。

5.4.5 课堂案例——利用蒙版制作打开的折扇

本例主要讲解打开的折扇动画的制作。通过蒙版属性的多种修改方法，并应用到了路径节点的添加及调整方法，制作出一把慢慢打开的折扇动画。本例最终的动画流程效果，如图 5.35 所示。

工程文件	工程文件\第5章\打开的折扇
视频	视频\第5章\5.4.5 课堂案例——利用蒙版制作打开的折扇.avi

图5.35 打开的折扇最终动画流程画面效果

1. Pen Tool（钢笔工具）。
2. 路径锚点的修改。
3. 定位点的调整。

STEP 01 执行菜单栏中的 File（文件）| Import（导入）| File（文件）命令，打开 Import File（导入文件）对话框，选择配套光盘中的"工程文件\第 5 章\打开的折扇\折扇 .psd"文件，如图 5.36 所示。

STEP 02 在 Import File（导入文件）对话框中，单击【打开】按钮，将打开"折扇 .psd"对话框，在 Import Kind（导入类型）下拉列表中选择 Composition（合成）命令，如图 5.37 所示。

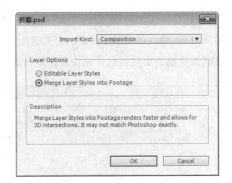

图5.36 导入文件对话框　　　　　　　　　　　　　　图5.37 合成命令

STEP 03 单击 OK（好）按钮，将素材导入到 Project（项目）面板中，导入后的合成素材效果，如图 5.38 所示。从图中可以看到导入的"折扇"合成文件和一个文件夹。

STEP 04 在 Project（项目）面板中，选择"折扇"合成文件，按 Ctrl+K 组合键打开 Composition Settings（合成设置）对话框，设置 Duration（持续时间）为 3 秒。

STEP 05 双击打开"折扇"合成，从 Composition（合成）窗口可以看到层素材的显示效果，如图 5.39 所示。

图5.38 导入的素材　　　　　　　　　　　　　　图5.39 素材显示效果

STEP 06 此时，从时间线面板中，可以看到导入合成中所带的 3 个层，分别是"扇柄""扇面"和"背景"，如图 5.40 所示。

图5.40 层分布效果

STEP 07 选择"扇柄"层，然后单击工具栏中的 Pan Behind Tool（定位点工具）🔲按钮，在 Composition（合成）窗口中，选择中心点并将其移动到扇柄的旋转位置，如图 5.41 所示。也可以通过时间线面板中的"扇柄"层参数来修改定位点的位置，如图 5.42 所示。

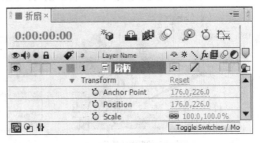

图5.41 操作过程　　　　　　　　　　　　图5.42 定位点参数设置

STEP 08 将时间调整到00:00:00:00的位置，添加关键帧。在时间线面板中，单击Rotation（旋转）左侧的码表，在当前时间为Rotation（旋转）设置一个关键帧，并修改Rotation（旋转）的角度值为−129，如图5.43所示。这样就将扇柄旋转到合适的位置，此时的扇柄位置，如图5.44所示。

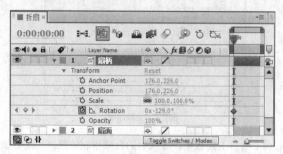

图5.43 关键帧设置

图5.44 旋转扇柄位置

STEP 09 将时间调整到00:00:02:00帧位置，在Timeline（时间线）面板中，修改Rotation（旋转）的角度值为0，系统将自动在该处创建关键帧，如图5.45所示。此时，扇柄旋转后的效果，如图5.46所示。

图5.45 参数设置

图5.46 扇柄旋转效果

STEP 10 此时，拖动时间滑块或播放动画，可以看到扇柄的旋转动画效果，其中的几帧画面，如图5.47所示。

图5.47 旋转动画中的几帧画面效果

STEP 11 选择"扇面"层，单击工具栏中的Pen Tool（钢笔工具）按钮，绘制一个蒙版轮廓，如图5.48所示。

STEP 12 将时间调整到00:00:00:00帧位置，在时间线面板中，在"Mask 1"选项中，单击Mask Shape（蒙版形状）左侧的码表，在当前时间添加一个关键帧，如图5.49所示。

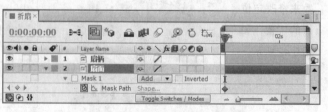

图5.48 绘制蒙版轮廓

图5.49 00:00:00:00帧位置添加关键帧

STEP 13 将时间调整到 00:00:00:12 帧位置，在 Composition（合成）窗口中，利用 Selection Tool（选择工具）选择节点并进行调整，并在路径适当的位置利用 Add Vertex Tool（添加节点工具）添加节点，添加效果如图 5.50 所示。

STEP 14 利用 Selection Tool（选择工具），将添加的节点向上移动，以完整显示扇面，如图 5.51 所示。

图5.50 添加节点　　　　　　　　　　图5.51 移动节点位置

STEP 15 将时间调整到 00:00:01:00 帧位置，在 Composition（合成）窗口中，利用前面的方法，使用 Selection Tool（选择工具）选择节点并进行调整，并在路径适当的位置利用 Add Vertex Tool（添加节点工具）添加节点，以更好地调整蒙版轮廓，系统将在当前时间位置自动添加关键帧，调整后的效果，如图 5.52 所示。

STEP 16 分别将时间调整到 00:00:01:12 帧和 0:00:02:00 帧位置，利用前面的方法调整并添加节点，制作扇面展开动画，两帧的调整效果，分别如图 5.53、图 5.54 所示。

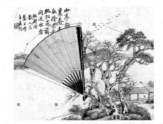
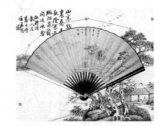

图5.52 00:00:01:00帧位置的调整效果　　　　图5.53 调整效果　　　　　　　图5.54 调整效果

STEP 17 经过上面的操作，制作出了扇面的展开动画效果，此时，拖动时间滑块或播放动画可以看到扇面的展开动画效果，其中的几帧画面，如图 5.55 所示。

图5.55 扇面展开动画其中的几帧画面效果

STEP 18 从播放的动画中可以看到，虽然扇面出现了动画展开效果，但扇柄（手握位置）并没有出现，不符合现实，下面来制作扇柄（手握位置）的动画效果。选择"扇面"层，然后单击工具栏中的 Pen Tool（钢笔工具）按钮，使用钢笔工具在图像上绘制一个蒙版轮廓，如图 5.56 所示。

STEP 19 将时间设置到 00:00:00:00 帧位置，在时间线面板中，展开"扇面"层选项列表，在"Mask2"选项组中，单击 Mask Shape（蒙版形状）左侧的码表，在当前时间添加一个关键帧，如图 5.57 所示。

图5.56 绘制蒙版轮廓

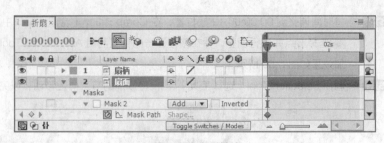

图5.57 添加关键帧

STEP 20 将时间调整到 00:00:01:00 帧位置，参考扇柄旋转的轨迹，调整蒙版路径的形状，如图 5.58 所示。

STEP 21 将时间调整到 0:00:02:00 帧位置，参考扇柄旋转的轨迹，使用 Selection Tool（选择工具）选择节点并进行调整，并在路径适当的位置利用 Add Vertex Tool（添加节点工具）添加节点，调整后的效果，如图 5.59 所示。

图5.58 调整蒙版路径的形状

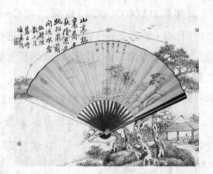

图5.59 调整效果

STEP 22 此时，从时间线面板可以看到所有关键帧的位置及效果，如图5.60所示。

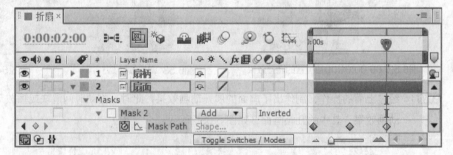

图5.60 关键帧效果

STEP 23 至此，就完成了打开的折扇动画的制作，按小键盘上的 0 键，可以预览动画效果。其中的几帧画面，如图 5.61 所示。

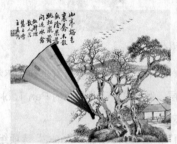

图5.61 折扇打开的几帧画面效果

第**6**章

内置视频特效

在影视作品中，一般离不开特效的使用，所谓视频特效，就是为视频文件添加特殊的处理，使其产生丰富多彩的视频效果，以更好地表现作品主题，达到视频制作的目的。本章主要对After Effects CS6的3D Channel（三维通道）、Audio（音频）、Blur &Sharpen（模糊与锐化）、Channel（通道）、Distort（扭曲）、Generate（创造）、Matte（蒙版）、Noise&Grain（噪波和杂点）、Obsolete（旧版本）、Perspective（透视）、Stylize（风格化）、Text（文字）、Time（时间）等内置特效进行讲解，掌握各种视频特效的应用是进行视频创作的基础，只有掌握了各种视频特效的应用特点，才能轻松地制作炫丽的视频作品。

教学目标

❂ 学习视频特效的含义
❂ 学习视频特效的使用方法
❂ 掌握视频特效参数的调整
❂ 掌握各种视频特效的含义及应用方法

6.1 3D Channel（三维通道）特效组

3D Channel（三维通道）特效组主要对图像进行三维方面的修改，所修改的图像要带有三维信息，如 Z 通道、材质 ID 号、物体 ID 号、法线等，通过对这些信息的读取，进行特效的处理。

1. 3D Channel Extract（提取 3D 通道）

该特效可以将图像中的 3D 通道信息提取并进行处理，包括 Z-Depth（Z 轴深度）、Object ID（物体 ID）、Texture UV（物体 UV 坐标）、Surface Normals（表面法线）、Coverage（覆盖区域）、Background RGB（背景 RGB）、Unclamped RGB（未锁定的 RGB）和 Material ID（材质 ID），其参数设置面板如图 6.1 所示。

2. Depth Matte（深度蒙版）

该特效可以读取 3D 图像中的 Z 轴深度，并沿 Z 轴深度的指定位置截取图像，以产生蒙版效果，其参数设置面板如图 6.2 所示。

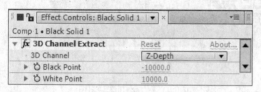

图6.1 提取3D通道参数设置面板

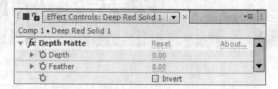

图6.2 深度蒙版参数设置面板

3. Depth of Field（场深度）

该特效可以模拟摄像机的景深效果，将图像沿 Z 轴做模糊处理。其参数设置面板如图 6.3 所示。

4. EXtractoR（提取）

该特效可以显示图像中的通道信息，并对黑色与白色进行处理。其参数设置面板如图 6.4 所示。

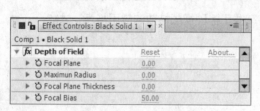

图6.3 场深度参数设置面板

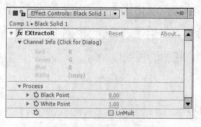

图6.4 提取参数设置面板

5. Fog 3D（3D 雾）

该特效可以使图像沿 Z 轴产生雾状效果，制作出雾状效果，以雾化场景。其参数设置面板如图 6.5 所示。

6. ID Matte（ID 蒙版）

该特效通过读取图像的物体 ID 号或材质 ID 号信息，将 3D 通道中的指定元素分离出来，制作出蒙版效果。其参数设置面板如图 6.6 所示。

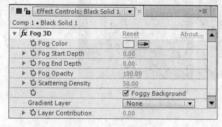

图6.5 3D雾参数设置面板

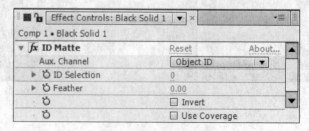

图6.6 ID蒙版参数设置面板

7.IDentifier（标识符）

该特效通过读取图像的 ID 号，位通道中的指定元素做标志。其参数设置面板如图 6.7 所示。

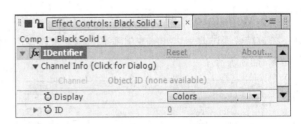

图6.7 标志符参数设置面板

6.2　Audio（音频）特效组

音频特效主要是对声音进行特效方面的处理，以此来制作不同效果的声音特效，比如回声、降噪等。After Effects 为用户提供了多种音频特效，以供用户更好地控制音频文件。

1.Backwards（倒带）

该特效可以将音频素材进行倒带播放，即将音频文件从后往前播放，产生倒放效果，它没有太多的参数设置，Backwards（倒带）参数设置面板如图 6.8 所示。

2.Bass & Treble（低音与高音）

该特效可以将音频素材中的低音和高音部分的音频进行单独调整，将低音和高音中的音频增大或是降低，Bass & Treble（低音与高音）参数设置面板如图 6.9 所示。

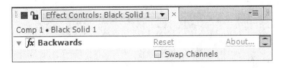

图6.8 倒带参数设置面板

图6.9 低音与高音参数设置面板

3.Delay（延时）

该特效可以设置声音在一定的时间后重复，制作出回声的效果，以添加音频素材的回声特效，Delay（延时）参数设置面板如图 6.10 所示。

4.Flange & Chorus（变调和和声）

该特效包括两个独立的音频效果，Flange 用来设置变调效果，通过拷贝失调的声音或者对原频率做一定的位移，通过对声音分离的时间和音调深度的调整，产生颤动、急促的声音；Chorus 用来设置和声效果，可以为单个乐器或单个声音增加深度，听上去像是有很多声音混合，产生合唱的效果。Flange & Chorus（变调和和声）参数设置面板如图 6.11 所示。

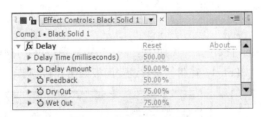

图6.10 延时参数设置面板

图6.11 变调和和声参数设置面板

5.High-Low Pass（高 - 低通滤波）

该特效通过设置一个音频值，只让高于或低于这个频率的声音通过，这样，可以将不需要的低音或高音过滤掉。High-Low Pass（高 - 低通滤波）参数设置面板如图 6.12 所示。

6.Modulator（调节器）

该特效通过改变声音的变化频率和振幅来设置声音的颤音效果。Modulator（调节器）参数设置面板，如图 6.13 所示。

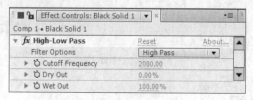
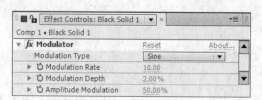

图6.12 高-低通滤波参数设置面板　　　图6.13 调节器参数设置面板

7.Parametric EQ（参数均衡器）

该特效主要是用来精确调整一段音频素材的音调，而且还可以较好地隔离特殊的频率范围，强化或衰减指定的频率，对于增强音乐的效果特别有效。Parametric EQ（参数均衡器）参数设置面板如图 6.14 所示。

8.Reverb（混响）

该特效可以将一个音频素材制作出一种模仿室内播放音频声音的效果。Reverb（混响）参数设置面板如图 6.15 所示。

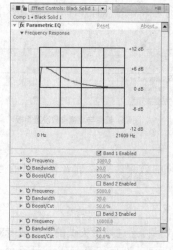

图6.14 参数均衡器参数设置面板

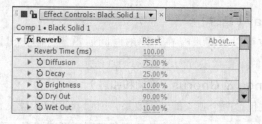

图6.15 混响参数设置面板

9.Stereo Mixer（立体声混合器）

该特效通过对一个层的音量大小和相位的调整，混合音频层上的左右声道，模拟左右立体声混音装置。Stereo Mixer（立体声混合器）参数设置面板如图 6.16 所示。

10.Tone（音调）

该特效可以轻松合成固定音调，产生各种常见的科技声音。比如隆隆声、铃声、警笛声和爆炸声等，可以通过修改 5 个音调产生和弦，以产生各种声音。Tone（音调）参数设置面板如图 6.17 所示。

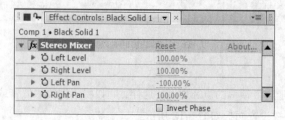
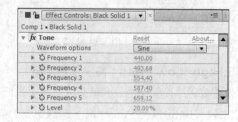

图6.16 立体声混合器参数设置面板　　　图6.17 音调参数设置面板

6.3 Blur & Sharpen（模糊与锐化）特效组

Blur & Sharpen（模糊与锐化）特效组主要是对图像进行各种模糊和锐化处理，各种特效的应用方法和含义介绍如下。

Bilateral Blur（双向模糊）

该特效将图像按左右对称的方向进行模糊处理，应用该特效的参数设置及应用前后效果，如图6.18所示。

图6.18 双向模糊的参数设置及前后效果

6.3.1 课堂案例——利用双向模糊制作对称模糊

本例主要讲解利用 Bilateral Blur（双向模糊）特效制作左右对称模糊效果，完成的动画流程画面如图 6.19 所示。

工程文件	工程文件\第6章\双向模糊
视频	视频\第6章\6.3.1 课堂案例——利用双向模糊制作对称模糊.avi

图6.19 动画流程画面

Bilateral Blur（双向模糊）。

STEP 01 执行菜单栏中的 File（文件）IOpen Project（打开项目）命令，选择配套光盘中的"工程文件\第6章\双向模糊\双向模糊练习.aep"文件，将"双向模糊练习.aep"文件打开。

STEP 02 为"图片"层添加 Bilateral Blur（双向模糊）特效。在 Effects & Presets（效果和预置）面板中展开 Blur & Sharpen（模糊与锐化）特效组，然后双击 Bilateral Blur（双向模糊）特效。

STEP 03 在 Effect Controls（特效控制）面板中，修改 Bilateral Blur（双向模糊）特效的参数，将时间调整到 00:00:00:00 帧的位置，设置 Radius（半径）的值为 25，Threshold（阈值）的值为 3，单击 Radius（半径）和 Threshold（阈值）左侧的码表 按钮，在当前位置设置关键帧。

STEP 04 将时间调整到 00:00:01:15 帧的位置，设置 Radius（半径）的值为 107，Threshold（阈值）的值为 100，系统会自动设置关键帧，如图 6.20 所示，合成窗口效果如图 6.21 所示。

图6.20 设置半径和阈值关键帧　　　　　　　　　图6.21 设置双向模糊参数后的效果

STEP 05 这样就完成了整体制作，按小键盘上的 0 键，即可在合成窗口中预览动画。

Box Blur（盒状模糊）

该特效将图像按盒子的形状进行模糊处理，在图像的四周形成一个盒状的边缘效果，应用该特效的参数设置及应用前后效果，如图 6.22 所示。

 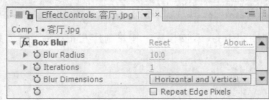 

图6.22 盒状模糊的参数设置及前后效果

6.3.2 课堂案例——利用盒状模糊制作图片模糊

本例主要讲解利用 Box Blur（盒状模糊）特效制作图片模糊。完成的动画流程画面，如图 6.23 所示。

工程文件	工程文件\第6章\盒状模糊
视频	视频\第6章\6.3.2 课堂案例——利用盒状模糊制作图片模糊.avi

图6.23 动画流程画面

　　Box Blur（盒状模糊）。

STEP 01 执行菜单栏中的 File（文件）|Open Project（打开项目）命令，选择配套光盘中的"工程文件\第6章\盒状模糊\盒状模糊练习.aep"文件，将"盒状模糊练习.aep"文件打开。

STEP 02 为"钢铁侠"层添加 Box Blur（盒状模糊）特效。在 Effects & Presets（效果和预置）面板中展开 Blur & Sharpen（模糊与锐化）特效组，然后双击 Box Blur（盒状模糊）特效。

STEP 03 在 Effects Controls（特效控制）面板中，修改 Box Blur（盒状模糊）特效的参数，将时间调整到
00:00:00:00 帧的位置，设置 Blur Radius（模糊半径）的值为 0，Iterations（迭代次数）的值为 1，单
击 Blur Radius（模糊半径）和 Iterations（迭代次数）左侧的码表 按钮，在当前位置设置关键帧，如
图 6.24 所示，合成窗口效果如图 6.25 所示。

图6.24 0秒关键帧　　　　　　　　　　　图6.25 盒状模糊前效果

STEP 04 将时间调整到 00:00:01:15 帧的位置，设置 Blur Radius（模糊半径）的值为 16，Iterations（迭代次数）
的值为 6，系统会自动设置关键帧，如图 6.26 所示，合成窗口效果如图 6.27 所示。

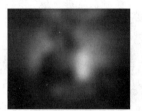

图6.26 1秒15帧关键帧　　　　　　　　　　图6.27 盒状模糊效果

STEP 05 这样就完成了整体制作，按小键盘上的 0 键，即可在合成窗口中预览动画。完成的动画流程画面如图 6.28
所示。

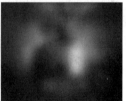

图6.28 利用盒状模糊制作图片模糊

1.Camera Lens Blur（摄像机镜头模糊）

该特效可以模拟一个摄像机镜头变焦时所产生的模糊效果。应用该特效的参数设置及应用前后效果如
图 6.29 所示。

图6.29 摄像机镜头模糊参数设置及前后效果

2.CC Cross Blur（CC 交叉模糊）

该特效可以将图像按多种放射状的模糊方式进行处理，使图像产生不同模糊效果，应用该特效的参数设置及应用前后效果如图 6.30 所示。

 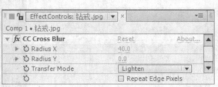 

图6.30 CC交叉模糊参数设置及前后效果

3.CC Radial Blur（CC 放射模糊）

该特效可以将图像按多种放射状的模糊方式进行处理，使图像产生不同模糊效果，应用该特效的参数设置及应用前后效果如图 6.31 所示。

图6.31 CC 放射模糊参数设置及前后效果

4.CC Radial Fast Blur（CC 快速放射模糊）

该特效可以产生比 CC 放射模糊更快的模糊效果。应用该特效的参数设置及应用前后效果如图 6.32 所示。

图6.32 CC 快速放射模糊参数设置及前后效果

5.CC Vector Blur（CC 矢量模糊）

该特效可以通过 Type（模糊方式）对图像进行不同样式的模糊处理。应用该特效的参数设置及应用前后效果如图 6.33 所示。

图6.33 CC矢量模糊参数设置及前后效果

6.Channel Blur（通道模糊）

该特效可以分别对图像的红、绿、蓝或 Alpha 这几个通道进行模糊处理。应用该特效的参数设置及应用前后效果如图 6.34 所示。

图6.34 通道模糊参数设置及前后效果

7.Compound Blur（复合模糊）

该特效可以根据指定的层画面的亮度值，对应用特效的图像进行模糊处理，用一个层去模糊另一个层效果。应用该特效的参数设置及应用前后效果如图 6.35 所示。

图6.35 复合模糊参数设置及前后效果

8.Directional Blur（方向模糊）

该特效可以指定一个方向，并使图像按这个指定的方向进行模糊处理，可以产生一种运动的效果。应用该特效的参数设置及应用前后效果如图 6.36 所示。

图6.36 方向模糊参数设置及前后效果

9.Fast Blur（快速模糊）

该特效可以产生比高斯模糊更快的模糊效果。应用该特效的参数设置及应用前后效果如图 6.37 所示。

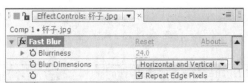

图6.37 快速模糊参数设置及前后效果

10.Gaussian Blur（高斯模糊）

该特效是通过高斯运算在图像上产生大面积的模糊效果。应用该特效的参数设置及应用前后效果如图 6.38 所示。

图6.38 高斯模糊参数设置及前后效果

11.Radial Blur（径向模糊）

该特效可以模拟摄像机快速变焦和旋转镜头时所产生的模糊效果。应用该特效的参数设置及应用前后效果如图 6.39 所示。

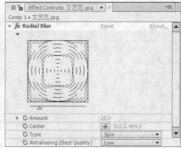

图6.39 径向模糊参数设置及前后效果

12.Reduce Interlace Flicker（降低交错闪烁）

该特效用于降低过高的垂直频率，消除超过安全级别的行间闪烁，使图像更适合在隔行扫描设置（如 NTSC 视频）上使用。一般常用值在 1~5 之间，值过大会影响图像效果。其参数设置面板如图 6.40 所示。该特效参数 Softness（柔和度）用来设置图像的柔化程度，以减小闪烁。

图6.40 降低交错闪烁参数设置面板

13.Sharpen（锐化）

该特效可以提高相邻像素的对比程度，从而达到图像清晰度的效果。应用该特效的参数设置及应用前后效果如图 6.41 所示。

图6.41 锐化参数设置及前后效果

14.Smart Blur（精确模糊）

该特效在你选择的距离内搜索计算不同的像素，然后使这些不同的像素产生相互渲染的效果，并对图像的边缘进行模糊处理。应用该特效的参数设置及应用前后效果如图 6.42 所示。

图6.42 精确模糊参数设置及前后效果

15.Unsharp Mask（非锐化遮罩）

该特效与锐化命令相似，用来提高相邻像素的对比程度，从而达到图像清晰度的效果。和 Sharpen 不同的是，它不对颜色边缘进行突出，看上去是整体对比度增强。应用该特效的参数设置及应用前后效果如图 6.43 所示。

图6.43 非锐化遮罩参数设置及前后效果

Ae 6.4　　Channel（通道）特效组

Channel（通道）特效组用来控制、抽取、插入和转换一个图像的通道，对图像进行混合计算。各种特效的应用方法和含义如下。

1.Arithmetic（通道算法）

该特效利用对图像中的红、绿、蓝通道进行简单的运算，对图像色彩效果进行控制。应用该特效的参数设置及应用前后效果如图 6.44 所示。

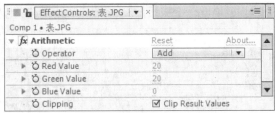

图6.44 通道算法参数设置及前后效果

2.Blend（混合）

该特效将两个层中的图像按指定方式进行混合，以产生混合后的效果。该特效应用在位于上方的图像上，有时叫该层为特效层，让其与下方的图像（混合层）进行混合，构成新的混合效果。应用该特效的参数设置及应用前后效果如图 6.45 所示。

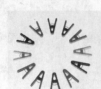

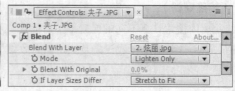

图6.45 混合参数设置及前后效果

3.Calculations（计算）

该特效与 Blend（混合）有相似之处，但比混合有更多的选项操作，通过通道和层的混合产生多种特效效果。应用该特效的参数设置及应用前后效果如图6.46所示。

图6.46 计算参数设置及前后效果

4.CC Composite（CC 组合）

该特效可以通过与源图像合成的方式来对图像进行调节。应用该特效的参数设置及应用前后效果如图6.47所示。

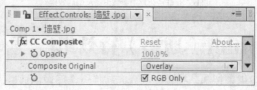

图6.47 CC 组合参数设置及前后效果

5.Channel Combiner（通道组合器）

该特效可以通过指定某层的图像的颜色模式或通道、亮度、色相等信息来修改源图像，也可以直接通过模式的转换或通道、亮度、色相等的转换，来修改源图像。其修改可以通过 From（从）和 To（到）的对应关系来修改。应用该特效的参数设置及图像前后效果如图6.48所示。

图6.48 通道组合器参数设置及前后效果

6.Compound Arithmetic（复合算法）

该特效通过通道和模式应用以及和其他视频轨道图像的复合，制作出复合的图像效果。应用该特效的参数设置及应用前后效果如图6.49所示。

图6.49 复合算法参数设置及前后效果

7.Invert（反转）

该特效可以将指定通道的颜色反转成相应的补色。应用该特效的参数设置及应用前后效果如图 6.50 所示。

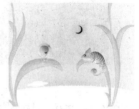

图6.50 反转参数设置及前后效果

8.Minimax（最小、最大值）

该特效能够以最小、最大值的形式减小或放大某个指定的颜色通道，并在许可的范围内填充指定的颜色。应用该特效的参数设置及应用前后效果如图 6.51 所示。

图6.51 最小最大值参数设置及前后效果

9.Set Channels（通道设置）

该特效可以复制其他层的通道到当前颜色通道中。比如，从源层中选择某一层后，在通道中选择一个通道，就可以将该通道颜色应用到源层图像中。应用该特效的参数设置及应用前后效果如图 6.52 所示。

图6.52 通道设置参数设置及前后效果

10.Set Matte（遮罩设置）

该特效可以将其他图层的通道设置为本层的遮罩，通常用来创建运动遮罩效果。应用该特效的参数设置及应用前后效果如图 6.53 所示。

图6.53 遮罩设置参数设置及前后效果

11.Shift Channels（通道转换）

该特效用来在本层的 RGBA 通道之间转换，主要对图像的色彩和亮暗产生效果，也可以消除某种颜色。应用该特效的参数设置及应用前后效果如图 6.54 所示。

图6.54 通道转换参数设置及前后效果

12.Solid Composite（固态合成）

该特效可以指定当前层的透明度，也可以指定一种颜色通过层模式和不透明度的设置来合成图像。应用该特效的参数设置及应用前后效果如图 6.55 所示。

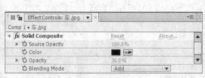

图6.55 固态合成参数设置及前后效果

Ae 6.5 使用Color Correction（色彩校正）特效组

在图像处理过程中经常需要进行图像颜色调整工作，比如调整图像的色彩、色调、明暗度及对比度等。本节将详细介绍有关图像色彩校正命令的使用方法。

1. Auto Colo（自动颜色）

该特效将对图像进行自动色彩的调整，图像值如果和自动色彩的值相近，图像应用该特效后变化效果较小。应用该特效的参数设置及应用前后效果如图 6.56 所示。

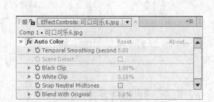

图6.56 自动色彩参数设置及前后效果

2.Auto Contrast（自动对比度）

该特效将对图像的自动对比度进行调整，如果图像值和自动对比度的值相近，应用该特效后图像变化效果较小。应用该特效的参数设置及应用前后效果如图 6.57 所示。

图6.57 自动对比度参数设置及前后效果

3.Auto Levels（自动色阶）

该特效对图像进行自动色阶的调整，如果图像值和自动色阶的值相近，应用该特效后图像变化效果较小。应用该特效的参数设置及应用前后效果如图 6.58 所示。

图6.58 自动色阶参数设置及前后效果

4.Black & White（黑白）

该特效主要用来处理各种黑白图像，创建各种风格的黑白效果，且可编辑性很强。它还可以通过简单的色调应用，如图 6.59 所示，将彩色图像或灰度图像处理成单色图像。

图6.59 黑白参数设置及前后效果

6.5.1 课堂案例——利用Black & White（黑白）制作黑白图像

本例主要讲解利用 Black & White(黑白)特效制作黑白图像效果。完成的动画流程画面如图6.60所示。

工程文件	工程文件 \第6章\黑白图像
视频	视频\第6章\6.5.1 课堂案例——利用Black & White（黑白）制作黑白图像.avi

图6.60 动画流程画面

Black & White（黑白）特效。

STEP 01 执行菜单栏中的 File（文件）lOpen Project（打开项目）命令，选择配套光盘中的"工程文件\第6章\黑白图像\黑白图像练习.aep"文件，将"黑白图像练习.aep"文件打开。

STEP 02 为"图.jpg"层添加 Black & White（黑白）特效。在 Effects & Presets（效果和预置）面板中展开 Color Correction（色彩校正）特效组，然后双击 Black & White（黑白）特效，添加黑白特效的前后效果如图6.61所示。

图6.61 添加黑白特效前后效果

STEP 03 在时间线面板中，选中"图.jpg"层，在工具栏中选择 Rectangle Tool（矩形工具）▭，在图层上绘制一个矩形路径，如图所示，按 F 键打开 Mask Feather（遮罩羽化）属性，设置 Mask Feather（遮罩羽化）的值为118，按 M 键打开 Mask Path（遮罩形状）属性，将时间调整到00:00:00:00帧的位置，单击 Mask Path（遮罩形状）左侧的码表 ⏱ 按钮，在当前位置设置关键帧，如图6.62所示。

STEP 04 将时间调整到00:00:01:24帧的位置，选择矩形左侧的两个锚点向右拖动，系统会自动设置关键帧，如图6.63所示。

图6.62 设置遮罩关键帧前　　　　　　　图6.63 设置遮罩关键帧后效果

STEP 05 这样就完成了整体制作，按小键盘上的0键，即可在合成窗口中预览动画。完成的动画流程画面，如图6.64所示。

图6.64 动画流程画面

1.Brightness & Contrast（亮度 & 对比度）

该特效主要是对图像的亮度和对比度进行调节。应用该特效的参数设置及应用前后效果如图6.65所示。

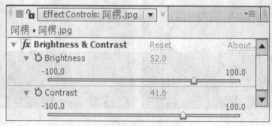

图6.65 亮度&对比度参数设置及前后效果

2.Broadcast Colors（广播级颜色）

该特效主要对影片像素的颜色值进行测试，因为电脑本身与电视播放色彩有很大的差别，电视设备仅能表现某个幅度以下的信号，使用该特效就可以测试影片的亮度和饱和度是否在某个幅度以下的信号安全范围内，以免发生不理想的电视画面效果。应用该特效的参数设置及应用前后效果如图6.66所示。

图6.66 广播级颜色参数设置及前后效果

3.CC Color Neutralizer（CC 色彩中和剂）

该特效主要是对图像的 Shadows（阴影）、Mindtones（中间调）、Highlights（高光）进行调节。应用该特效的参数设置及应用前后效果如图6.67所示。

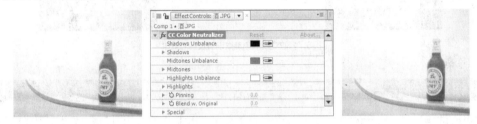

图6.67 CC色彩偏移参数设置及前后效果

4.CC Color Offset（CC 色彩偏移）

该特效主要是对图像的 Red（红）、Green（绿）、Blue（蓝）相位进行调节。应用该特效的参数设置及应用前后效果如图6.68所示。

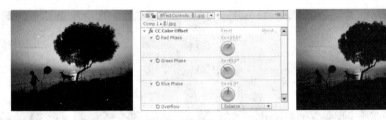

图6.68 CC色彩偏移参数设置及前后效果

5.CC Toner（CC 调色）

该特效通过对图像的高光颜色、中间色调和阴影颜色的调节来改变图像的颜色。应用该特效的参数设置及应用前后效果如图6.69所示。

图6.69 CC调色参数设置及前后效果

6.Change Color（改变颜色）

该特效可以通过 Color To Change（颜色改变）右侧的色块或吸管来设置图像中的某种颜色，然后通过色相、饱和度和亮度等对图像进行颜色的改变。应用该特效的参数设置及应用前后效果如图 6.70 所示。

图6.70 改变颜色参数设置及前后效果

7.Change to Color（改变到颜色）

该特效通过颜色的选择可以将一种颜色直接改变为另一颜色，在用法上与 Change to Color（改变到颜色）特效有很大的相似之处。应用该特效的参数设置及应用前后效果如图 6.71 所示。

图6.71 改变到颜色参数设置及前后效果

6.5.2 课堂案例——利用改变到颜色特效改变影片颜色

本例主要讲解利用 Change to Color（改变到颜色）特效制作改变影片颜色效果。完成的动画流程画面如图 6.72 所示。

工程文件	工程文件\第6章\改变影片颜色
视频	视频\第6章\6.5.2 课堂案例——利用改变到颜色特效改变影片颜色.avi

图6.72 动画流程画面

Change to Color（改变到颜色）。

STEP 01 执行菜单栏中的 File（文件）IOpen Project（打开项目）命令，选择配套光盘中的"工程文件\第 6 章\改变影片颜色\改变影片颜色练习 .aep"文件，将"改变影片颜色练习 .aep"文件打开。

STEP 02 为"动画学院大讲堂 .mov"层添加 Change to Color（改变到颜色）特效。在 Effects & Presets（效果和预置）面板中展开 Color Correction（色彩校正）特效组，然后双击 Change to Color（改变到颜色）特效。

STEP 03 在 Effects Controls（特效控制）面板中，修改 Change to Color（改变到颜色）特效的参数，设置 From（从）为蓝色（R:0，G:55，B:235），如图 6.73 所示，合成窗口效果如图 6.74 所示。

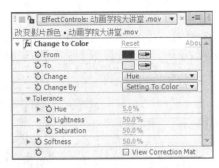

图6.73 设置参数 | 图6.74 设置参数后效果

STEP 04 这样就完成了整体制作,按小键盘上的 0 键,即可在合成窗口中预览动画。完成的动画流程画面如图 6.75 所示。

图6.75 动画流程画面

1.Channel Mixer（通道混合）

该特效主要通过修改一个或多个通道的颜色值来调整图像的色彩。应用该特效的参数设置及应用前后效果如图 6.76 所示。

图6.76 通道混合参数设置及前后效果

2.Color Balance（色彩平衡）

该特效通过调整图像暗部、中间色调和高光的颜色强度来调整素材的色彩均衡。应用该特效的参数设置及应用前后效果如图 6.77 所示。

图6.77 色彩平衡参数设置及前后效果

3.Color Balance（HLS）（色彩平衡（HLS））

该特效与 Color Balance（色彩平衡）很相似，不同的是该特效不是调整图像的 RGB 而是 HLS，即调整图像的色相、亮度和饱和度各项参数，以改变图像的颜色。应用该特效的参数设置及应用前后效果如图 6.78 所示。

图6.78 色彩平衡（HLS）参数设置及前后效果

4.Color Link（颜色链接）

该特效将当前图像的颜色信息覆盖在当前层上，以改变当前图像的颜色，通过透明度的修改，可以使图像有透过玻璃看画面的效果。应用该特效的参数设置及应用前后效果如图 6.79 所示。

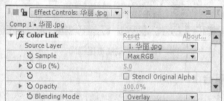

图6.79 颜色链接参数设置及前后效果

5.Color Stabilizer（颜色稳定器）

该特效通过选择不同的稳定方式，然后在指定点通过区域添加关键帧对色彩进行设置。应用该特效的参数设置及应用前后效果如图 6.80 所示。

图6.80 颜色稳定器参数设置及前后效果

6.Colorama（彩光）

该特效可以将色彩以自身为基准按色环颜色变化的方式周期变化，产生梦幻彩色光的填充效果。应用该特效的参数设置及应用前后效果如图 6.81所示。

图6.81 彩光参数设置及前后效果

7.Curves（曲线）

该特效可以通过调整曲线的弯曲度或复杂度，来调整图像的亮区和暗区的分布情况。应用该特效的参数设置及应用前后效果如图 6.82 所示。

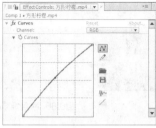

图6.82 曲线参数设置及前后效果

8.Equalize（补偿）

该特效可以通过 Equalize 中的 RGB、Brightness（亮度）或 Photoshop Style 3 种方式对图像进行色彩补偿，使图像色阶平均化。应用该特效的参数设置及应用前后效果如图 6.83 所示。

图6.83 补偿参数设置及前后效果

9.Exposure（曝光）

该特效用来调整图像的曝光程度，可以通过通道的选择来设置图像曝光的通道。应用该特效的参数设置及应用前后效果如图 6.84 所示。

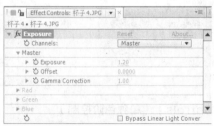

图6.84 曝光参数设置及前后效果

10.Gamma / Pedestal / Gain（伽马 / 基准 / 增益）

该特效可以对图像的各个通道值进行控制，以细致地改变图像的效果。应用该特效的参数设置及应用前后效果如图 6.85 所示。

图6.85 伽马/基准/增益参数设置及前后效果

11. Hue / Saturation（色相 / 饱和度）

该特效可以控制图像的色彩和色彩的饱和度，还可以将多彩的图像调整成单色画面效果，做成单色图像。该特效的参数设置及前后效果如图 6.86 所示。

图6.86 色相/饱和度参数设置及前后效果

12.Leave Color（保留颜色）

该特效可以通过设置颜色来指定图像中保留的颜色，将其他的颜色转换为灰度效果。为了突出紫色的花朵，将保留颜色设置为花朵的紫色，而其他颜色就转换成了灰度效果。该特效的参数设置及应用前后效果如图 6.87 所示。

图6.87 保留颜色参数设置及前后效果

13.Levels（色阶）

该特效将亮度、对比度和伽马等功能结合在一起，对图像进行明度、阴暗层次和中间色彩的调整。该特效的参数设置及前后效果如图 6.88 所示。

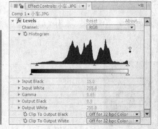

图6.88 色阶参数设置及前后效果

14.Levels（Individual Controls）（单独色阶控制）

该特效与 Levels（色阶）应用方法相同，只是在控制图像的亮度、对比度和伽马值时，对图像的通道进行单独的控制，更细化了控制的效果。该特效的参数设置及前后效果如图 6.89 所示。

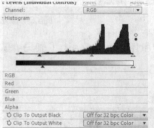

图6.89 单独色阶控制参数设置及前后效果

15.PS Arbitrary Map（Photoshop 曲线图）

该特效应用在 Photoshop 的映像设置文件上，通过相位的调整来改变图像效果。该特效的参数设置及前后效果如图 6.90 所示。

图6.90 Photoshop 曲线图参数设置及前后效果

16.Photo Filter（照片过滤器）

该特效可以将图像调整成照片级别，以使其看上去更加逼真。该特效的参数设置及应用前后效果如图6.91 所示。

图6.91 照片过滤器参数设置及前后效果

17.Selective Color （可选颜色）

该特效可对图像中的只等颜色进行校正，以调整图像中不平衡的颜色，其最大的好处就是可以单独调整某一种颜色，而不影响其他颜色，如图 6.92 所示。

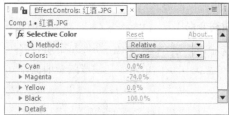

图6.92 可选颜色参数设置及前后效果

18.Shadow / Highlight（阴影 / 高光）

该特效用于对图像中的阴影和高光部分进行调整。应用该特效的参数设置及应用前后效果如图 6.93 所示。

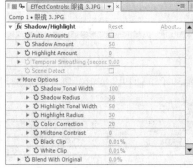

图6.93 阴影/高光参数设置及前后效果

19.Tint（浅色调）

该特效可以通过指定的颜色对图像进行颜色映射处理。应用该特效的参数设置及应用前后效果如图 6.94 所示。

图6.94 浅色调参数设置及前后效果

20.Tritone（调色）

该特效与 CC Toner（CC 调色）的应用方法相同，通过对图像的高光颜色、中间色调和阴影颜色的调节来改变图像的颜色。该特效的参数设置及前后效果如图 6.95 所示。

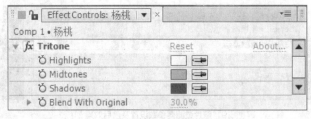

图6.95 CC调色参数设置及前后效果

Ae 6.6 Distort（扭曲）特效组

Distort（扭曲）特效组主要应用不同的形式对图像进行扭曲变形处理。各种特效的应用方法和含义如下。

1.Bezier Warp（贝塞尔曲线变形）

该特效在层的边界上沿一个封闭曲线来变形图像。图像每个角有 3 个控制点，角上的点为顶点，用来控制线段的位置，顶点两侧的两个点为切点，用来控制线段的弯曲曲率。应用该特效的参数设置及应用前后效果如图 6.96 所示。

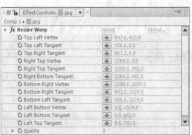

图6.96 贝塞尔曲线变形参数设置及前后效果

2.Bulge（凹凸效果）

该特效可以使物体区域沿水平轴和垂直轴扭曲变形，制作类似通过透镜观察对象的效果。应用该特效的参数设置及应用前后效果如图 6.97 所示。

图6.97 凹凸效果参数设置及前后效果

3.CC Bend It（CC 2 点弯曲）

该特效可以利用图像 2 个边角坐标位置的变化对图像进行变形处理，主要是用来根据需要定位图像，可以拉伸、收缩、倾斜和扭曲图形。应用该特效的参数设置及应用前后效果如图 6.98 所示。

图6.98 CC 弯曲参数设置及前后效果

4.CC Bender（CC 弯曲）

该特效可以利用图像 2 个边角坐标位置的变化对图像进行变形处理，主要是用来根据需要定位图像，可以拉伸、收缩、倾斜和扭曲图形。应用该特效的参数设置及应用前后效果如图 6.99 所示。

图6.99 CC 弯曲参数设置及前后效果

5.CC Blobbylize（CC 融化）

该特效主要是通过 Blobbiness（滴状斑点）、Light（光）和 Shading（阴影）3 个特效组的参数来调节图像的滴状斑点效果。应用该特效的参数设置及应用前后效果如图 6.100 所示。

图6.100 CC 融化参数设置及前后效果

6.6.1 课堂案例——利用CC 融化制作融化效果

本例主要讲解利用CC Blobbylize(CC 融化)特效制作融化效果，完成的动画流程画面如图6.101所示。

工程文件	工程文件\第6章\融化效果
视频	视频\第6章\6.6.1 课堂案例——利用CC 融化制作融化效果.avi

图6.101 动画流程画面

知识点

CC Blobbylize（CC 融化）。

STEP 01 执行菜单栏中的 File（文件）|Open Project（打开项目）命令，选择配套光盘中的"工程文件\第 6 章\融化效果\融化效果练习 .aep"文件，将"融化效果练习 .aep"文件打开。

STEP 02 执行菜单栏中的 Layer(层)|New(新建)|Solid（固态层）命令，打开 Solid Settings(固态层设置) 对话框，设置 Name（名称）为"背景"，Color（颜色）为白色。

STEP 03 为"载体"层添加 CC Blobbylize（CC 融化）特效。在 Effects & Presets（效果和预置）面板中展开 Distort（扭曲）特效组，然后双击 CC Blobbylize（CC 融化）特效。

STEP 04 在 Effect Controls(特效控制) 面板中，修改 CC Blobbylize(CC 融化) 特效的参数，展开 Blobbiness（融化层）选项组，设置 Sofrness（柔化）的值为 27；将时间调整到 00:00:00:00 帧的位置，设置 Cut Away（切开）的值为 0，单击 Cut Away（切开）左侧的码表 ⏱ 按钮，在当前位置设置关键帧。

STEP 05 将时间调整到 00:00:01:13 帧的位置，设置 Cut Away（切开）的值为 63，系统会自动设置关键帧，如图 6.102 所示，合成窗口效果如图 6.103 所示。

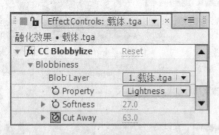

图6.102 设置CC融化参数

图6.103 设置CC融化后的效果

STEP 06 这样就完成了整体制作，按小键盘上的 O 键，即可在合成窗口中预览动画。

1.CC Flo Motion（CC 液化流动）

该特效可以利用图像 2 个边角坐标位置的变化对图像进行变形处理。应用该特效的参数设置及应用前后效果如图 6.104 所示。

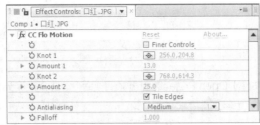

图6.104 CC 液化流动参数设置及前后效果

2.CC Griddler（CC 网格变形）

该特效可以使图像产生错位的网格效果。应用该特效的参数设置及应用前后效果如图 6.105 所示。

图6.105 CC 网格变形参数设置及前后效果

3.CC Lens（CC 镜头）

该特效可以使图像变形成为镜头的形状。应用该特效的参数设置及应用前后效果如图 6.106 所示。

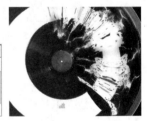

图6.106 镜头参数设置及前后效果

6.6.2 课堂案例——利用CC 镜头制作水晶球

本例主要讲解利用 CC Lens（CC 镜头）特效制作水晶球效果，完成的动画流程画面如图 6.107 所示。

工程文件	工程文件\第6章\水晶球
视频	视频\第6章\6.6.2 课堂案例——利用CC 镜头制作水晶球.avi

图6.107 动画流程画面

知识点

CC Lens（CC 镜头）。

STEP 01 执行菜单栏中的 File（文件）|Open Project（打开项目）命令，选择配套光盘中的"工程文件\第 6 章\水晶球\水晶球练习 .aep"文件，将"水晶球练习 .aep"文件打开。

STEP 02 执行菜单栏中的 Composition（合成）| New Composition（新建合成）命令，打开 Composition Settings（合成设置）对话框，设置 Composition Name（合成名称）为"水晶球背景"，Width（宽）为"720"，Height（高）为"576"，Frame Rate（帧率）为"25"，并设置 Duration（持续时间）为 00:00:03:00 秒。

STEP 03 在 Project（项目）面板中，选择"载体 .jpg"素材，将其拖动到"水晶球背景"合成的时间线面板中，选中"载体 .jpg"层，按 P 键打开 Position（位置）属性，按住 Alt 键单击 Position（位置）左侧的码表 🕙 按钮，在空白处输入"wiggle(1,200)"，如图 6.108 所示，合成窗口效果如图 6.109 所示。

图6.108 设置表达式

图6.109 设置表达式后效果

STEP 04 打开"水晶球"合成，在 Project（项目）面板中，选择"水晶球背景"合成，将其拖动到"水晶球"合成的时间线面板中。

STEP 05 为"水晶球背景"层添加 CC Lens（CC 镜头）特效。在 Effects & Presets（效果和预置）面板中展开 Distort（扭曲）特效组，然后双击 CC Lens（CC 镜头）特效。

STEP 06 在 Effect Controls（特效控制）面板中，修改 CC Lens（CC 镜头）特效的参数，设置 Size（大小）的值为 48，如图 6.110 所示，合成窗口效果如图 6.111 所示。

图6.110 设置CC镜头参数

图6.111 设置CC镜头后的效果

STEP 07 这样就完成了整体制作，按小键盘上的 0 键，即可在合成窗口中预览动画。

1.CC Page Turn（CC 卷页）

该特效可以使图像产生书页卷起的效果。应用该特效的参数设置及应用前后效果如图 6.112 所示。

图6.112　CC卷页参数设置及前后效果

2.CC Power Pin（CC 四角缩放）

该特效可以利用图像 4 个边角坐标位置的变化对图像进行变形处理，主要是用来根据需要定位图像，可以拉伸、收缩、倾斜和扭曲图形，也可以用来模拟透视效果。应用该特效的参数设置及应用前后效果如图 6.113 所示。

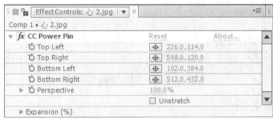

图6.113　CC 四角缩放参数设置及前后效果

3.CC Ripple Pulse（CC 波纹脉冲）

该特效可以利用图像上控制柄位置的变化对图像进行变形处理，在适当的位置为控制柄的中心创建关键帧，控制柄划过的位置会产生波纹效果的扭曲。该特效应该使用在动态视频素材上。用该特效的参数设置及应用前后效果如图 6.114 所示。

图6.114　CC 波纹脉冲参数设置及前后效果

4.CC Slant（CC 倾斜）

该特效可以使图像产生平行倾斜的效果。应用该特效的参数设置及应用前后效果如图 6.115 所示。

图6.115　CC 倾斜参数设置及前后效果

5.CC Smear（CC 涂抹）

该特效通过调节 2 个控制点的位置以及涂抹范围的多少和涂抹半径的大小来调整图像，使图像产生变形效果。应用该特效的参数设置及应用前后效果如图 6.116 所示。

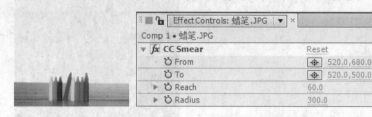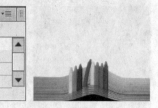

图6.116 CC 涂抹参数设置及前后效果

6.CC Split（CC 分裂）

该特效可以使图像在 2 个分裂点之间产生分裂，通过调节 Split（分裂）值的大小来控制图像分裂的大小。应用该特效的参数设置及应用前后效果如图 6.117 所示。

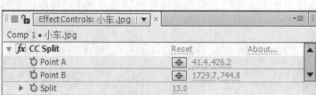

图6.117 CC 分裂参数设置及前后效果

7.CC Split2（CC 分裂 2）

该特效与 CC Split（CC 分裂）的使用方法相同，只是 CC Split2（CC 分裂 2）中可以分别调节分裂点两边的分裂程度。应用该特效的参数设置及应用前后效果如图 6.118 所示。

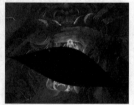

图6.118 CC 分裂2参数设置及前后效果

8.CC Tiler（CC 拼贴）

该特效可以将图像进行水平和垂直的拼贴，产生类似在墙上贴瓷砖的效果。应用该特效的参数设置及应用前后效果如图 6.119 所示。

图6.119 CC 拼贴参数设置及前后效果

9.Corner Pin（边角扭曲）

该特效可以利用图像 4 个边角坐标位置的变化对图像进行变形处理，主要是用来根据需要定位图像，可以拉伸、收缩、倾斜和扭曲图形，也可以用来模拟透视效果。当选择 Corner Pin（边角扭曲）特效时，在图像上将出现 4 个控制柄，可以通过拖动这 4 个控制柄来调整图像的变形。应用该特效的参数设置及应用前后效果如图 6.120 所示。

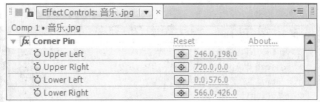

图6.120 边角扭曲参数设置及前后效果

10.Displacement Map（置换贴图）

该特效可以指定一个层作为置换贴图层，应用贴图置换层的某个通道值对图像进行水平或垂直方向的变形。应用该特效的参数设置及应用前后效果如图 6.121 所示。

图6.121 置换贴图参数设置及前后效果

11.Liquify（液化）

该特效通过工具栏中的相关工具，直接拖动鼠标来扭曲图像，使图像产生自由的变形效果。应用该特效的参数设置及应用前后效果如图 6.122 所示。

图6.122 Liquify（液化）参数设置面板

12.Magnify（放大镜）

该特效可以使图像产生类似放大镜的扭曲变形效果。应用该特效的参数设置及应用前后效果如图 6.123 所示。

图6.123 放大镜参数设置及前后效果

13.Mesh Warp（网格变形）

该特效在图像上产生一个网格，通过控制网格上的贝塞尔点来使图像变形，对于网格变形的效果控制，更多的是在合成图像中通过鼠标拖曳网格的贝塞尔点来完成。应用该特效的参数设置及应用前后效果如图

6.124 所示。

图6.124 网格变形参数设置及前后效果

14.Mirror（镜像）

该特效可以按照指定的方向和角度将图像沿一条直线分割为两部分，制作出镜像效果。应用该特效的参数设置及应用前后效果如图 6.125 所示。

图6.125 镜像参数设置及前后效果

15.Offset（偏移）

该特效可以对图像自身进行混合运动，产生半透明的位移效果。应用该特效的参数设置及应用前后效果如图 6.126 所示。

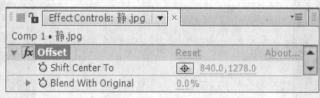

图6.126 偏移参数设置及前后效果

16.Optics Compensation（光学变形）

该特效可以使画面沿指定点水平、垂直或对角线产生光学变形，制作类似摄像机的透视效果。应用该特效的参数设置及应用前后效果如图 6.127 所示。

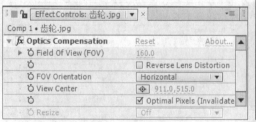

图6.127 光学变形参数设置及前后效果

17.Polar Coordinates（极坐标）

该特效可以将图像的直角坐标和极坐标进行相互转换，产生变形效果。应用该特效的参数设置及应用前后效果如图 6.128 所示。

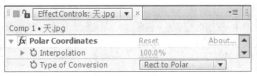
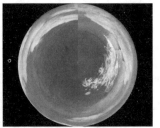

图6.128 极坐标参数设置及前后效果

18.Reshape（形变）

该特效需要可以借助几个遮罩，通过重新限定图像形状，产生变形效果。其参数设置面板如图 6.129 所示。

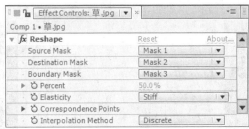

图6.129 形变参数设置及前后效果

19.Ripple（波纹）

该特效可以使图像产生类似水面波纹的效果。应用该特效的参数设置及应用前后效果如图 6.130 所示。

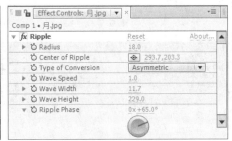

图6.130 波纹参数设置及前后效果

20.Smear（涂抹）

该特效通过一个遮罩来定义涂抹笔触，另一个遮罩来定义涂抹范围，通过改变涂抹笔触的位置和旋转角度产生一个类似遮罩的特效生成框，以此框来涂抹当前图像，产生变形效果。应用该特效的参数设置及应用前后效果如图 6.131 所示。

图6.131 涂抹参数设置及前后效果

21.Spherize（球面化）

该特效可以使图像产生球形的扭曲变形效果。应用该特效的参数设置及应用前后效果如图 6.132 所示。

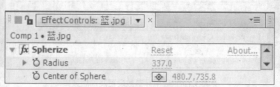

图6.132 球面化参数设置及前后效果

22.Transform（变换）

该特效可以对图像的位置、尺寸、透明度、倾斜度和快门角度等进行综合调整，以使图像产生扭曲变形效果。应用该特效的参数设置及应用前后效果如图 6.133 所示。

图6.133 变换参数设置及前后效果

23.Turbulent Displace（动荡置换）

该特效可以使图像产生各种凸起、旋转等动荡不安的效果。应用该特效的参数设置及应用前后效果如图 6.134 所示。

图6.134 动荡置换参数设置及前后效果

24.Twirl（扭转）

该特效可以使图像产生一种沿指定中心旋转变形的效果。应用该特效的参数设置及应用前后效果如图 6.135 所示。

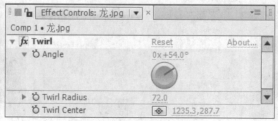

图6.135 扭转参数设置及前后效果

25.Warp（变形）

该特效可以以变形样式为准，通过参数的修改将图像进行多方面的变形处理，产生如弧形、拱形等形状的变形效果。应用该特效的参数设置及应用前后效果如图 6.136 所示。

图6.136 变形参数设置及前后效果

26.Wave Warp（波浪变形）

该特效可以使图像产生一种类似水波浪的扭曲效果。应用该特效的参数设置及应用前后效果如图 6.137 所示。

图6.137 波浪变形参数设置及前后效果

6.7 Generate（创造）特效组

Generate（创造）特效组可以在图像上创造各种常见的特效，如闪电、圆、镜头光晕等，还可以对图像进行颜色填充，如 4 色渐变、滴管填充等。各种特效的应用方法和含义如下。

1.4-Color Gradient（4 色渐变）

该特效可以在图像上创建一个 4 色渐变效果，用来模拟霓虹灯、流光异彩等梦幻的效果。应用该特效的参数设置及应用前后效果如图 6.138 所示。

图6.138 四色渐变参数设置及前后效果

2.Advanced Lightning（高级闪电）

该特效可以模拟产生自然界中的闪电效果，并通过参数的修改，产生各种闪电的形状。应用该特效的

参数设置及应用前后效
果如图 6.139 所示。

图6.139 高级闪电参数设置及前后效果

3.Audio Spectrum（声谱）

该特效可以利用声音文
件，将频谱显示在图像上，可
以通过频谱的变化，了解声音
频率，可将声音作为科幻与数
位的专业效果表示出来，更可
提高音乐的感染力。应用该特
效的参数设置及应用前后效果
如图 6.140 所示。

图6.140 声谱参数设置及前后效果

4.Audio Waveform（音波）

该特效可以利用声音
文件，以波形振幅方式显
示在图像上，并可通过自
定路径，修改声波的显示
方式，形成丰富多彩的声
波效果。应用该特效的参
数设置及应用前后效果如
图 6.141 所示。

图6.141 音波参数设置及前后效果

6.7.1 课堂案例——利用音波制作电光线效果

本例主要讲解 Audio Waveform（音波）特效制作电光线效果。本例最终的动画流程效果如图 6.142
所示。

工程文件	工程文件\第6章\电光线效果
视频	视频\第6章\6.7.1 课堂案例——利用音波制作电光线效果.avi

图6.142 动画流程画面

Audio Waveform（音波）。

STEP 01 执行菜单栏中的 File（文件）lOpen Project（打开项目）命令，选择配套光盘中的"工程文件 \ 第 6 章 \ 电光线效果 \ 电光线效果练习 .aep"文件，将"电光线效果练习 .aep"文件打开。

STEP 02 执行菜单栏中的 Layer(层)lNew（新建）lSolid（固态层）命令，打开 Solid Settings(固态层设置) 对话框，设置 Name（名称）为"电光线"，Color（颜色）为黑色。

STEP 03 为"电光线"层添加 Audio Waveform（音波）特效。在 Effects & Presets（效果和预置）面板中展开 Generate（创造）特效组，然后双击 Audio Waveform（音波）特效。

STEP 04 在 Effect Controls（特效控制）面板中，修改 Audio Waveform（音波）特效的参数，设置 Audio Layer（音频层）菜单中选择"音频 .mp3"，Start Point（开始点）的值为（64，366），End Point（结束点）的值为（676，370），Displayed Samples（取样显示）的值为 80，Maximum Height（最大高度）的值为 300，Audio Duration（音频长度）的值为 900，Thickness（厚度）的值为 6，Inside Color（内侧颜色）为白色，Outside Color（外侧颜色）为青色（R:0；G:174；B:255），如图 6.143 所示，合成窗口效果如图 6.144 所示。

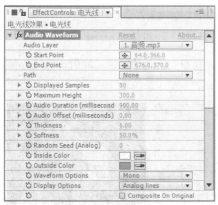

图6.143 设置音波参数

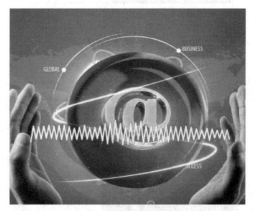

图6.144 设置音频波形后效果

STEP 05 这样就完成了电光线效果的整体制作，按小键盘上的 0 键，即可在合成窗口中预览动画。

1. Beam（激光）

该特效可以模拟激光束移动，制作出瞬间划过的光速效果。比如流星、飞弹等。应用该特效的参数设置及应用前后效果如图 6.145 所示。

图6.145 激光参数设置及前后效果

2.CC Glue Gun（CC 喷胶器）

该特效可以使图像产生一种水珠的效果。应用该特效的参数设置及应用前后效果如图 6.146 所示。

图6.146 CC 喷胶器参数设置及前后效果

3.CC Light Burst 2.5（CC 光线爆裂 2.5）

该特效可以使图像产生光线爆裂的效果，使其有镜头透视的感觉。应用该特效的参数设置及应用前后效果如图 6.147 所示。

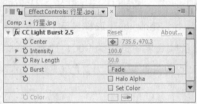
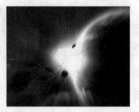

图6.147 CC 光线爆裂2.5参数设置及前后效果

4.CC Light Rays（CC 光芒放射）

该特效可以利用图像上不同的颜色产生不同的光芒，使其产生放射的效果。应用该特效的参数设置及应用前后效果如图 6.148 所示。

图6.148 CC 光芒放射参数设置及前后效果

5.CC Light Sweep（CC 扫光效果）

该特效可以为图像创建光线，光线以某个点为中心，向一边以擦除的方式运动，产生扫光的效果。其参数设置及图像显示效果如图 6.149 所示。

图6.149　CC扫光效果参数设置及前后效果

6.CC Threads（CC 凉席）

该特效可以为凉席的效果。其参数设置及图像显示效果如图 6.150 所示。

图6.150　CC穿过参数设置及前后效果

7.Cell Pattern（细胞图案）

该特效可以将图案创建成单个图案的拼合体，添加一种类似于细胞的效果。应用该特效的参数设置及应用前后效果如图 6.151 所示。

图6.151　细胞图案参数设置及前后效果

8.Checkerboard（棋盘格）

该特效可以为图像添加一种类似于棋盘格的效果。应用该特效的参数设置及应用前后效果如图 6.152 所示。

图6.152　棋盘格参数设置及前后效果

9.Circle（圆）

该特效可以为图像添加一个圆形或环形的图案，并可以利用圆形图案制作遮罩效果。应用该特效的参数设置及应用前后效果如图 6.153 所示。

图6.153 圆参数设置及前后效果

10.Ellipse（椭圆）

该特效可以为图像添加一个椭圆圆形的图案，并可以利用椭圆圆形图案制作遮罩效果。应用该特效的参数设置及应用前后效果如图 6.154 所示。

图6.154 椭圆参数设置及前后效果

11.Eyedropper Fill（滴管填充）

该特效可以直接利用取样点在图像上吸取某种颜色，使用图像本身的某种颜色进行填充，并可调整颜色的混和程度。应用该特效的参数设置及应用前后效果如图 6.155 所示。

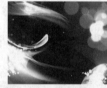
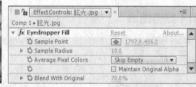

图6.155 滴管填充参数设置及前后效果

12.Fill（填充）

该特效向图层的遮罩中填充颜色，并通过参数修改填充颜色的羽化和不透明度。应用该特效的参数设置及应用前后效果如图 6.156 所示。

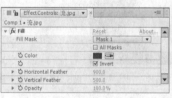

图6.156 填充参数设置及前后效果

13.Grid（网格）

该特效可以为图像添加网格效果。应用该特效的参数设置及应用前后效果如图 6.157 所示。

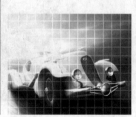

图6.157 网格参数设置及前后效果

14.Lens Flare（镜头光晕）

该特效可以模拟强光照射镜头，在图像上产生光晕效果。应用该特效的参数设置及应用前后效果如图 6.158 所示。

图6.158 镜头光晕参数设置及前后效果

15.Paint Bucket（油漆桶）

该特效可以在指定
的颜色范围内填充设置
好的颜色，模拟油漆填
充效果。应用该特效的
参数设置及应用前后效
果如图 6.159 所示。

图6.159 油漆桶参数设置及前后效果

16.Radio Waves（无线电波）

该特效可以为带有音频文件的图像
创建无线电波，无线电波以某个点为中
心，向四周以各种图形的形式扩散，产
生类似电波的图像。其参数设置及效果
如图 6.160 所示。

图6.160 无线电波参数设置及效果

17.Ramp（渐变）

该特效可以产生双色渐变效果，能与原始图像相融合产生渐变特效。应用该特效的参数设置及应用前
后效果如图 6.161 所示。

图6.161 渐变参数设置及前后效果

18.Scribble（乱写）

该特效可以根据遮罩形状，制作出各种潦草的涂鸦效果，并自动产生动画。应用该特效的参数设置及
应用前后效果如图 6.162 所示。

图6.162 乱写参数设置及前后效果

6.7.2 课堂案例——利用乱写制作手绘效果

本例主要讲解利用 Scribble（乱写）特效制作手绘效果。完成的动画流程画面如图 6.163 所示。

工程文件	工程文件\第6章\手绘效果
视频	视频\第6章\6.7.2 课堂案例——利用乱写制作手绘效果.avi

图6.163 动画流程画面

Scribble（乱写）。

STEP 01 执行菜单栏中的 File（文件）IOpen Project（打开项目）命令，选择配套光盘中的"工程文件\第 6 章\手绘效果\手绘效果练习 .aep"文件，将"手绘效果练习 .aep"文件打开。

STEP 02 执行菜单栏中的 Layer(图层)INew（新建）ISolid（固态层）命令，打开 Solid Settings(固态层设置) 对话框，设置 Name（名称）为"心"，Color（颜色）为白色。

STEP 03 选择"心"层，在工具栏中选择 Pen Tool（钢笔工具） 🖋，在文字层上绘制一个心形路径，如图 6.164 所示。

STEP 04 为"心"层添加 Scribble（乱写）特效。在 Effects & Presets（效果和预置）面板中展开 Generate（创造）特效组，然后双击 Scribble（乱写）特效。

STEP 05 在 Effects Controls（特效控制）面板中，修改 Scribble（乱写）特效的参数，从 Mask（遮罩）下拉菜单中选择"Mask 1(遮罩 1)"选项，设置 Color(颜色)的值为红色（R:255，G:20，B:20），Angle（角度）的值为 129，Stroke Width(笔触宽度)的值为 1.6，将时间调整到 00:00:01:22 帧的位置，设置 Opacity(透明度)的值为 100%，单击 Opacity（透明度）左侧的码表 🕙 按钮，在当前位置设置关键帧。

STEP 06 将时间调整到 00:00:02:06 帧的位置，设置 Opacity（透明度）的值为 1%，系统会自动设置关键帧，如图 6.165 所示。

图6.164 绘制路径

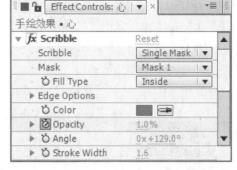

图6.165 设置透明度关键帧

STEP 07 将时间调整到00:00:00:00帧的位置，设置End（结束）的值为0%，单击End（结束）左侧的码表按钮，在当前位置设置关键帧。

STEP 08 将时间调整到 00:00:01:00 帧的位置，设置 End（结束）的值为 100%，系统会自动设置关键帧，如图 6.166 所示，合成窗口效果如图 6.167 所示。

图6.166 设置结束关键帧

图6.167 设置结束后的效果

STEP 09 这样就完成了手绘效果的整体制作，按小键盘上的 0 键，即可在合成窗口中预览动画。完成的动画流程画面如图 6.168 所示。

图6.168 动画流程画面

1.Stroke（描边）

该特效可以沿指定路径或遮罩产生描绘边缘，可以模拟手绘过程。应用该特效的参数设置及应用前后效果如图 6.169 所示。

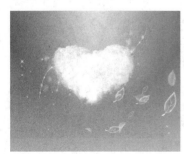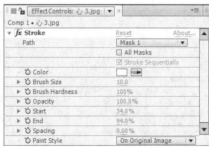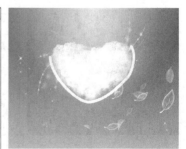

图6.169 描边参数设置及前后效果

2.Vegas（描绘）

该特效类似 Photoshop 软件中的查找边缘，能够将图像的边缘描绘出来，还可以按照遮罩进行描绘，当然，还可以通过指定其他层来描绘当前图像。应用该特效的参数设置及应用前后效果如图 6.170 所示。

 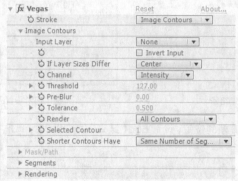 

图6.170 描绘参数设置及前后效果

3.Write-on（书写）

该特效是用画笔在一层中绘画，模拟笔迹和绘制过程，它一般与表达式合用，能表示出精彩的图案效果。应用该特效的参数设置及应用前后效果如图 6.171 所示。

图6.171 书写参数设置及前后效果

Ae 6.8　Matte（蒙版）特效组

Matte（蒙版）特效组利用蒙版特效可以将带有 Alpha 通道的图像进行收缩或描绘的应用。各种特效的应用方法和含义如下。

1.Matte Choker（蒙版抑制）

该特效主要用于对带有 Alpha 通道的图像控制，可以收缩和描绘 Alpha 通道图像的边缘，修改边缘的效果。应用该特效的参数设置及应用前后效果如图 6.172 所示。

 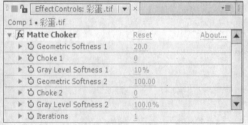 

图6.172 蒙版抑制参数设置及前后效果

2.Simple Choker（简易抑制）

该特效与Matte Choker（蒙版抑制）相似，只能作用于Alpha通道，使用增量缩小或扩大蒙版的边界，以此来创建蒙版效果。应用该特效的参数设置及应用前后效果如图6.173所示。

图6.173 简易抑制参数设置及前后效果

6.9 Noise & Grain（噪波和杂点）特效组

Noise & Grain（噪波和杂点）特效组主要对图像进行了杂点颗粒的添加设置。各种特效的应用方法和含义如下。

1.Add Grain（添加杂点）

该特效可以将一定数量的杂色以随机的方式添加到图像中。应用该特效的参数设置及应用前后效果如图6.174所示。

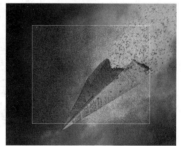

图6.174 添加杂点参数设置及前后效果

2.Dust & Scratches（蒙尘与划痕）

该特效可以为图像制作类似蒙尘和划痕的效果。应用该特效的参数设置及应用前后效果如图6.175所示。

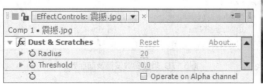

图6.175 蒙尘与划痕参数设置及前后效果

3. Fractal Noise（分形噪波）

该特效可以轻松制作出各种的云雾效果，并可以通过动画预置选项，制作出各种常用的动画画面，其功能相当强大。应用该特效的参数设置及后效果如图 6.176 所示。

图6.176 分形噪波参数设置及效果

4.Match Grain（匹配杂点）

该特效与 Add Grain（添加杂点）很相似，不过该特效可以通过取样其他层的杂点和噪波，添加当前层的杂点效果，并可以进行再次的调整。应用该特效的参数设置及应用前后效果如图 6.177 所示。

图6.177 匹配杂点参数设置及前后效果

5. Median（中间值）

该特效可以通过混合图像像素的亮度来减少图像的杂色，并通过指定的半径值内图像中性的色彩替换其他色彩。此特效在消除或减少图像的动感效果时非常有用。应用该特效的参数设置及应用前后效果如图 6.178 所示。

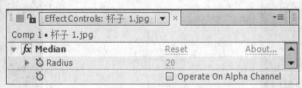

图6.178 中间值参数设置及前后效果

6.Noise（噪波）

该特效可以在图像颜色的基础上，为图像添加噪波杂点。应用该特效的参数设置及应用前后效果如图 6.179 所示。

图6.179 噪波参数设置及前后效果

7.Noise Alpha（噪波 Alpha）

该特效能够在图像的 Alpha 通道中，添加噪波效果。应用该特效的参数设置及应用前后效果如图 6.180 所示。

图6.180 噪波Alpha参数设置及前后效果

8.Noise HLS（噪波 HLS）

该特效可以通过调整色相、亮度和饱和度来设置噪波的产生位置。应用该特效的参数设置及应用前后效果如图 6.181 所示。

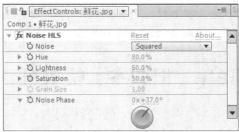

图6.181 噪波HLS参数设置及前后效果

9.Noise HLS Auto（自动噪波 HLS）

该特效与 Noise HLS（噪波 HLS）的应用方法很相似，只是通过参数的设置可以自动生成噪波动画。应用该特效的参数设置及应用前后效果如图 6.182 所示。

图6.182 自动噪波HLS参数设置及前后效果

10.Remove Grain（降噪）

该特效常用于人物的降噪处理，是一个功能相当强大的工具，在降噪方面独树一帜，通过简单的参数修改，或者不修改参数，都可以对带有杂点、噪波的照片美化处理。应用该特效的参数设置及应用前后效果，如图 6.183 所示。

图6.183 降噪参数设置及前后效果

11.Turbulent Noise（扰动噪波）

该特效与 Fractal Noise（分形噪波）的使用方法及参数设置相同，在这里就不再赘述。应用该特效的参数设置及应用前后效果如图 6.184 所示。

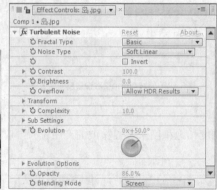

图6.184 扰动噪波参数设置及前后效果

[Ae] 6.10 Obsolete（旧版本）特效组

Obsolete（旧版本）特效组保存之前版本的一些特效。包括 Basic 3D（基础 3D）、Basic Text（基础文字）、Lightning（闪电）和 Path Text（路径文字）几种特效。各种特效的应用方法和含义如下。

1.Basic 3D（基础 3D）

该特效用于在三维空间内变换图像。应用该特效的参数设置及应用前后效果如图 6.185 所示。

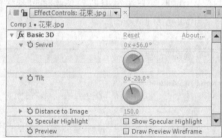

图6.185 基础3D参数及前后效果

2.Basic Text（基础文字）

该特效创建基础文字。应用该特效的参数设置如图 6.186 所示。

图6.186 应用Basic Text（基础文字）的参数

3.Lightnight（闪电）

该特效用于模拟电弧与闪电。应用该特效的参数设置及应用前后效果如图 6.187 所示。

图6.187 应用Lightnight（灯光）的参数

4.Path Text（路径文字）

该特效用于沿着路径描绘文字。应用该特效的参数设置及应用前后效果如图 6.188 所示。

图6.188 应用Path Text（路径文字）的参数

6.11 Perspective（透视）特效组

Perspective（透视）特效组可以为二维素材添加三维效果，主要用于制作各种透视效果。各种特效的应用方法和含义如下。

1.3D Glasses（3D 眼镜）

该特效可以将两个层的图像合并到一个层中，并产生三维效果。应用该特效的参数设置及应用前后效果如图 6.189 所示。

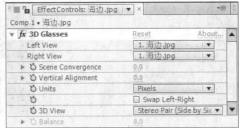

图6.189 3D眼镜参数设置及前后效果

2.Bevel Alpha（Alpha 斜角）

该特效可以使图像中 Alpha 通道边缘产生立体的边界效果。应用该特效的参数设置及应用前后效果如图 6.190 所示。

图6.190 Alpha斜角参数设置及前后效果

3.Bevel Edges（斜边）

该特效可以使图像边缘产生一种立体效果，其边缘产生的位置是由 Alpha 通道来决定。应用该特效的参数设置及应用前后效果如图 6.191 所示。

图6.191 斜边参数设置及前后效果

4.CC Cylinder（CC 圆柱体）

该特效可以使图像呈圆柱体状卷起，使其产生立体效果。应用该特效的参数设置及应用前后效果如图 6.192 所示。

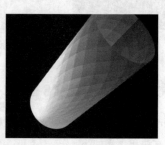

图6.192 CC 圆柱体参数设置及前后效果

5.CC Sphere（CC 球体）

该特效可以使图像呈球体状卷起。应用该特效的参数设置及应用前后效果如图 6.193 所示。

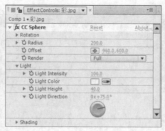

图6.193 CC 球体参数设置及前后效果

6.CC Spotlight（CC 聚光灯）

该特效可以为图像添加聚光灯效果，使其产生逼真的被灯照射的效果。应用该特效的参数设置及应用前后效果如图 6.194 所示。

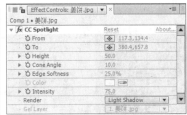

图6.194　CC 聚光灯参数设置及前后效果

7.Drop Shadow（投影）

该特效可以为图像添加阴影效果，一般应用在多层文件中。应用该特效的参数设置及应用前后效果如图 6.195 所示。

图6.195　投影参数设置及前后效果

8.Radial Shadow（径向阴影）

该特效同 Drop Shadow（投影）特效相似，也可以为图像添加阴影效果，但比投影特效在控制上有更多的选择，Radial Shadow（径向阴影）根据模拟的灯光投射阴影，看上去更加符合现实中的灯光阴影效果。应用该特效的参数设置及应用前后效果如图 6.196 所示。

图6.196　应用径向阴影的参数设置及前后效果

6.12　Simulation（模拟仿真）

模拟仿真特效组主要用来模拟制作自然界一些自然现象，比如下雨、下雪、水泡、碎裂、液态、粒子、星爆和散射等仿真效果。各种特效的应用方法和含义如下。

1.Card Dance（卡片舞蹈）

该特效是一个根据指定层的特征分割画面的三维特效，在该特效的 X、Y、Z 轴上调整图像的 Position（位置）、Rotation（旋转）、Scale（缩放）等的参数，可以使画面产生卡片舞蹈的效果。该特效的参数设置及前后效果如图 6.197 所示。

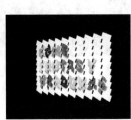

图6.197　卡片舞蹈参数设置及前后效果

2.Caustics（焦散）

该特效可以模拟水中
反射和折射的自然现象。
该特效的参数设置及前后
效果如图6.198所示。

图6.198 应用Caustics（焦散）的前后参数设置

3.CC Ball Action（CC 滚珠操作）

该特效是一个根据不同
图层的颜色变化，使图像产
生彩色的珠子的特效。该特
效的参数设置及前后效果如
图6.199所示。

 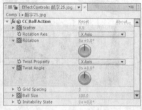 

图6.199 应用CC 滚珠操作的参数设置及前后效果

4.CC Bubbles（CC 吹泡泡）

该特效可以使画面变
形为带有图像颜色信息的
许多泡泡。该特效的参数
设置及前后效果如图6.200
所示。

  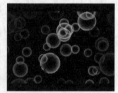

图6.200 应用CC 吹泡泡的参数设置及前后效果

6.12.1 课堂案例——泡泡上升动画

本例主要讲解利用CC Bubbles（CC 吹泡泡）制作泡泡上升动画效果。本例最终的动画流程效果如
图6.201所示。

工程文件	工程文件\第6章\泡泡上升动画
视频	视频\第6章\6.12.1 课堂案例——泡泡上升动画.avi

图6.201 动画流程画面

CC Bubbles（CC 吹泡泡）。

STEP 01 执行菜单栏中的 File（文件）|Open Project（打开项目）命令，选择配套光盘中的"工程文件\第6章\泡泡上升动画\泡泡上升动画练习 .aep"文件，将"泡泡上升动画练习 .aep"文件打开。

STEP 02 执行菜单栏中的 Layer(层)|New(新建)|Solid(固态层)命令，打开 Solid Settings(固态层设置)对话框，设置 Name（名称）为"载体"，Color（颜色）为淡黄色（R:254；G:234；B:193）。

STEP 03 为"载体"层添加 CC Bubbles（CC 吹泡泡）特效。在 Effects & Presets（效果和预置）面板中展开 Simulation（模拟）特效组，然后双击 CC Bubbles（CC 吹泡泡）特效。

STEP 04 这样就完成了泡泡上升动画的整体制作，按小键盘上的 0 键，即可在合成窗口中预览动画。

1.CC Drizzle（CC 细雨滴）

该特效可以使图像产生波纹涟漪的画面效果。该特效的参数设置及前后效果如图 6.202 所示。

图6.202 应用CC 细雨滴的参数设置及前后效果

2.CC Hair（CC 毛发）

该特效可以在图像上产生类似于毛发的物体，通过设置制作出多种效果。该特效的参数设置及前后效果如图 6.203 所示。

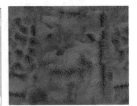

图6.203 CC 毛发的参数设置及前后效果

3.CC Mr. Mercury（CC 水银滴落）

通过对一个图像添加该特效，可以将图像色彩等因素变形为水银滴落的粒子状态。该特效的参数设置及在 3 秒时的前后效果如图 6.204 所示。

图6.204 应用CC 水银滴落的设置及在前后效果

4.CC Particle Systems Ⅱ（CC 粒子仿真系统.Ⅱ）

使用该特效可以产生大量运动的粒子，通过对粒子颜色、形状以及产生方式的设置，制作出需要的运动效果。该特效的参数设置及在 2 秒时的前后效果如图 6.205 所示。

图6.205 参数设置及前后效果

5.CC Particle World（CC 粒子仿真世界）

该特效与 CC Particle Systems Ⅱ（CC 粒子仿真系统 2）特效相似。而不同点是，这个特效是个三维特效，而 CC Particle Systems Ⅱ（CC 粒子仿真系统 2）只是个二维特效，该特效的参数设置及前后效果如图 6.206 所示。

图6.206 应用CC 粒子仿真世界的参数及前后效果

6.CC Pixel Polly（CC 像素多边形）

该特效可以使图像分割，制作出画面碎裂的效果。该特效的参数设置及前后效果如图 6.207 所示。

图6.207 应用CC 像素多边形的设置及前后效果

7.CC RainFall（CC 下雨）

该特效可以模拟真实的下雨效果。该特效的参数设置及前后效果如图 6.208 所示。

图6.208 应用CC 下雨的参数设置及前后效果

6.12.2 课堂案例——下雨效果

本例主要讲解利用 CC Rainfall（CC 下雨）特效制作下雨效果。本例最终的动画流程效果如图 6.209 所示。

工程文件	工程文件\第6章\下雨效果
视频	视频\第6章\6.12.2 课堂案例——下雨效果.avi

图6.209 下雨动画流程效果

CC Rainfall（CC 下雨）特效的使用。

STEP 01 执行菜单栏中的 File（文件）|Open Project（打开项目）命令，选择配套光盘中的"工程文件 \ 第 6 章 \ 下
　　雨效果 \ 下雨效果练习 .aep"文件，将"下雨效果练习 .aep"文件打开。

STEP 02 为"小路"层添加 CC Rainfall（CC 下雨）特效。在 Effects & Presets（效果和预置）面板中展开
　　Simulation（模拟）特效组，然后双击 CC Rainfall（CC 下雨）特效。

STEP 03 在 Effect Controls（特效
　　控制）面板中，修改 CC
　　Rainfall（CC 下雨）特效
　　的参数，设置 Wind（风力）
　　的值为 600，Opacity（不
　　透明度）的值为 80%，如
　　图 6.210 所示，合成窗口
　　效果如图 6.211 所示。

图6.210 设置下雨参数　　　　　　　　　　图6.211 设置下雨后效果

STEP 04 这样就完成了"下雨效果"的整体制作，按小键盘上的 0 键，即可在合成窗口中预览动画。

1.CC Scatterize（CC 散射效果）

　　该特效可以将图像变
为很多的小颗粒，并加以
旋转，使其产生绚丽的效
果。该特效的参数设置及
前后效果如图 6.212 所示。

图6.212 应用CC 散射效果的参数设置及前后效果

2.CC SnowfallFall（CC 下雪）

　　该特效可以模拟自然
界中的下雪效果。该特效
的参数设置及前后效果如
图 6.213 所示。

图6.213 应用CC 下雪的参数设置及前后效果

6.12.3　课堂案例——下雪效果

　　本例主要讲解利用 CC Snowfall（CC 下雪）特效制作下雪动画效果。本例最终的动画流程效果如图
6.214 所示。

工程文件	工程文件\第6章\下雪动画
视频	视频\第6章\6.12.3 课堂案例——下雪效果 .avi

图6.214 动画流程画面

CC Snowfall（CC 下雪）

STEP 01 执行菜单栏中的 File（文件）IOpen Project（打开项目）命令，选择配套光盘中的"工程文件\第6章\下雪动画\下雪动画练习.aep"文件，将"下雪动画练习.aep"文件打开。

STEP 02 为"背景.jpg"层添加 CC Snowfall（CC 下雪）特效。在 Effects & Presets（效果和预置）面板中展开 Simulation（模拟）特效组，然后双击 CC Snowfall（CC 下雪）特效。

STEP 03 在 Effect Controls（特效控制）面板中，修改 CC Snowfall（CC 下雪）特效的参数，设置 Size（大小）的值为 12，Speed（速度）的值为 250，Wind（风力）的值为 80，Opacity（不透明度）的值为 100，如图6.215所示，合成窗口效果如图6.216所示。

STEP 04 这样就完成了下雪效果的整体制作，按小键盘上的 0 键，即可在合成窗口中预览动画。

图6.215 设置下雪参数

图6.216 下雪效果

1.CC Star Burst（CC 星爆）

该特效是一个根据指定层的特征分割画面的三维特效，在该特效的 X、Y、Z 轴上调整图像的 Position（位置）、Rotation（旋转）、Scale（缩放）等的参数，可以使画面产生卡片舞蹈的效果。该特效的参数设置及前后效果如图6.217所示。

图6.217 应用卡片舞蹈的参数设置及前后效果

2.Foam（水泡）

该特效用于模拟水泡、水珠等流动的液体效果。该特效的参数设置及前后效果如图6.218所示。

图6.218 应用水泡的参数设置及前后效果

6.12.4 课堂案例——制作气泡

本例主要讲解利用 Foam（水泡）特效制作气泡效果。本例最终的动画流程效果如图 6.219 所示。

工程文件	工程文件\第6章\气泡
视频	视频\第6章\6.12.4 课堂案例——制作气泡.avi

图6.219 气泡动画流程效果

Foam（水泡）特效的使用。

Fractal Noise（分形噪波）特效的使用。

Levels（色阶）特效的使用。

Displacement Map（置换贴图）特效的使用。

STEP 01 执行菜单栏中的 File（文件）|Open Project（打开项目）命令，选择配套光盘中的"工程文件\第 6 章\气泡\气泡练习 .aep"文件，将"气泡练习 .aep"文件打开。

STEP 02 选择"海底世界"图层，按 Ctrl+D 组合键复制出另一个图层，将该图层重命名为"海底背景"。

STEP 03 为"海底背景"层添加 Foam（水泡）特效。在 Effects & Presets（效果和预置）面板中展开 Simulation（模拟）特效组，然后双击 Foam（水泡）特效。

STEP 04 在 Effect Controls（特效控制）面板中，修改 Foam（水泡）特效的参数，从 View（视图）右侧的下拉菜单中选择 Rendered（渲染）选项，展开 Producer（发射器）选项组，设置 Producer Point（发射器位置）的值为（345.4，580），设置 Producer X Size（发射器 X 轴大小）的值为 0.45；Producer Y Size（发射器 Y 轴大小）的值为 0.45，Producer Rate（发射器速度）的值为 2，如图 6.220 所示。

STEP 05 展开 Bubble（水泡）选项组，设置 Size（大小）的值为 1，Size Variance（大小随机）的值为 0.65，Lifespan（生命）的值为 170，Bubble Growth Speed（水泡生长速度）的值为 0.01，如图 6.221 所示。

图6.220 水泡发射器参数设置　　　　　　　图6.221 调整参数后的效果

STEP 06 展开 Physics（物理属性）选项组，设置 Initial Spend（初始速度）的值为 3.3，Wobble Amount（摆动数量）的值为 0.07，如图 6.222 所示。

STEP 07 展开 Rendering（渲染）选项组，从 Bubble Texture（水泡纹理）右侧的下拉菜单中选择 Water Beads（水珠）选项，设置 Reflection Strength（反射强度）的值为1，Reflection Convergence（反射聚焦）的值为 1，合成效果如图 6.223 所示。

图6.222 物理属性设置

图6.223 调整水泡后的效果

STEP 08 执行菜单栏中的 Composition(合成)| New Composition(新建合成)命令，打开 Composition Settings(合成设置)对话框，设置 Composition Name(合成名称)为 "置换图"，Width(宽)为 "720"，Height(高)为 "576"，Frame Rate（帧率）为 "25"，并设置 Duration（持续时间）为 00:00:20:00 秒，如图 6.224 所示。

STEP 09 执行菜单栏中的 Layer(图层)|New（新建）|Solid（固态层）命令，打开 Solid Settings(固态层设置)对话框，设置 Name（名称）为 "噪波"，Color（颜色）为黑色，如图 6.225 所示。

图6.224 合成设置

图6.225 固态层设置

STEP 10 选中 "噪波" 层添加 Fractal Noise（分形噪波）特效。在 Effects & Presets（效果和预置）面板中展开 Noise &Granin（噪波与杂点）特效组，然后双击 Fractal Noise（分形噪波）特效。

STEP 11 选中 "噪波" 层，按 S 键展开 Scale（缩放）属性，单击 Scale（缩放）左侧的 Constrain Proportions（约束比例）按钮，取消约束，设置 Scale（缩放）数值为（200，209），如图 6.226 所示，合成窗口中的图像效果如图 6.227 所示。

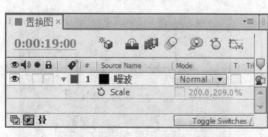

图6.226 缩放设置

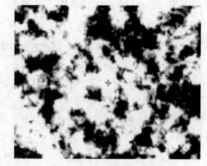

图6.227 缩放设置后的效果

STEP 12 在 Effect Controls（特效控制）面板中，修改 Noise &Grain（噪波与杂点）特效的参数，设置 Contrast（对比度）的值为 448，Brightness（亮度）的值为 22，展开 Transform（转换）选项组，设置 Scale（缩放）的值为 42，如图 6.228 所示，合成窗口如图 6.229 所示。

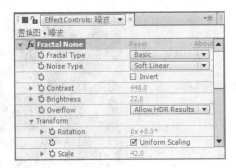

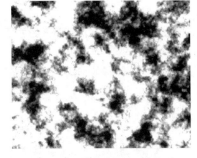

图6.228 参数设置　　　　　　　　　　　图6.229 添加噪波与杂点后的效果

STEP 13 选中"噪波"层添加 Levels（色阶）特效。在 Effects & Presets（效果和预置）面板中展开 Color Correction（色彩校正）特效组，然后双击 Levels（色阶）特效。

STEP 14 在 Effect Controls（特效控制）面板中，修改 Levels（色阶）特效的参数，设置 Input Black（输入黑色）的值为 95，Gamma（伽马）的值为 0.28，如图 6.230 所示，合成窗口效果如图 6.231 所示。

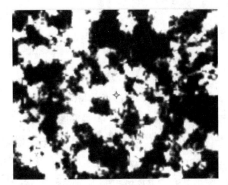

图6.230 参数设置　　　　　　　　　　　图6.231 添加色阶后的效果

STEP 15 选中"噪波"层，按 P 键展开 Position（位置）属性，将时间调整到 00:00:00:00 帧的位置，设置 Position（位置）数值为（2，288），单击 Position（位置）左侧的码表按钮，在当前位置设置关键帧。

STEP 16 将时间调整到 00:00:19:00 帧的位置，设置 Position（位置）的数值为（718，288），系统会自动设置关键帧，参数设置如图 6.232 所示。

STEP 17 执行菜单栏中的 Layer(图层)|New（新建）|Adjustment Layer（调节层）命令，该图层会自动创建到"置换图"合成的时间线面板中。

STEP 18 选中"Adjustment Layer 1"层，在工具栏中选择 Rectangle Tool（矩形工具）绘制一个矩形，如图 6.233 所示。按 F 键展开 Mask Feather（遮罩羽化）属性，设置 Mask Feather（遮罩羽化）数值为（15，15）。

图6.232 位置19秒参数设置　　　　　　　图6.233 遮罩效果

STEP 19 在时间线面板中，设置"噪波"层的 Track Matte（轨道蒙版）为"Alpha Matte 'Adjustment Layter1'"，如图 6.234 所示，合成窗口如图 6.235 所示。

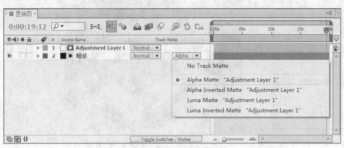
图6.234 设置轨道蒙版

图6.235 设置蒙版后的效果

STEP 20 打开"气泡"合成,在 Project(项目)面板中,选择"置换图"合成,将其拖动到"气泡"合成的时间线面板中,如图 6.236 所示。

图6.236 图层设置

STEP 21 选中"海底世界.jpg"层。在 Effects & Presets(效果和预置)面板中展开 Distort(扭曲)特效组,然后双击 Displacement Map(置换贴图)特效。

STEP 22 在 Effect Controls(特效控制)面板中,修改 Displacement Map(置换贴图)特效的参数,从 Displacement Map Layer(置换层)右侧的下拉菜单中选择置换图,如图 6.237 所示。合成窗口效果如图 6.238 所示。

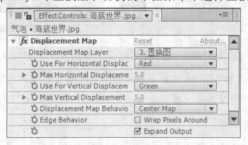
图6.237 参数设置

图6.238 修改换贴图参数后的效果

STEP 23 这样就完成了"气泡"的整体制作,按小键盘上的 0 键,即可在合成窗口中预览动画。

1.Particle Playground(粒子运动场)

使用该特效可以产生大量相似物体独立运动的画面效果,并且它还是一个功能强大的粒子动画特效。该特效的参数设置及效果如图 6.239 所示。

图6.239 应用的参数设置及效果

2.Shatter（碎片）

该特效可以使图像产生爆炸分散的碎片。该特效的参数设置及前后效果如图6.240所示。

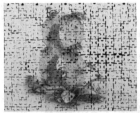

图6.240 应用Shatter（碎片）的参数设置及前后效果

Ae 6.13 Stylize（风格化）特效组

Stylize（风格化）特效组主要模仿各种绘画技巧，使图像产生丰富的视觉效果，各种特效的应用方法和含义如下。

1.Brush Strokes（画笔描边）

该特效对图像应用画笔描边效果，使图像产生一种类似画笔绘制的效果。应用该特效的参数设置及应用前后效果如图6.241所示。

图6.241 画笔描边参数设置及前后效果

2.Cartoon（卡通）

该特效通过填充图像中的物体，从而产生卡通效果。应用该特效的参数设置及应用前后效果如图6.242所示。

图6.242 卡通参数设置及前后效果

3.CC Burn Film（CC 燃烧效果）

该特效可以模拟火焰燃烧时边缘变化的效果，从而使图像消失。应用该特效的参数设置及应用前后效果如图6.243所示。

图6.243 CC 燃烧效果参数设置及前后效果

4.CC Glass（CC 玻璃）

该特效通过查找图像中物体的轮廓，从而产生玻璃凸起的效果。应用该特效的参数设置及应用前后效果如图 6.244 所示。

图6.244 CC 玻璃参数设置及前后效果

5.CC Kaleida（CC 万花筒）

该特效可以将图像进行不同角度的变换，使画面产生各种不同的图案。应用该特效的参数设置及应用前后效果如图 6.245 所示。

图6.245 CC 万花筒参数设置及前后效果

6.CC Mr.Smoothie（CC 平滑）

该特效应用通道来设置图案变化，通过相位的调整来改变图像效果。该特效的参数设置及前后效果如图 6.246 所示。

图6.246 CC 平滑参数设置及前后效果

7.CC RepeTile（边缘拼贴）

该特效可以将图像的边缘进行水平和垂直的拼贴，产生类似于边框的效果。应用该特效的参数设置及应用前后效果如图 6.247 所示。

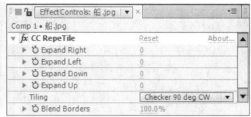

图6.247 边缘拼贴参数设置及前后效果

8.CC Threshold（CC 阈值）

该特效可以将图像转换成高对比度的黑白图像效果，并通过级别的调整来设置黑白所占的比例。应用该特效的参数设置及应用前后效果如图 6.248 所示。

图6.248 CC 阈值参数设置及前后效果

9.CC Threshold RGB（CC 阈值 RGB）

该特效只对图像的 RGB 通道进行运算填充。应用该特效的参数设置及应用前后效果如图 6.249 所示。

图6.249 CC 阈值 RGB参数设置及前后效果

10.Color Emboss（彩色浮雕）

该特效通过锐化图像中物体的轮廓，从而产生彩色的浮雕效果。应用该特效的参数设置及应用前后效果如图 6.250 所示。

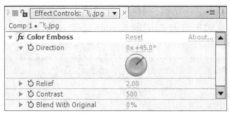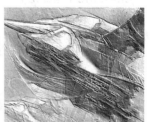

图6.250 彩色浮雕参数设置及前后效果

11.Emboss（浮雕）

该特效与 Color Emboss（彩色浮雕）的效果相似，只是产生的图像浮雕为灰色，没有丰富的彩色效果。应用该特效的参数设置及应用前后效果如图 6.251 所示。

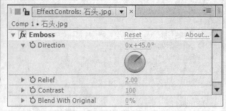

图6.251 浮雕参数设置及前后效果

12.Find Edges（查找边缘）

该特效可以对图像的边缘进行勾勒，从而使图像产生类似素描或底片效果。应用该特效的参数设置及应用前后效果如图 6.252 所示。

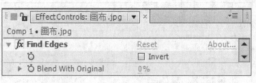

图6.252 查找边缘参数设置及前后效果

13.Glow（发光）

该特效可以寻找图像中亮度比较大的区域，然后对其周围的像素进行加亮处理，从而产生发光效果。应用该特效的参数设置及应用前后效果如图 6.253 所示。

图6.253 发光参数设置及前后效果

14.Mosaic（马赛克）

该特效可以将画面分成若干的网格，每一格都用本格内所有颜色的平均色进行填充，使画面产生分块式的马赛克效果。应用该特效的参数设置及应用前后效果如图 6.254 所示。

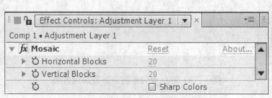

图6.254 马赛克参数设置及前后效果

15.Motion Tile（运动拼贴）

该特效可以将图像进行水平和垂直的拼贴，产生类似在墙上贴瓷砖的效果。应用该特效的参数设置及应用前后效果如图 6.255 所示。

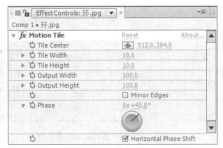
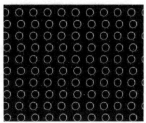

图6.255 运动拼贴参数设置及前后效果

16.Posterize（色彩分离）

该特效可以将图像中的颜色信息减小，产生颜色的分离效果，可以模拟手绘效果。应用该特效的参数设置及应用前后效果如图 6.256 所示。

图6.256 色彩分离参数设置及前后效果

17.Roughen Edges（粗糙边缘）

该特效可以将图像的边缘粗糙化，制作出一种粗糙效果。应用该特效的参数设置及应用前后效果如图 6.257 所示。

图6.257 粗糙边缘参数设置及前后效果

18.Scatter（扩散）

该特效可以将图像分离成颗粒状，产生分散效果。应用该特效的参数设置及应用前后效果如图 6.258 所示。

图6.258 扩散参数设置及前后效果

19.Strobe Light（闪光灯）

该特效可以模拟相机的闪光灯效果，使图像自动产生闪光动画效果，这在视频编辑中非常常用。应用该特效的参数设置及应用前后效果如图 6.259 所示。

 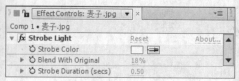 

图6.259 闪光灯参数设置及前后效果

20.Texturize（纹理）

该特效可以在一个素材上显示另一个素材的纹理。应用时将两个素材放在不同的层上，两个相邻层的素材必须在时间上有重合的部分，在重合的部分就会产生纹理效果。应用该特效的参数设置及应用前后效果如图 6.260 所示。

图6.260 纹理参数设置及前后效果

21.Threshold（阈值）

该特效可以将图像转换成高对比度的黑白图像效果，并通过级别的调整来设置黑白所占的比例。应用该特效的参数设置及应用前后效果如图 6.261 所示。

 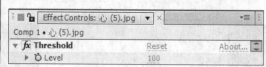

图6.261 阈值参数设置及前后效果

Ae 6.14 Text（文字）特效组

Text（文字）特效组主要是辅助文字工具来添加更多更精彩的文字特效。各种特效的应用方法和含义如下。

1.Numbers（数字效果）

该特效可以生成多种格式的随机或顺序数，可以编辑时间码、十六进制数字、当前日期等，并且可以随时间变动刷新，或者随机乱序刷新。应用该特效的参数设置及应用前后效果如图 6.262 所示。

 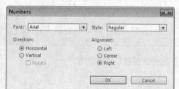  

图6.262 数字效果参数设置及前后效果

2.Timecode（时间码）

该特效可以在当前层上生成一个显示时间的码表效果，以动画形式显示当前播放动画的时间长度。应用该特效的参数设置及应用前后效果如图 6.263 所示。

图6.263 时间码参数设置及前后效果

6.15 Time（时间）特效组

Time（时间）特效组主要用来控制素材的时间特性，并以素材的时间作为基准。各种特效的应用方法和含义如下。

1.CC Force Motion Blur（CC 强力运动模糊）

该特效可以使运动的物体产生模糊效果。应用该特效的参数设置以及前后效果如图 6.264 所示。

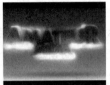

图6.264 CC 强力运动模糊参数设置及前后效果

2.CC Time Blend（CC 时间混合）

该特效可以通过转换模式的变化，产生不同的混合现象。应用该特效的参数设置以及前后效果如图6.265 所示。

图6.265 CC 时间混合参数设置及前后效果

3.CC Time Blend FX（CC 时间混合 FX）

该特效与 CC Time Blend（CC 时间混合）特效的使用方法相同，只是需要在 Instence 右侧的下拉菜单中选择 Paste 选项，各项参数才可使用。应用该特效的参数设置及应用前后效果如图 6.266 所示。

图6.266 CC 时间混合 FX参数设置及前后效果

4.CC Wide Time（CC 时间工具）

该特效可以设置图像前方与后方的重复数量，使其产生连续的重复效果，该特效只对运动的素材起作用。应用该特效的参数设置及应用前后效果如图 6.267 所示。

图6.267 CC 时间工具参数设置及前后效果

5.Echo（拖尾）

该特效可以将图像中不同时间的多个帧组合起来同时播放，产生重复效果，该特效只对运动的素材起作用。应用该特效的参数设置及应用前后效果如图 6.268 所示。

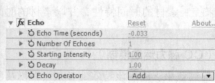

图6.268 应用拖尾的前后效果及参数设置

6.Posterize Time（多色调分色时期）

该特效是将素材锁定到一个指定的帧率，从而产生跳帧播放的效果。应用该特效的参数设置及应用前后效果如图 6.269 所示。

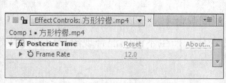

图6.269 多色调分色时期参数设置及前后效果

7.Time Difference（时间差异）

通过特效层与指定层之间像素的差异比较，而产生该特效效果。应用该特效的参数设置及应用前后效果如图 6.270 所示。

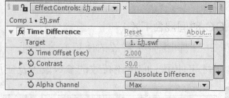

图6.270 时间差异参数设置及前后效果

8.Time Displacement（时间置换）

该特效可以在特效层上，通过其他层图像的时间帧转换图像像素使图像变形，产生特效。可以在同一画面中反映出运动的全过程。应用的时候要设置映射图层，然后基于图像的亮度值，将图像上明亮的区域替换为几秒钟以后该点的像素。应用该特效的参数设置及应用前后效果如图 6.271 所示。

图6.271 时间置换参数设置及前后效果

Ae 6.16 Transition（切换）特效组

Transition（切换）特效组主要用来制作图像间的过渡效果。各种特效的应用方法和含义如下。

1.Block Dissolve（块状溶解）

该特效可以使图像间产生块状溶解的效果。应用该特效的参数设置及应用前后效果如图 6.272 所示。

图6.272 块状溶解参数设置及前后效果

2.Card Wipe（卡片擦除）

该特效可以将图像分解成很多的小卡片，以卡片的形状来显示擦除图像效果。应用该特效的参数设置及应用前后效果如图 6.273 所示。

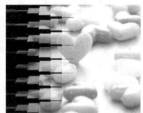

图6.273 卡片擦除参数设置及前后效果

3.CC Glass Wipe（CC 玻璃擦除）

该特效可以使图像产生类似玻璃效果的扭曲现象。应用该特效的参数设置及应用前后效果如图 6.274 所示。

图6.274 CC 玻璃擦除参数设置及前后效果

6.16.1 课堂案例——利用CC玻璃擦除特效制作转场动画

本例主要讲解利用 CC Glass Wipe（CC 玻璃擦除）特效制作转场动画效果，完成的动画流程画面如图 6.275 所示。

工程文件	工程文件\第6章\转场动画
视频	视频\第6章\6.16.1 课堂案例——利用CC玻璃擦除特效制作转场动画.avi

CC Glass Wipe（CC 玻璃擦除）。

图6.275 动画流程画面

STEP 01 执行菜单栏中的 File（文件）IOpen Project（打开项目）命令，选择配套光盘中的"工程文件\第 6 章\转场动画\转场动画练习 .aep"文件，将"转场动画练习 .aep"文件打开。

STEP 02 选择"图 1.jpg"层。在 Effects & Presets（效果和预置）面板中展开 Transition（切换）特效组，然后双击 CC Glass Wipe（CC 玻璃擦除）特效。

STEP 03 在 Effect Controls（特效控制）面板中，修改 CC Glass Wipe（CC 玻璃擦除）特效的参数，从 Layer to Reveal（显示层）下拉菜单中选择"图 2"选项，从 Gradient Layer（渐变层）下拉菜单中选择"图 1"选项，设置 Softness（柔化）的值为 23，Displacement Amount（置换值）的值为 13；将时间调整到 00:00:00:00 帧的位置，设置 Completion（完成度）的值为 0%，单击 Completion（完成度）左侧的码表按钮，在当前位置设置关键帧。

STEP 04 将时间调整到 00:00:01:13 帧的位置，设置 Completion（完成度）的值为 100%，系统会自动设置关键帧，如图 6.276 所示，合成窗口效果如图 6.277 所示。

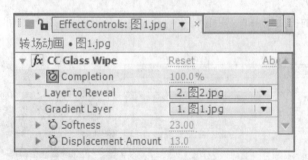

图6.276 设置CC玻璃擦除参数

图6.277 设置CC玻璃擦除参数后效果

STEP 05 这样就完成了转场动画的整体制作，按小键盘上的 0 键，即可在合成窗口中预览动画。

1.CC Grid Wipe（CC 网格擦除）

该特效可以将图像分解成很多的小网格，以网格的形状来显示擦除图像效果。应用该特效的参数设置及应用前后效果如图 6.278 所示。

图6.278 CC 网格擦除参数设置及前后效果

2.CC Image Wipe（CC 图像擦除）

该特效是通过特效层与指定层之间像素的差异比较，而产生以指定层的图像产生擦除的效果。应用该特效的参数设置及应用前后效果如图 6.279 所示。

图6.279 CC 图像擦除参数设置及前后效果

3.CC Jaws（CC 锯齿）

该特效可以以锯齿形状将图像一分为二进行切换，产生锯齿擦除的图像效果。应用该特效的参数设置及应用前后效果如图 6.280 所示。

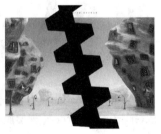

图6.280 CC 锯齿参数设置及前后效果

4 .CC Light Wipe（CC 发光过渡）

该特效运用圆形的发光效果对图像进行擦除。应用该特效的参数设置及应用前后效果如图 6.281 所示。

图6.281 CC 发光过渡参数设置及前后效果

5.CC Radial Scale Wipe（CC 放射状缩放擦除）

该特效可以使图像产生旋转缩放擦除效果。应用该特效的参数设置及应用前后效果如图 6.282 所示。

图6.282 CC 放射状缩放擦除参数设置及前后效果

6.CC Scale Wipe（CC 缩放擦除）

该特效通过调节拉伸中心点的位置以及拉伸的方向，使其产生拉伸的效果。应用该特效的参数设置及应用前后效果如图 6.283 所示。

图6.283 CC 缩放擦除参数设置及前后效果

7.CC Twister（CC 扭曲）

该特效可以使图像产生扭曲的效果，应用 Backside（背面）选项，可以将图像进行扭曲翻转，从而显示出选择图层的图像。应用该特效的参数设置及应用前后效果如图 6.284 所示。

图6.284 CC 扭曲参数设置及前后效果

8.Gradient Wipe（梯度擦除）

该特效可以使图像间产生梯度擦除的效果。应用该特效的参数设置及应用前后效果如图 6.285 所示。

图6.285 梯度擦除参数设置及前后效果

9.Iris Wipe（形状擦除）

该特效可以产生多种形状从小到大擦除图像的效果。应用该特效的参数设置及应用前后效果如图 6.286 所示。

图6.286 形状擦除参数设置及前后效果

10.Linear Wipe（线性擦除）

该特效可以以一条直线为界线进行切换，产生线性擦除的效果。应用该特效的参数设置及应用前后效果如图 6.287 所示。

图6.287 线性擦除参数设置及前后效果

11.Radial Wipe（径向擦除）

该特效可以模拟表针旋转擦除的效果。应用该特效的参数设置及应用前后效果如图 6.288 所示。

图6.288 径向擦除参数设置及前后效果

6.16.2 课堂案例——利用径向擦除制作笔触擦除动画

本例主要讲解利用 Radial Wipe（径向擦除）特效制作笔触擦除动画效果，完成的动画流程画面如图 6.289 所示。

工程文件	工程文件\第6章\笔触擦除动画
视频	视频\第6章\6.16.2 课堂案例——利用径向擦除制作笔触擦除动画.avi

图6.289 动画流程画面

Radial Wipe（径向擦除）。

STEP 01 执行菜单栏中的 File（文件）|Open Project（打开项目）命令，选择配套光盘中的"工程文件\第6章\笔触擦除动画\笔触擦除动画练习.aep"文件，将"笔触擦除动画练习.aep"文件打开。

STEP 02 选择"笔触.tga"层，在 Effects & Presets（效果和预置）面板中展开 Transition（切换）特效组，然后双击 Radial Wipe（径向擦除）特效。

STEP 03 在 Effect Controls（特效控制）面板中，修改 Radial Wipe（径向擦除）特效的参数，从 Wipe（擦除）下拉菜单中选择 Counterclockwise（逆时针）选项，Feather（羽化）的值为50；将时间调整到 00:00:00:00 帧的位置，设置 Transition Completion（完成过渡）的值为100%，单击 Transition Completion（完成过渡）左侧的码表 按钮，在当前位置设置关键帧。

STEP 04 将时间调整到 00:00:01:15 帧的位置，设置 Transition Completion（完成过渡）的值为0%，系统会自动设置关键帧，如图6.290所示，合成窗口效果如图6.291所示。

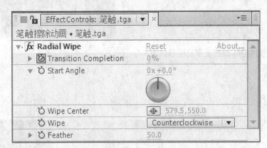

图6.290 设置径向擦除参数

图6.291 设置径向擦除后效果

STEP 05 这样就完成了笔触擦除动画的整体制作，按小键盘上的0键，即可在合成窗口中预览动画。

Venetian Blinds（百叶窗）

该特效可以使图像间产生百叶窗过渡的效果。应用该特效的参数设置及应用前后效果如图6.292所示。

图6.292 百叶窗参数设置及前后效果

Ae 6.17 Utility（实用）特效组

Utility（实用）特效组主要调整素材颜色的输出和输入设置。各种特效的应用方法和含义如下。

1.Cineon Converter（转换 Cineon）

该特效主要应用于标准线性到曲线对称的转换。应用该特效的参数设置及应用前后效果如图6.293所示。

图6.293　转换Cineon参数设置及前后效果

2.Color Profile Converter（色彩轮廓转换）

该特效可以通过色彩通道设置，对图像输出、输入的描绘轮廓进行转换。应用该特效的参数设置及应用前后效果如图 6.294 所示。

图6.294　色彩轮廓转换参数设置及前后效果

3.Grow Boundss（范围增长）

该特效可以通过增长像素范围来解决其他特效显示的一些问题。例如文字层添加 Drop Shadow 特效后，当文字层移出合成窗口外面时，阴影也会被遮挡。这时就需要 Grow Bounds（范围增长）特效来解决，需要注意的是 Grow Bounds（增长范围）特效须在文字层添加 Drop Shadow 特效前添加。应用该特效的参数设置及应用前后效果如图 6.295 所示。

图6.295　范围增长参数设置及前后效果

4.HDR Compander（HDR 压缩扩展器）

该特效使用压缩级别和扩展级别来调节图像。应用该特效的参数设置及应用前后效果如图 6.296 所示。

图6.296　HDR压缩扩展器参数设置及前后效果

5.HDR Highlight Compression（HDR 高光压缩）

该特效可以将图像的高动态范围内的高光数据压缩到低动态范围内的图像。应用该特效的参数设置及应用前后效果如图 6.297 所示。

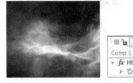  

图6.297　HDR高光压缩参数设置及前后效果

第**7**章

动画的渲染与输出

在影视动画的制作过程中，渲染是经常要用到的。一部制作完成的动画，要按照需要的格式渲染输出，制作成电影成品。渲染及输出的时间长度与影片的长度、内容的复杂、画面的大小等方面有关，不同的影片输出有时需要的时间相差很大。本章讲解影片的渲染和输出的相关设置。

本章知识提要

❀ 了解视频压缩的类别和方式

❀ 了解常见图像格式和音频格式的含义

❀ 学习渲染队列窗口的参数含义及使用

❀ 学习渲染模版和输出模块的创建

❀ 掌握常见动画及图像格式的输出

Ae 7.1　数字视频压缩

视频压缩是视频输出工作中不可缺少的一部分，由于计算机硬件和网络传输速率的限制，在存储或传输视频时会出现文件过大的情况，为了避免这种情况，在输出文件的时候就会选择合适的方式对文件进行压缩，这样才能很好地解决传输和存储时出现的问题。

7.1.1　压缩的类别

压缩就是将视频文件的数据信息通过特殊的方式进行重组或删除，来达到减小文件大小的过程。压缩可以分为以下几种。

● 软件压缩：通过电脑安装的压缩软件来压缩，这是使用较为普遍的一种压缩方式。

● 硬件压缩：通过安装一些配套的硬件压缩卡来完成，它具有比软件压缩更高的效率，但成本较高。

● 有损压缩：在压缩的过程中，为了达到更小的空间，将素材进行了压缩，丢失一部分数据或是画面色彩，达到压缩的目的，这种压缩可以使文件被压缩得更小，但会牺牲更多的文件信息。

● 无损压缩：与有损压缩相反，在压缩过程中，不会丢失数据，但一般压缩的程度较小。

7.1.2　压缩的方式

压缩不是单纯地为了减少文件的大小，而是要在保证画面清晰的同时来达到压缩的目的，不能只管压缩而不计损失，要根据文件的类别来选择合适的压缩方式，这样才能更好地达到压缩的目的，常用的视频和音频压缩方式有以下几种。

● Microsoft Video 1

这种针对模拟视频信号进行压缩，是一种有损压缩方式。支持 8 位或 16 位的影像深度，适用于 Windows 平台。

● Intelndeo（R）Video R3.2

这种方式适合制作在 CD-ROM 中播放的 24 位的数字电影，和 Microsoft Video 1 相比，它能得到更高的压缩比和质量以及更快的回放速度。

● DivX MPEG-4(Fast-Motion) 和 DivX MPEG-4(Low-Motion)

这两种压缩方式是 Premiere Pro 增加的算法，它们压缩基于 DivX 播放的视频文件。

● Cinepak Codec by Radius

这种压缩方式可以压缩彩色或黑白图像。适合压缩 24 位的视频信号，制作用于 CD-ROM 播放或网上发布的文件。和其他压缩方式相比，利用它可以获得更高的压缩比和更快的回放速度，但压缩速度较慢，而且只适用于 Windows 平台。

● Microsoft RLE

这种方式适合压缩具有大面积色块的影像素材，例如，动画或计算机合成图像等。它使用 RLE(Spatial 8-bit run-length encoding) 方式进行压缩，是一种无损压缩方案。适用于 Windows 平台。

● Intel Indeo5.10

这种方式适合于所有基于 MMX 技术或 Pentium II 以上处理器的计算机。它具有快速的压缩选项，并可以灵活设置关键帧，具有很好的回访效果，适用于 Windows 平台，作品适于网上发布。

● MPEG

在非线性编辑中最常用的是 MJPEG 算法，即 Motion JPEG。它将视频信号 50 场 / 秒 (PAL 制式) 变为 25 帧 / 秒，然后按照 25 帧 / 秒的速度使用 JPEG 算法对每一帧压缩。通常压缩倍数在 3.5~5 倍时可以达到 Betacam 的图像质量。MPEG 算法是适用于动态视频的压缩算法，它除了对单幅图像进行编码外，还利用图像序列中的相关原则，将冗余去掉，这样可以大大提高视频的压缩比。 目前 MPEG-I 用于 VCD 节目中， MPEG-II 用于 VOD、DVD 节目中。

其他还有较多方式，例如，Planar RGB、Cinepak、Graphics、 Motion JPEG A 和 Motion JPEG B、DV NTSC 和 DV PAL、 Sorenson、Photo-JPEG、 H.263 、Animation、 None 等。

Ae 7.2 图像格式

图像格式是指计算机表示、存储图像信息的格式。常用的格式有十多种。同一幅图像可以使用不同的格式来存储，不同的格式之间所包含的图像信息并不完全相同，文件大小也有很大的差别。用户在使用时可以根据自己的需要选用适当的格式。Premiere Pro 2.0 支持许多文件格式，下面是常见的几种。

7.2.1 静态图像格式

1. PSD 格式

这是著名的 Adobe 公司的图像处理软件 Photoshop 的专用格式 Photoshop Document (PSD)。PSD 其实是 Photoshop 进行平面设计的一张"草稿图"，它里面包含有图层、通道、遮罩等多种设计的样稿，以便于下次打开时可以修改上一次的设计。在 Photoshop 支持的各种图像格式中，PSD 的存取速度比其他格式快很多，功能也很强大。由于 Photoshop 越来越广泛地被应用，所以这种格式也会逐步流行起来。

2. BMP 格式

它是标准的 Windows 及 OS|2 的图像文件格式，是英文 Bitmap (位图) 的缩写，Microsoft 的 BMP 格式是专门为"画笔"和"画图"程序建立的。这种格式支持 1~24 位颜色深度，使用的颜色模式有 RGB、索引颜色、灰度和位图等，且与设备无关。但因为这种格式的特点是包含图像信息较丰富，几乎不对图像进行压缩，所以导致了它与生俱来的缺点：占用磁盘空间过大。正因为如此，目前 BMP 在单机上比较流行。

3. GIF 格式

这种格式是由 CompuServe 提供的一种图像格式。由于 GIF 格式可以使用 LZW 方式进行压缩，所以它被广泛用于通信领域和 HTML 网页文档中。不过，这种格式只支持 8 位图像文件。当选用该格式保存文件时，会自动转换成索引颜色模式。

4. JPEG 格式

JPEG 是一种带压缩的文件格式，其压缩率是目前各种图像文件格式中最高的。但是，JPEG 在压缩时存在一定程度的失真，因此，在制作印刷制品的时候最好不要用这种格式。JPEG 格式支持 RGB、CMYK 和灰度颜色模式，但不支持 Alpha 通道。它主要用于图像预览和制作 HTML 网页。

5. TIFF

TIFF 是 Aldus 公司专门为苹果电脑设计的一种图像文件格式，可以跨平台操作。TIFF 格式的出现是为了便于应用软件之间进行图像数据的交换，其全名是"Tagged 图像 文件 格式"（标志图像文件格式）。TIFF 文件格式的应用非常广泛，可以在许多图像软件之间转换。TIFF 格式支持 RGB、CMYK、Lab、Indexed- 颜色、位图模式和灰度的色彩模式，并且在 RGB、CMYK 和灰度三种色彩模式中还支持使用 Alpha 通道。TIFF 格式独立于操作系统和文件，它对 PC 机和 Mac 机一视同仁，大多数扫描仪都输出 TIFF 格式的图像文件。

6. PCX

PCX 文件格式是由 Zsoft 公司在 20 世纪 80 年代初期设计的，当时专用于存储该公司开发的 PC Paintbrush 绘图软件所生成的图像画面数据，后来成为 MS – DOS 平台下常用的格式。在 DOS 系统时代，这一平台下的绘图、排版软件都用 PCX 格式。进入 Windows 操作系统后，它已经成为 PC 机上较为流行的图像文件格式。

7.2.2　视频格式

1. AVI 格式

它是 Video for Windows 的视频文件的存储格式，它播放的视频文件的分辨率不高，帧频率小于 25 帧 / 秒（PAL 制）或者 30 帧 / 秒（NTSC）。

2. MOV

MOV 原来是苹果公司开发的专用视频格式，后来移植到 PC 机上使用。和 AVI 一样属于网络上的视频格式之一，在 PC 机上没有 AVI 普及，因为播放它需要专门的软件 QuickTime。

3. RM

它属于网络实时播放软件，其压缩比较大，视频和声音都可以压缩进 RM 文件里，并可用 RealPlay 播放。

4. MPG

它是压缩视频的基本格式，如 VCD 碟片，其压缩方法是将视频信号分段取样，然后忽略相邻各帧不变的画面，而只记录变化了的内容，因此其压缩比很大。这可以从 VCD 和 CD 的容量看出来。

5. DV 文件

Premiere Pro 支持 DV 格式的视频文件。

7.2.3　音频的格式

1. MP3 格式

MP3 是现在非常流行的音频格式之一。它是将 WAV 文件以 MPEG2 的多媒体标准进行压缩，压缩后的体积只有原来的 1/10 甚至 1/15，而音质能基本保持不变。

2. WAV 格式

它是 Windows 记录声音所用的文件格式。

3. MP4 格式

它是在 MP3 基础上发展起来的，其压缩比高于 MP3。

4. MID 格式

这种文件又叫 MIDI 文件，它们的体积都很小，一首十多分钟的音乐只有几十 KB。

5. RA 格式

它的压缩比大于 MP3，而且音质较好，可用 RealPlay 播放 RA 文件。

Ae 7.3　渲染工作区的设置

制作完成一部影片，最终需要将其渲染，而有些渲染的影片并不一定是整个工作区的影片，有时只需要渲染出其中的一部分，这就需要设置渲染工作区。

渲染工作区位于时间线面板中，由 Work Area Start（开始工作区）和 Work Area End（结束工作区）两点控制渲染区域，如图 7.1 所示。

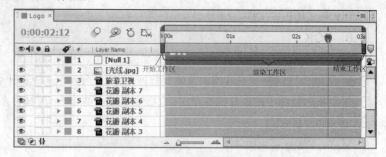

图7.1 渲染区域

7.3.1 手动调整渲染工作区

手动调整渲染工作区的操作方法很简单，只需要将开始和结束工作区的位置进行调整，就可以改变渲染工作区，具体操作如下。

STEP 01 在时间线面板中，将鼠标放在 Work Area Start（开始工作区）位置，当光标变成 ↔ 双箭头时按住鼠标左键向左或向右拖动，即可修改开始工作区的位置，操作方法如图 7.2 所示。

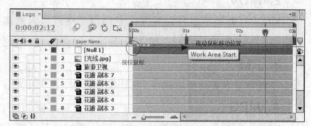

图7.2 调整开始工作区

STEP 02 同样的方法，将鼠标放在 Work Area End（结束工作区）位置，当光标变成 ↔ 双箭头时按住鼠标左键向左或向右拖动，即可修改结束工作区的位置，如图 7.3 所示。调整完成后，渲染工作区即被修改，这样在渲染时，就可以通过设置渲染工作区来渲染工作区内的动画。

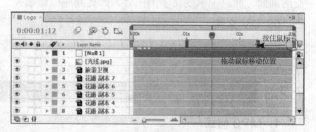

图7.3 调整结束工作区

专家提醒

在手动调整开始和结束工作区时，要想精确地控制开始或结束工作区的时间帧位置，可以先将时间设置到需要的位置，即将时间滑块调整到相应的位置，然后在按住 Shift 键的同时拖动开始或结束工作区，可以以吸附的形式将其调整到时间滑块位置。

7.3.2 利用快捷键调整渲染工作区

除了前面讲过的利用手动调整渲染工作区的方法，还可以利用快捷键来调整渲染工具区，具体操作如下。

STEP 01 在时间线面板中，拖动时间滑块到需要的时间位置，确定开始工作区时间位置，然后按 B 键，即可将开始工作区调整到当前位置。

STEP 02 在时间线面板中，拖动时间滑块到需要的时间位置，确定结束工作区时间位置，然后按 N 键，即可将结束工作区调整到当前位置。

专家提醒

在利用快捷键调整工作区时，要想精确地控制开始或结束工作区的时间帧位置，可以在时间编码位置单击，或按 Alt + Shift + J 组合键，打开 Go to Time 对话框，在该对话框中输入相应的时间帧位置，然后再使用快捷键。

Ae 7.4 渲染队列窗口的启用

要进行影片的渲染，首先要启动渲染队列窗口，启动后的 Render Queue（渲染队列）窗口，如图 7.4 所示。可以通过两种方法来快速启动渲染队列窗口。

● 方法 1：选择某个合成文件，然后执行菜单栏中的 File（文件）|Export（输出）| Add to Render Queue（添加到渲染队列）命令，打开 Render Queue（渲染队列）窗口，设置好相关的参数后渲染输出即可。

技巧

按 Ctrl + M 组合键，可以快速执行 Add to Render Queue（添加到渲染队列）命令。

● 方法 2：选择某个合成文件，然后执行菜单栏中的 Composition（合成）| Add To Render Queue（添加到渲染队列）命令，或按 Ctrl + M 组合键，即可启动渲染队列窗口。

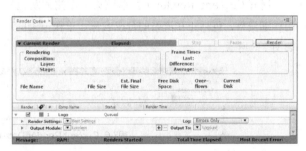

图7.4 Render Queue（渲染队列）窗口

Ae 7.5 渲染队列窗口参数详解

在 After Effects CS6 软件中，渲染影片主要应用渲染队列窗口，它是渲染输出的重要部分，通过它可以全面地进行渲染设置。

渲染队列窗口可大致分为 3 个部分，包括 Current Render（当前渲染）、渲染组和 All Renders（所有渲染）。下面将详细讲述渲染队列窗口的参数含义。

7.5.1 Current Render（当前渲染）

All Renders（所有渲染）区显示了当前渲染的影片信息，包括队列的数量、内存使用量、渲染的时间和日志文件的位置等信息，如图 7.5 所示。

图7.5 Current Render（当前渲染）区

Current Render（当前渲染）区参数含义如下。

● Rendering "Logo"：显示当前渲染的影片名称。

● Elapsed（用时）：显示渲染影片已经使用的时间。

● Est.Remain（估计剩余时间）：显示渲染整个影片估计使用的时间长度。

● 0:00:00:00（1）：该时间码"0:00:00:00"部分表示影片从第 0 帧开始渲染；"（1）"部分表示 00 帧作为输出影片的开始帧。

● 0:00:01:15（41）：该时间码"0:00:01:15"部分表示影片已经渲染 1 秒 15 帧；"（41）"中的 41 表示影片正在渲染第 41 帧。

● 0:00:02:24（75）：该时间表示渲染整个影片所用的时间。

● ⬚ Render ⬚（渲染按钮）：单击该按钮，即可进行影片的渲染。

● ⬚ Pause ⬚（暂停按钮）：在影片渲染过程中，单击该按钮，可以暂停渲染。

● ⬚ Continue ⬚（继续按钮）：单击该按钮，可以继续渲染影片。

● ⬚ Stop ⬚（停止按钮）：在影片渲染过程中，单击该按钮，将结束影片的渲染。

专家提醒

在渲染过程中，可以单击 ⬚ Pause ⬚（暂停按钮）和 ⬚ Continue ⬚（继续按钮）转换。

展开 Current Render（当前渲染）左侧的灰色三角形按钮，会显示 Current Render（当前渲染）的详细资料，包括正在渲染的合成名称、正在渲染的层、影片的大小、输出影片所在的磁盘位置等资料，如图 7.6 所示。

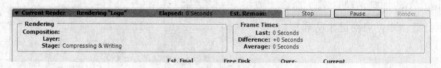

图7.6 Current Render Details（当前渲染详细资料）

Current Render Details（当前渲染详细资料）区参数含义如下。

● Composition（合成）：显示当前正在渲染的合成项目名称。

● Layer（层）：显示当前合成项目中，正在渲染的层。

● Stage（渲染进程）：显示正在被渲染的内容，如特效、合成等。

● Last（最近的）：显示最近几秒时间。

● Difference（差异）：显示最近几秒时间中的差额。

● Average（平均值）：显示时间的平均值。

● File Name（文件名）：显示影片输出的名称及文件格式。如"Logo.avi"，其中，"Logo"为文件名，".avi"为文件格式。

● File Size（文件大小）：显示当前已经输出影片的文件大小。

● Est.Final File Size（估计最终文件大小）：显示估计完成影片的最终文件大小。

● Free Disk Space（空闲磁盘空间）：显示当前输出影片所在磁盘的剩余空间大小。

● OverFlows（溢出）：显示溢出磁盘的大小。当最终文件大小大于磁盘剩余空间时，这里将显示溢出大小。

● Current Disk（当前磁盘）：显示当前渲染影片所在的磁盘分区位置。

7.5.2 渲染组

渲染组显示了要进行渲染的合成列表，并显示了渲染的合成名称、状态、渲染时间等信息，并可通过参数修改渲染的相关设置，如图 7.7 所示。

图7.7 渲染组

1. 渲染组合成项目的添加

要想进行多影片的渲染，就需要将影片添加到渲染组中，渲染组合成项目的添加有 3 种方法，具体的操作如下。

● 方法 1：选择一个合成文件，然后执行菜单栏中的 File（文件）| Export（输出）| Add to Render Queue（添加到渲染队列）命令，或按 Ctrl + M 组合键。

● 方法 2：选择一个或多个合成文件，然后执行菜单栏中的 Composition（合成）| Add To Render Queue（添加到渲染队列）命令。

● 方法 3：在 Project（项目）面板中，选择一个或多个合成文件直接拖动到渲染组队列中。

2. 渲染组合成项目的删除

渲染组队列中，有些合成项目不再需要，此时就需要将该项目删除，合成项目的删除有两种方法，具体操作如下。

● 方法 1：在渲染组中，选择一个或多个要删除的合成项目（这里可以使用 Shift 和 Ctrl 键来多选），然后执行菜单栏中的 Edit（编辑）| Clear（清除）命令。

● 方法 2：在渲染组中，选择一个或多个要删除的合成项目，然后按 Delete 键。

3. 修改渲染顺序

如果有多个渲染合成项目，系统默认是从上向下依次渲染影片，如果想修改渲染的顺序，可以将影片进行位置的移动，移动方法如下。

STEP 01 在渲染组中，选择一个或多个合成项目。

STEP 02 按住鼠标左键拖动合成到需要的位置，当有一条粗黑的长线出现时，释放鼠标即可移动合成位置。操作方法如图 7.8 所示。

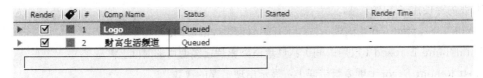

图7.8 移动合成位置

4. 渲染组标题的参数含义

渲染组标题内容丰富，包括渲染、标签、序号、合成名称和状态等，对应的参数含义如下。

● Render（渲染）：设置影片是否参与渲染。在影片没有渲染前，每个合成的前面，都有一个 ▢ 复选框标记，勾选该复选框 ☑，表示该影片参与渲染，在单击 Render （渲染按钮）后，影片会按从上向下的顺序进行逐一渲染。如果某个影片没有勾选，则不进行渲染。

● ✐（标签）：对应灰色的方块，用来为影片设置不同的标签颜色，单击某个影片前面的土黄色方块

■，将打开一个菜单，可以为标签选择不同的
颜色。包括Sunset（晚霞色）、Yellow（黄色）、
Aqua（浅绿色）、Pink（粉红色）、
Lavender（淡紫色）、Peach（桃色）、Sea
Foam（海藻色）、Blue（蓝色）、Green（绿
色）、Purple（紫色）、Orange（橙色）、
Brown（棕色）、Fuchsia（紫红色）、Cyan
（青绿色）和Sandstone（土黄色），如图7.9
所示。

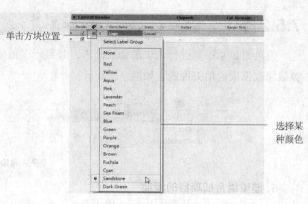

图7.9 标签颜色菜单

- # （序号）：对应渲染队列的排序，如1、2等。
- Comp Name（合成名称）：显示渲染影片的合成名称。
- Status（状态）：显示影片的渲染状态。一般包括5种，Unqueued（不在队列中），表示渲染时忽略该合成，只有勾选其前面的■复选框，才可以渲染；User Stopped（用户停止），表示在渲染过程中单击 Stop 按钮即停止渲染；Done（完成），表示已经完成渲染；Rendering（渲染中），表示影片正在渲染中；Queued（队列），表示勾选了合成前面的■复选框，正在等待渲染的影片。
- Started（开始）：显示影片渲染的开始时间。
- Render Time（渲染时间）：显示影片已经渲染的时间。

7.5.3　渲染信息

All Renders（所有渲染）区显示了当前渲染的影片信息，包括队列的数量、内存使用量、渲染的时间和日志文件的位置等信息，如图7.10所示。

Message: Renderi... RAM: 14% used of 2.0 GB Renders Started: 2010/5/26, 10:05:38 Total Time Elapsed: 1 Seconds Most Recent Error: C:\U...

图7.10 All Renders（所有渲染）区

All Renders（所有渲染）区参数含义如下。
- Message（信息）：显示渲染影片的任务及当前渲染的影片。如图7.10中的"Rendering 1 of 1"，表示当前渲染的任务影片有1个，正在渲染第1个影片。
- RAM（内存）：显示当前渲染影片的内存使用量。如图7.10中"14% used of 2GB"，表示渲染影片2GB兆内存使用了14%。
- Renders Started（开始渲染）：显示开始渲染影片的时间。
- Total Time Elapsed（已用时间）：显示渲染影片已经使用的时间。
- Most Resent Error（更多新错误）：显示出现错误的次数。

7.6　设置渲染模版

在应用渲染队列渲染影片时，可以对渲染影片应用软件提供的渲染模版，这样可以更快捷地渲染出需要的影片效果。

7.6.1 更改渲染模版

在渲染组中，已经提供了几种常用的渲染模版，可以根据自己的需要，直接使用现有模版来渲染影片。

在渲染组中，展开合成文件，单击 Render Settings（渲染设置）右侧的 ▼ 按钮，将打开渲染设置菜单，并在展开区域中，显示当前模版的相关设置，如图 7.11 所示。

图7.11 渲染菜单

渲染菜单中，显示了几种常用的模版，通过移动鼠标并单击，可以选择需要的渲染模版，各模版的含义如下。

- Best Settings（最佳设置）：以最好的质量渲染当前影片。
- Current Settings（当前设置）：使用在合成窗口中的参数设置。
- DV Settings（DV 设置）：以符合 DV 文件的设置渲染当前影片。
- Draft Settings（草图设置）：以草稿质量稿渲染影片，一般为了测试观察影片的最终效果时用。
- Multi-Machine Setting（多机器联合设置）：可以在多机联合渲染时，各机分工协作进行渲染设置。
- Custom（自定）：自定义渲染设置。选择该项将打开 Render Settings（渲染设置）对话框。
- Make Template（制作模版）：用户可以制作自己的模版。选择该项，可以打开 Render Settings Templates（渲染模版设置）对话框。
- Output Module（输出模块）：单击其右侧的 ▼ 按钮，将打开默认输出模块，可以选择不同的输出模块，如图 7.12 所示。

图7.12 输出模块菜单

- Log（日志）：设置渲染影片的日志显示信息。
- Output To（输出到）：设置输出影片的位置和名称。

7.6.2 渲染设置

在渲染组中，单击 Render Settings（渲染设置）右侧的 ▼ 按钮，打开渲染设置菜单，然后选择 Custom（自定）命令，或直接单击 ▼ 右侧的蓝色文字，将打开 Render Settings（渲染设置）对话框，如图 7.13 所示。

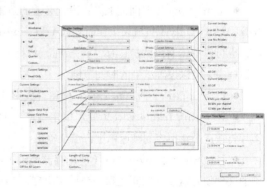

图7.13 Render Settings（渲染设置）对话框

在 Render Settings（渲染设置）对话框中，参数的设置主要针对影片的质量、解析度、影片尺寸、磁盘缓存、音频特效、时间采样等方面，具体的含义如下。

- Quality（质量）：设置影片的渲染质量。包括 Best（最佳质量）、Draft（草图质量）和 Wireframe（线框质量）3 个选项。对应层中的 设置。

- Resolution（分辨率）：设置渲染影片的分辨率。包括 Full（全尺寸）、Half（半尺寸）、Third（1/3 尺寸）、Quarter（4/1 尺寸）、Custom（自定义尺寸）5 个选项。

- Size（尺寸）：显示当前合成项目的尺寸大小。

- Disk Cache（磁盘缓存）：设置是否使用缓存设置，如果选择 Read Only（只读）选项，表示采用缓存设置。Disk Cache（磁盘缓存）可以通过选择"Edit（编辑）| Preferences（参数设置）| Memory & Cache（内存与缓存）"来设置，前面的章节中已经讲述过，这里不再赘述。

- Proxy Use（使用代理）：设置影片渲染的代理。包括 Use All Proxies（使用所有代理）、Use Comp Proxies Only（只使用合成项目中的代理）、Use No Proxies（不使用代理）3 个选项。

- Effects（特效）：设置渲染影片时是否关闭特效。包括 All On（渲染所有特效）、All Off（关闭所有的特效）。对应层中的 设置。

- Solo Switches（独奏开关）：设置渲染影片时是否关闭独奏。选择 All Off（关闭所有）将关闭所有独奏。对应层中的 设置。

- Guide Layers（辅助层）：设置渲染影片是否关闭所有辅助层。选择 All Off（关闭所有）将关闭所有辅助层。

- Color Depth（颜色深度）：设置渲染影片的每一个通道颜色深度为多少位色彩深度。包括 8 bits per Channel（8 位每通道）、16 bits per Channel（16 位每通道）、32 bits per Channel（32 位每通道）3 个选项。

- Frame Blending（帧融合）：设置帧融合开关。包括 On For Checked Layers（打开选中帧融合层）和 Off For All Layers（关闭所有帧融合层）两个选项。对应层中的 设置。

- Field Render（场渲染）：设置渲染影片时，是否使用场渲染。包括 Off（不加场渲染）、Upper Field First 上场优先渲染、Lower Field First（下场优先渲染）3 个选项。如果渲染非交错场影片，选择 Off 选项；如果渲染交错场影片，选择上场或下场优先渲染。

- 3:2 Pulldown（3:2 折叠）：设置 3:2 下拉的引导相位法。

- Motion Blur（运动模糊）：设置渲染影片运动模糊是否使用。包括 On For Checked Layers（打开选中运动模糊层）和 Off For All Layers（关闭所有运动模糊层）两个选项。对应层中的 设置。

- Time Span（时间范围）：设置有效的渲染片段。包括 Length Of Comp（整个合成时间长度）、Work Area Only（只渲染工作时间段）和 Custom（自定义）3 个选项。如果选择 Custom（自定义）选项，也可以单击右侧的 Custom... 按钮，将打开 Custom Time Span（自定义时间范围）对话框，在该对话框中，可以设置渲染的时间范围。

- Use Comp's Frame rate：使用合成影片中的帧速率，即创建影片时设置的合成帧速率。

- Use this frame rate（使用指定帧速率）：可以在右侧的文本框中，输入一个新的帧速率，渲染影片将按这个新指定的帧速率进行渲染输出。

- Use Storage overflow（使用存储溢出）勾选该复选框，可以使用 AE 的溢出存储功能。当 AE 渲染的文件使磁盘剩余空间达到一个指定限度，After Effects 将视该磁盘已满，这时，可以利用溢出存储功能，将剩余的文件继续渲染到另一个指定的磁盘中。存储溢出可以通过选择"Edit（编辑）| Preferences（参数设置）| Output（输出）"设置。

● Skip Existing Files（跳过现有文件）：在渲染影片时，只渲染丢失过的文件，不再渲染以前渲染过的文件。

7.6.3　创建渲染模版

现有模版往往不能满足用户的需要，这时，可以根据自己的需要来制作渲染模版，并将其保存起来，在以后的应用中，就可以直接调用了。

执行菜单栏中的 Edit（编辑）| Templates（模版）| Render Settings（渲染设置）命令，或单击 Render Settings（渲染设置）右侧的 $\boxed{\blacktriangledown}$ 按钮，打开渲染设置菜单，选择 Make Template（制作模版）命令，打开 Render Setting Templates（渲染模版设置）对话框，如图 7.14 所示。

图7.14　Render Setting Templates（**渲染模版设置**）对话框

在 Render Setting Templates（渲染模版设置）对话框中，参数的设置主要针对影片的默认影片、默认帧、模版的名称、编辑、删除等方面，具体的含义如下。

● Movie Default（默认影片）：可以从右侧的下拉菜单中，选择一种默认的影片模版。
● Frame Default（默认帧）：可以从右侧的下拉菜单中，选择一种默认的帧模版。
● Pre-Render Default（默认预览）：可以从右侧的下拉菜单中，选择一种默认的预览模版。
● Movie Proxy Default（默认影片代理）：可以从右侧的下拉菜单中，选择一种默认的影片代理模版。
● Still Proxy Default（默认静态代理）：可以从右侧的下拉菜单中，选择一种默认的静态图片模版。
● Settings Name（设置名称）：可以在右侧的文本框中，输入设置名称，也可以通过单击右侧的 $\boxed{\blacktriangledown}$ 按钮，从打开的菜单中，选择一个名称。
● $\boxed{\text{New...}}$（新建按钮）：单击该按钮，将打开 Render Settings（渲染设置）对话框，创建一个新的模版并设置新模版的相关参数。
● $\boxed{\text{Edit...}}$（编辑按钮）：通过 Settings Name（设置名称）选项，选择一个要修改的模版名称，然后单击该按钮，可以对当前的模版进行再修改操作。
● $\boxed{\text{Duplicate}}$（复制按钮）：单击该按钮，可以将当前选择的模版复制出一个副本。
● $\boxed{\text{Delete}}$（删除按钮）：单击该按钮，可以将当前选择的模版删除。
● $\boxed{\text{Save All...}}$（保存全部）：单击该按钮，可以将模版存储为一个后缀为 .ars 的文件，便于以后的使用。
● $\boxed{\text{Load...}}$（载入按钮）：将后缀为 .ars 模版载入使用。

7.6.4　创建输出模块模版

执行菜单栏中的 Edit（编辑）| Templates（模版）| Output Module（输出模块）命令，或单击 Output Module（输出模块）右侧的 $\boxed{\blacktriangledown}$ 按钮，打开输出模块菜单，选择 Make Template（制作模版）命令，打开 Output Module Templates（输出模块模版）对话框，如图 7.15 所示。

图7.15 Output Module Templates（输出模块模版）对话框

在 Output Module Templates（输出模块模版）对话框中，参数的设置主要针对影片的默认影片、默认帧、模版的名称、编辑、删除等方面，具体的含义与模版的使用方法相同，这里只讲解几种格式的使用含义。

- AIFF 48kHz：输出 AIFF 格式的音频文件，本格式不能输出图像。
- Alpha Only（仅 Alpha 通道）：只输出 Alpha 通道。
- Lossless（无损的）：输出的影片为无损压缩。
- Lossless with Alpha（带 Alpha 通道的无损压缩）：输出带有 Alpha 通道的无损压缩影片。
- Multi-Machine Sequence（多机器联合序列）：在多机联合的形状下输出多机序列文件。
- Photoshop（Photoshop 序列）：输出 Photoshop 的 PSD 格式序列文件。
- RAM Preview（内存预览）：输出内存预览模版。

Ae 7.7 常见影片的输出

当一个视频或音频文件制作完成后，就要将最终的结果输出，以发布成最终作品，After Effects CS6 提供了多种输出方式，通过不同的设置，快速输出需要的影片。

执行菜单栏中的 File（文件）| Export（输出），将打开 Export（输出）子菜单，从其子菜单中，选择需要的格式并进行设置，即可输出影片。其中几种常用的格式命令含义如下。

- Add to Render Queue（添加到渲染队列）：可以将影片添加到渲染队列中。
- Adobe Flash Player（SWF）：输出 SWF 格式的 Flash 动画文件。
- Adobe Flash Professional（XFL）：可以直接将其输入成网页动画。

Adobe Premiere Pro Project：该项可以输出用于 Adobe Premiere Pro 软件打开并编辑的项目文件，这样，After Effects 与 Adobe Premiere Pro 之间便可以更好地转换使用。

7.7.1 课堂案例——输出SWF格式

使用 After Effects 制作的动画，有时候需要发布到网络上，网络发布的视频越小，显示的速度也就越快，这样就会大大提高浏览的概率，而网络上应用既小又多的格式就是 SWF 格式，本例讲解 SWF 格式的输出方法。

工程文件	工程文件\第7章\文字倒影
视频	视频\第7章\7.7.1 课堂案例——输出SWF格式.avi

学习 SWF 格式的输出方法。

STEP 01 执行菜单栏中 File（文件）IOpen Project（打开项目）命令，弹出"打开"对话框，选择配套光盘中的"工程文件\第7章\文字倒影\文字倒影 .aep"文件。

STEP 02 执行菜单栏中 File（文件）IExport（输出）IAdobe Flash Player（SWF）命令，打开"另存为"对话框，如图 7.16 所示。

STEP 03 在"另存为"对话框中，设置合适的文件名称及保存位置，然后单击"保存"按钮，打开 SWF Settings（SWF 设置）对话框，一般在网页中，动画都是循环播放的，所以这里要选择 Loop Continuously（循环播放）复选框，如图 7.17 所示。

图7.16 设置"另存为"对话框

图7.17 设置SWF 设置对话框

● JPEG Quality（图像质量）：设置 SWF 动画质量。可以通过直接输入数值来修改图像质量，值越大，质量也就越好。还可以直接通过选项来设置图像质量，包括 Low（低）、Medium（中）、High（高）和 Maximum（最佳）4 个选项。

● Unsupported Features（不支持特效）：该项是对 SWF 格式文件不支持的调整方式。其中 Ignore（忽略）表示忽略不支持的效果，Rasterize（栅格化）表示将不支持的效果栅格化，保留特效。

● Audio（音频）：主要用于对输出的 SWF 格式文件的音频质量设置。

● Loop Continuously（循环播放）：选中该复选框，可以将输出的 SWF 文件连续热循环播放。

● Prevent Import（防止导入）：选中该复选框，可以防止导入程序文件。

● Include Object Names（包含对象名称）：选中该复选框，可以保留输出的对象名称。

● Include Layer Marker Web Links（包含层链接信息）：选中该复选框，将保留层中标记的网页链接信息，可以直接将文件输出到互联网上。

● Flatten Illustrator Artwork：如果合成项目中包括有固态层或 Illustrator 素材，建议选中该复选框。

STEP 04 参数设置完成后，单击 OK（确定）按钮，完成输出设置，此时，会弹出一个输出对话框，显示输出的进程信息，如图 7.18 所示。

STEP 05 输出完成后，打开资源管理器，找到输出的文件位置，可以看到输出的 Flash 动画效果，如图 7.19 所示。

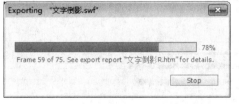

图7.18 输出进程对话框

图7.19渲染后效果

7.7.2 课堂案例——输出AVI格式文件

AVI 格式是视频中非常常用的一种格式，它不但占用空间少，而且压缩失真较小，本例讲解将动画输出成 AVI 格式的方法。

工程文件	工程文件\第7章\落字效果
视频	视频\第7章\7.7.2 课堂案例——输出AVI格式文件.avi

知识点

学习 AVI 格式的输出方法。

STEP 01 执行菜单栏中 File（文件）lOpen Project（打开项目）命令，弹出"打开"对话框，选择配套光盘中的"第 7 章\落字效果\落字效果 .aep"文件。

STEP 02 执行菜单栏中 Composition（合成）lAdd to Render Queue（添加到渲染队列）命令，或按 Ctrl+M 组合键，打开 Render Queue（渲染队列）对话框，如图 7.20 所示。

STEP 03 单击 Output Module（输出模块）右侧 lossless（无损）的文字部分，打开 Output Module Settings（输出模块设置）对话框，从 Format（格式）下拉菜单选择 AVI 格式，单击 OK（确定）按钮，如图 7.21 所示。

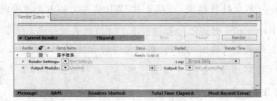

图7.20 设置Render Queue（渲染队列）对话框

图7.21 设置输出模版

STEP 04 单击 Output To（输出到）右侧的文件名称文字部分，打开 Output Movie To（输出影片到）对话框选择输出文件放置的位置。

STEP 05 输出的路径设置好后，单击 Render（渲染）按钮开始渲染影片，渲染过程中 Render Queue（渲染组）面板上方的进度条会走动，渲染完毕后会有声音提示，如图 7.22 所示。

STEP 06 渲染完毕后，在路径设置的文件夹里可找到 AVI 格式文件，如图 7.23 所示。双击该文件，可在播放器中打开看到影片。

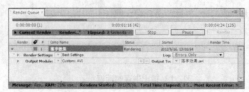

图7.22 设置渲染中

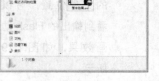

图7.23 设置渲染中

7.7.3 课堂案例——输出单帧图像

对于制作的动画，有时需要将动画中某个画面输出，比如电影中的某个精彩画面，这就是单帧图像的输出，本例就讲解单帧图像的输出方法。

工程文件	工程文件\第7章\手绘效果
视频	视频\第7章\7.7.3 课堂案例——输出单帧图像.avi

学习单帧图像的输出方法。

STEP 01 执行菜单栏中 File（文件）IOpen Project（打开项目）命令，弹出"打开"对话框，选择配套光盘中的"工程文件\第 7 章\手绘效果\手绘效果 .aep"文件。

STEP 02 在时间线面板中，将时间调整到要输出的画面单帧位置，执行菜单栏中 Composition（合成）I Save Frame As（单帧另存为）I File（文件）命令，打开 Render Queue（渲染队列）对话框，如图 7.24 所示。

STEP 03 单击 Output Module（输出模块）右侧 Photoshop 文字，打开 Output Module Settings（输出模块设置）对话框，从 Format（格式）下拉菜单选择某种图像格式，比如 JPG Sequence 格式，单击 OK（确定）按钮，如图 7.25 所示。

图7.24 渲染对话框

图7.25 设置输出模块

STEP 04 单击 Output To（输出到）右侧的文件名称文字部分，打开 Output Movie To（输出影片到）对话框选择输出文件放置的位置。

STEP 05 输出的路径设置好后，单击 Render（渲染）按钮开始渲染影片，渲染过程中 Render Queue（渲染组）面板上方的进度条会走动，渲染完毕后会有声音提示，如图 7.26 所示。

STEP 06 渲染完毕后，在路径设置的文件夹里可找到 JPG 格式单帧图片，如图 7.27 所示。

图7.26 渲染图片

图7.27 渲染后单帧图片

7.7.4 课堂案例——输出序列图片

序列图片在动画制作中非常实例，特别是与其他软件配合时，比如在 3d max、Maya 等软件中制作特效然后应用在 After Effects 中时，有时也需要 After Effects 中制作的动画输出成序列用于其他用途，本例就来讲解序列图片的输出方法。

工程文件	工程文件\第7章\流星雨
视频	视频\第7章\7.7.4 课堂案例——输出序列图片.avi

知识点

学习序列图片的输出方法。

STEP 01 执行菜单栏中 File（文件）IOpen Project（打开项目）命令，弹出"打开"对话框，选择配套光盘中的"工程文件 \ 第 7 章 \ 流星雨 \ 流星雨效果 .aep"文件。

STEP 02 执行菜单栏中 Composition(合成)I Add to Render Queue(添加到渲染队列)命令，或按 Ctrl+M 组合键，打开 Render Queue（渲染队列）对话框，如图 7.28 所示。

STEP 03 单击 Output Module（输出模块）右侧 lossless（无损）的文字部分，打开 Output Module Settings（输出模块设置）对话框，从 Format（格式）下拉菜单选择 Targa Sequence 格式，单击 OK（确定）按钮，如图 7.29 所示。

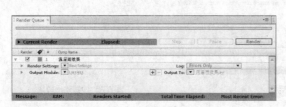

图7.28 打开渲染对话框　　　　　　　　　图7.29 设置Tga格式

STEP 04 单击 Output To（输出到）右侧的文件名称文字部分，打开 Output Movie To（输出影片到）对话框选择输出文件放置的位置。

STEP 05 输出的路径设置好后，单击 Render（渲染）按钮开始渲染影片，渲染过程中 Render Queue（渲染组）面板上方的进度条会走动，渲染完毕后会有声音提示，如图 7.30 所示。

STEP 06 渲染完毕后，在路径设置的文件夹里可找到 Tga 格式序列图，如图 7.31 所示。

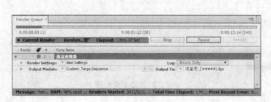

图7.30 渲染中　　　　　　　　　　　图7.31 渲染后序列图

7.7.5 课堂案例——输出音频文件

对于动画来说，有时候我们并不需要动画画面，而只需要动画中的音乐，比如你对一个电影或动画中音乐非常喜欢，想将其保存下来，此时就可以只将音频文件输出，本例就来讲解音频文件的输出方法。

工程文件	工程文件\第7章\跳动的声波
视频	视频\第7章\7.7.5 课堂案例——输出音频文件.avi

学习音频文件的输出方法。

STEP 01 执行菜单栏中 File（文件）lOpen Project（打开项目）命令，弹出"打开"对话框，选择配套光盘中的"工程文件\第 7 章\跳动的声波\跳动的声波 .aep"文件。

STEP 02 在时间线面板中，执行菜单栏中 Composition（合成）lAdd to Render Queue（添加到渲染队列）命令，或按 Ctrl+M 组合键，打开 Render Queue（渲染队列）对话框，如图 7.32 所示。

STEP 03 单击 Output Module（输出模块）右侧 lossless（无损）的文字部分，打开 Output Module Settings（输出模块设置）对话框，从 Format（格式）下拉菜单选择 WAV 格式，单击 OK（确定）按钮，如图 7.33 所示。

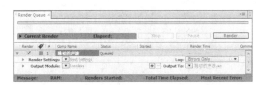

图7.32 设置Render Queue（渲染队列）对话框　　　　图7.33 设置参数

STEP 04 单击 Output To（输出到）右侧的文件名称文字部分，打开 Output Movie To（输出影片到）对话框选择输出文件放置的位置。

STEP 05 输出的路径设置好后，单击 Render（渲染）按钮开始渲染影片，渲染过程中 Render Queue（渲染组）面板上方的进度条会走动，渲染完毕后会有声音提示。

STEP 06 渲染完毕后，在路径设置的文件夹里可找到 WAV 格式文件，如图 7.34 所示。双击该文件，可在播放器中打开听到声音，如图 7.35 所示。

图7.34 渲染后　　　　　　　　　　图7.35 播放中音频

第**8**章

完美光线特效

本章主要讲解After Effects软件特效来制作各种光线效果，包括游动光线、流光线条、连动光线等，使整个动画更加华丽且更富有灵动感。通过本章的学习，读者可以掌握各种炫酷光线特效的制作技巧。

教学目标

✿ 掌握 Vegas（勾画）特效制作游动光线效果
✿ 掌握流光线条的制作方法
✿ 掌握连动光线的制作技巧

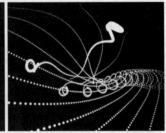

8.1 课堂案例——游动光线

本例主要讲解利用 Vegas（勾画）特效制作游动光线效果，完成的动画流程画面如图 8.1 所示。

工程文件	工程文件\第8章\游动光线
视频	视频\第8章\8.1 课堂案例——游动光线.avi

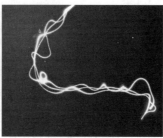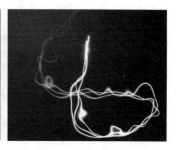

图8.1 动画流程画面

知识点

1. Vegas（勾画）。
2. Glow（发光）。
3. Turbulent Displace（动荡置换）。

8.1.1 绘制路径

STEP 01 执行菜单栏中的 Composition(合成)| New Composition(新建合成)命令,打开 Composition Settings(合成设置) 对话框,设置 Composition Name (合成名称) 为 "光线", Width (宽) 为 "720", Height (高) 为 "576", Frame Rate (帧率) 为 "25", 并设置 Duration(持续时间)为 00:00:05:00 秒。

STEP 02 执行菜单栏中的 Layer(层)|New (新建)|Solid (固态层)命令,打开 Solid Settings(固态层 设置)对话框,设置 Name(名称)为 "光线 1", Color (颜色) 为黑色。

STEP 03 在时间线面板中，选择 "光线 1" 层,在工具栏中选择 Pen Tool (钢笔工具) ,绘制一个路径,如图 8.2 所示。

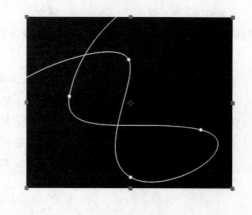

图8.2 绘制路径

8.1.2 添加特效

STEP 01 为 "光线 1" 层添加 Vegas (勾画) 特效。在 Effects & Presets (效果和预置) 面板中展开 Generate (创

造）特效组，然后双击 Vegas（勾画）特效，如图 8.3 所示。

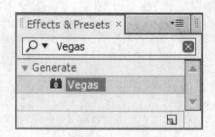

图8.3 添加勾画特效

STEP 02 在 Effect Controls（特效控制）面板中，修改 Vegas（勾画）特效的参数，设置从 Stroke（描边）下拉菜单中选择 Mask/Path（遮罩和路径）选项；展开 Segments（线段）选项组，设置 Segments（线段）的值为 1；将时间调整到 00:00:00:00 帧的位置，设置 Rotation（旋转）的值为 –75，单击 Rotation（旋转）左侧的码表按钮，在当前位置设置关键帧，如图 8.4 所示。

STEP 03 将时间调整到 00:00:04:24 帧的位置，设置 Rotation（旋转）的值为 –1x–75，系统会自动设置关键帧。

STEP 04 展开 Rendering（渲染）选项组，设置 Color（颜色）为白色，Hardness（硬度）的值为 0.5，Start Opacity（开始点不透明度）的值为 0.9，Mid–point Opacity（中间点不透明度）的值为 –0.4，如图 8.5 所示。

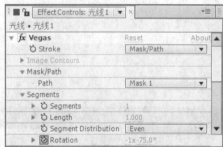

图8.4 设置参数

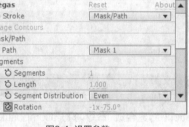

图8.5 设置渲染参数

STEP 05 为"光线"层添加 Glow（发光）特效。在 Effects & Presets（效果和预置）面板中展开 Stylize（风格化）特效组，然后双击 Glow（发光）特效。

STEP 06 在 Effect Controls（特效控制）面板中，修改 Glow（发光）特效的参数，设置 Glow Threshold（发光阈值）的值为 20%，Glow Radius（发光半径）的值为 5，Glow Intensity（发光强度）的值为 2，从 Glow Colors（发光色）下拉菜单中选择 A & B Colors（A 和 B 颜色），Colors A（颜色 A）为橙色（R:254；G:191；B:2），Colors B（颜色 B）为红色（R:243，G:0；B:0），如图 8.6 所示，合成窗口效果如图 8.7 所示。

图8.6 设置发光参数

图8.7 设置发光后的效果

STEP 07 在时间线面板中，选择"光线1"层，按 Ctrl+D 组合键复制出另一个新的图层，将该图层重命名为"光线2"，在 Effect Controls（特效控制）面板中，修改 Vegas（勾画）特效的参数，设置 Length（长度）的值为 0.05；展开 Rendering（渲染）选项组，设置 Width（宽度）的值为 7，如图 8.8 所示，合成窗口效果如图 8.9 所示。

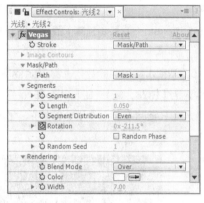

图8.8 修改勾画参数

图8.9 修改勾画参数后的效果

STEP 08 选择"光线 2"层，在 Effect Controls（特效控制）面板中，修改 Glow（发光）特效的参数，设置 Glow Radius（发光半径）的值为 30，Colors A（颜色 A）为蓝色（R:0；G:149；B:254），Colors B（颜色 B）为暗蓝色（R:1；G:93；B:164），如图 8.10 所示，合成窗口效果如图 8.11 所示。

图8.10 修改发光参数

图8.11 修改发光后的效果

STEP 09 在时间线面板中，设置"光线 2"层的 Mode（模式）为 Add（相加），如图 8.12 所示，合成窗口效果如图 8.13 所示。

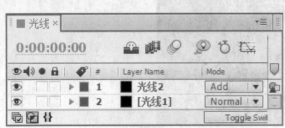

图8.12 设置叠加模式　　　　　　　　　　　　　图8.13 设置叠加模式后的效果

STEP 10 执行菜单栏中的 Composition（合成）|New Composition（新建合成）命令，打开 Composition Settings（合成设置）对话框，设置 Composition Name（合成名称）为"游动光线"，Width（宽）为"720"，Height（高）为"576"，Frame Rate（帧率）为"25"，并设置 Duration（持续时间）为 00:00:05:00 秒。

STEP 11 执行菜单栏中的 Layer(层)|New（新建）|Solid（固态层）命令，打开 Solid Settings(固态层设置)对话框，设置 Name（名称）为"背景"，Color（颜色）为黑色。

STEP 12 为"背景"层添加 Ramp（渐变）特效。在 Effects & Presets（效果和预置）面板中展开 Generate（创造）特效组，然后双击 Ramp（渐变）特效。

STEP 13 在 Effect Controls（特效控制）面板中，修改 Ramp（渐变）特效的参数，设置 Start of Ramp（渐变开始）的值为（123，99），Start Color（开始色）为紫色（R:78；G:1；B:118），End Color（结束色）为黑色，从 Ramp Shape（渐变形状）下拉菜单中选择 Radial Ramp（放射渐变），如图 8.14 所示，合成窗口效果如图 8.15 所示。

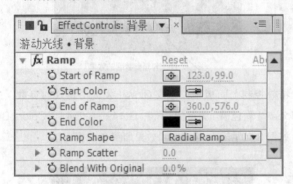

图8.14 设置渐变参数　　　　　　　　　　　　　图8.15 设置渐变后的效果

STEP 14 在 Project（项目）面板中，选择"光线"合成，将其拖动到"游动光线"合成的时间线面板中。设置"光线"层的 Mode（模式）为 Add（相加），如图 8.16 所示，合成窗口效果如图 8.17 所示。

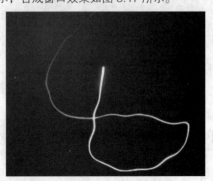

图8.16 设置叠加模式　　　　　　　　　　　　　图8.17 设置叠加模式后的效果

STEP 15 为"光线"层添加 Turbulent Displace（动荡置换）特效。在 Effects & Presets（效果和预置）面板中
展开 Distort（扭曲）特效组，然后双击 Turbulent Displace（动荡置换）特效。

STEP 16 在 Effect Controls（特效控制）面板中，修改 Turbulent Displace（动荡置换）特效的参数，设置
Amount（数量）的值为 60，Size（大小）的值为 30，从 Antialiasing for Best Quality（抗锯齿最佳
品质）下拉菜单中选择 High（高），如图 8.18 所示，合成窗口效果如图 8.19 所示。

图8.18 设置动荡置换参数

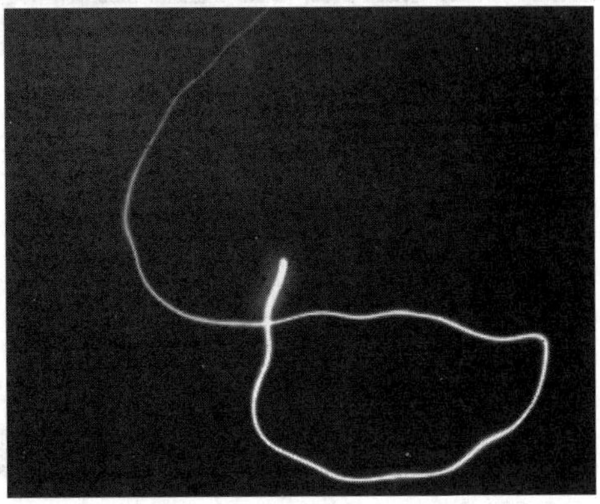

图8.19 设置动荡置换后的效果

STEP 17 在时间线面板中，选中"光线"层，按 Ctrl+D 组合键复制出两个新的图层，将其分别重命名为"光线
2"和"光线 3"层，在 Effect Controls（特效控制）面板中分别修改 Turbulent Displace（动荡置换）
特效的参数，如图 8.20 所示，合成窗口效果如图 8.21 所示。

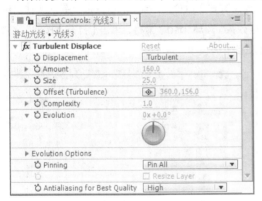
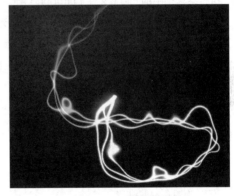

图8.20 修改动荡置换参数

图8.21 修改动荡置换后的效果

STEP 18 这样就完成了游动光线的整体制作，按小键盘上的 0 键，即可在合成窗口中预览动画。

8.2 课堂案例——流光线条

本例主要讲解流光线条动画的制作。首先利用 Fractal Noise（分形噪波）特效制作出线条效果，通
过调节 Bezier Warp（贝赛尔曲线变形）特效制作出光线的变形，然后添加第 3 方插件 Particular（粒子）
特效，制作出上升的圆环从而完成动画。本例最终的动画流程效果如图 8.22 所示。

工程文件	工程文件\第8章\流光线条
视频	视频\第8章\8.2 课堂案例——流光线条.avi

 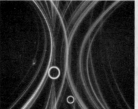  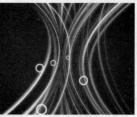

图8.22 流动线条最终动画流程效果

知识点

1. 了解 Shine（光）特效参数的设置。

2. 学习 Shine（光）特效的使用。

3. 掌握扫光字动画的制作技巧。

8.2.1 利用蒙版制作背景

STEP 01 执行菜单栏中的 Composition（合成）| New Composition（新建合成）命令，打开 Composition Settings（合成设置）对话框，设置 Composition Name（合成名称）为"流光线条效果"，Width（宽）为"720"，Height（高）为"576"，Frame Rate（帧率）为"25"，并设置 Duration（持续时间）为 00:00:05:00 秒，如图 8.23 所示。

STEP 02 执行菜单栏中的 File（文件）| Import（导入）| File（文件）命令，打开 Import File（导入文件）对话框，选择配套光盘中的"工程文件\第 8 章\流光线条效果\圆环 .psd"素材，单击【打开】按钮，如图 8.24 所示，将"圆环 .psd"素材将导入到 Project（项目）面板中。

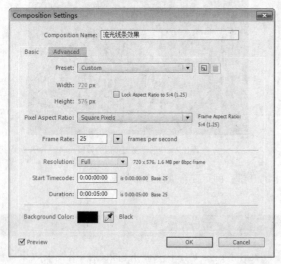

图8.23 建立合成

图8.24 导入psd文件

STEP 03 按 Ctrl + Y 组合键，打开 Solid Settings（固态层设置）对话框，设置 Name（名称）为"背景"，Color（颜色）为紫色（R:65；G:4；B:67），如图 8.25 所示。

STEP 04 为"背景"固态层绘制蒙版，单击工具栏中的 Ellipse Tool（椭圆工具）按钮，绘制椭圆蒙版，如图 8.26 所示。

图8.25　建立固态层

图8.26　绘制椭圆形蒙版

STEP 05 按 F 键，打开"背景"固态层的 Mask Feather（蒙版羽化）选项，设置 Mask Feather（蒙版羽化）的值为（200，200），如图 8.27 所示。此时的画面效果如图 8.28 所示。

图8.27　设置羽化属性

图8.28　设置属性后的效果

STEP 06 按 Ctrl + Y 组合键，打开 Solid Settings（固态层设置）对话框，设置 Name（名称）为"流光"，Width（宽）为"400"，Height（高）为"650"，Color（颜色）为白色，如图 8.29 所示。将"流光"层的 Mode（模式）修改为 Screen（屏幕）。

STEP 07 选择"流光"固态层，在 Effects & Presets（效果和预置）面板中展开 Noise & Grain（噪波与杂点）特效组，然后双击 Fractal Noise（分形噪波）特效，如图 8.30 所示。

图8.29　建立固态层

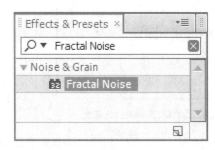

图8.30　添加特效

STEP 08 将时间调整到00:00:00:00帧的位置，在 Effect Controls（特效控制）面板中，修改 Fractal Noise（分形噪波）特效的参数，设置 Contrast（对比度）的值为 450，Brightness（亮度）的值为 −80；展开 Transform（转

换）选项组，取消勾选 Uniform Scaling（等比缩放）复选框，设置 Scale Width（缩放宽度）的值为 15，Scale Height（缩放高度）的值为 3500，Offset Turbulence（乱流偏移）的值为（200，325），Evolution（进化）的值为 0，然后单击 Evolution（进化）左侧的码表 Ö 按钮，在当前位置设置关键帧，如图 8.31 所示。

STEP 09 将时间调整到 00:00:04:24 帧的位置，修改 Evolution（进化）的值为 1x，系统将在当前位置自动设置关键帧，此时的画面效果如图 8.32 所示。

图8.31 设置分形噪波特效

图8.32 设置特效后的效果

8.2.2 添加特效调整画面

STEP 01 为"流光"层添加 Bezier Warp（贝赛尔曲线变形）特效，在 Effects & Presets（效果和预置）面板中展开 Distort（扭曲）特效组，双击 Bezier Warp（贝赛尔曲线变形）特效，如图 8.33 所示。

STEP 02 在 Effect Controls（特效控制）面板中，修改 Bezier Warp（贝赛尔曲线变形）特效的参数，如图 8.34 所示。

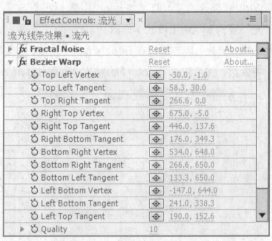

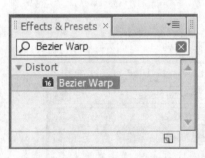

图8.33 添加贝赛尔曲线变形特效

图8.34 设置贝赛尔曲线变形参数

STEP 03 在调整图形时，直接修改特效的参数比较麻烦，此时，可以在 Effect Controls（特效控制）面板中，选择 Bezier Warp（贝赛尔曲线变形）特效，从合成窗口中，可以看到调整的节点，直接在合成窗口中的图像上，拖动节点进行调整，自由度比较高，如图 8.35 所示。调整后的画面效果如图 8.36 所示。

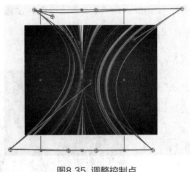

图8.35 调整控制点

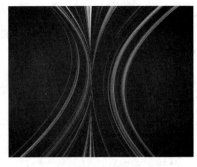

图8.36 画面效果

STEP 04 为"流光"层添加 Hue / Saturation（色相 / 饱和度）特效。在 Effects & Presets（效果和预置）面板中展开 Color Correction（色彩校正）特效组，双击 Hue / Saturation（色相 / 饱和度）特效，如图 8.37 所示。

STEP 05 在 Effect Controls（特效控制）面板中，修改 Hue/Saturation（色相 / 饱和度）特效的参数，勾选 Colorize（着色）复选框，设置 Colorize Hue（着色色相）的值为 –55，Colorize Saturation（着色饱和度）的值为 66，如图 8.38 所示。

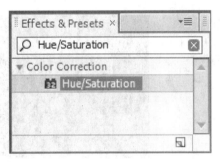

图8.37 添加色相/饱和度特效

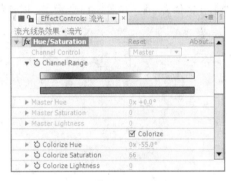

图8.38 设置特效的参数

STEP 06 为"流光"层添加 Glow（发光）特效，在 Effects & Presets（效果和预置）面板中展开 Stylize（风格化）特效组，然后双击 Glow（发光）特效，如图 8.39 所示。

STEP 07 在 Effect Controls（特效控制）面板中，修改 Glow（发光）特效的参数，设置 Glow Threshold（发光阈值）的值为 20%，Glow Radius（发光半径）的值为 15，如图 8.40 所示。

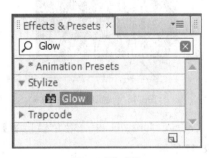

图8.39 添加特效

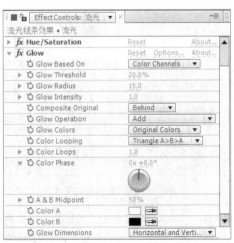

图8.40 设置发光特效的属性

STEP 08 在时间线面板中打开"流光"层的三维属性开关，展开 Transform（转换）选项组，设置 Position（位置）的值为（309，288，86），Scale（缩放）的值为（123，123，123），如图 8.41 所示。可在合成窗口看到效果，如图 8.42 所示。

图8.41 设置位置缩放属性

图8.42 设置后的效果

STEP 09 选择"流光"层，按 Ctrl + D 组合键，将复制出"流光 2"层，展开 Transform（转换）选项组，设置 Position（位置）的值为（408，288，0），Scale（缩放）的值为（97，116，100），Z Rotation（Z 轴旋转）的值为 –4，如图 8.43 所示，可以在合成窗口中看到效果，如图 8.44 所示。

图8.43 设置复制层的属性

图8.44 画面效果

STEP 10 修改 Bezier Warp（贝赛尔曲线变形）特效的参数，使其与"流光"的线条角度有所区别，如图 8.45 所示。

STEP 11 在合成窗口中看到的控制点的位置发生了变化，如图 8.46 所示。

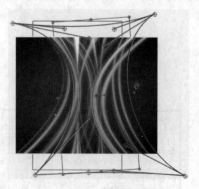

图8.45 设置贝赛尔曲线变形参数

图8.46 合成窗口中的修改效果

STEP 12 修改 Hue / Saturation（色相 / 饱和度）特效的参数，设置 Colorize Hue（着色色相）的值为 265，Colorize Saturation（着色饱和度）的值为 75，如图 8.47 所示。

STEP 13 设置完后的可以在合成窗口中看到效果，如图 8.48 所示。

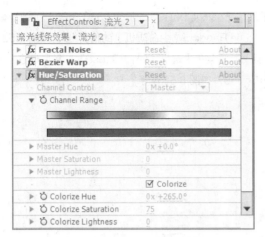

图8.47 调整复制层的着色饱和度

图8.48 调整着色饱和度后的画面效果

8.2.3 添加"圆环"素材

STEP 01 在 Project（项目）面板中选择"圆环.psd"素材，将其拖动到"流光线条效果"合成的时间线面板中，然后单击"圆环.psd"左侧的眼睛 ◉ 图标，将该层隐藏，如图 8.49 所示。

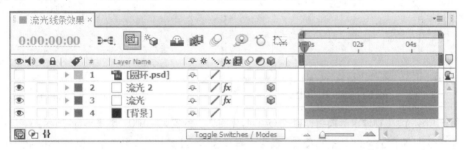

图8.49 隐藏"圆环"层

STEP 02 按 Ctrl + Y 组合键，打开 Solid Settings（固态层设置）对话框，设置 Name（名称）为"粒子"，Color（颜色）为白色，如图 8.50 所示。选择"粒子"固态层，在 Effects & Presets（效果和预置）面板中展开 Trapcode 特效组，然后双击 Particular（粒子）特效，如图 8.51 所示。

图8.50 建立固态层

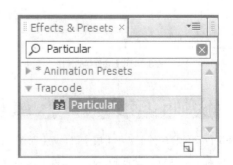

图8.51 添加特效

STEP 03 在 Effect Controls（特效控制）面板中，修改 Particular（粒子）特效的参数，展开 Emitter（发射器）选项组，

设置 Particles/sec（每秒发射粒子数）的值为 5，Position（位置）的值为（360，620）；展开 Particle（粒子）选项组，设置 Life（生命）的值为 2.5，Life Random（生命随机）的值为 30，如图 8.52 所示。

STEP 04 展开 Texture（纹理）选项组，在 Layer（层）下拉菜单中选择"2. 圆环 .psd"，然后设置 Size（大小）的值为 20，Size Random（大小随机）的值为 60，如图 8.53 所示。

图8.52 设置发射器属性的值

图8.53 设置粒子属性的值

STEP 05 展开 Physics（物理）选项组，修改 Gravity（重力）的值为 –100，如图 8.54 所示。

STEP 06 在 Effects & Presets（效果和预置）面板中展开 Stylize（风格化）特效组，然后双击 Glow（发光）特效，如图 8.55 所示。

图8.54 设置物理学的属性

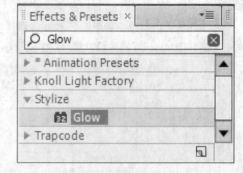
图8.55 添加发光特效

8.2.4 添加摄影机

STEP 01 执行菜单栏中的 Layer（层）| New（新建）| Camera（摄像机）命令，打开 Camera Settings（摄像机设置）对话框，设置 Preset（预置）为 24mm，如图 8.56 所示。单击 OK（确定）按钮，在时间线面板中将会创建一个摄像机。

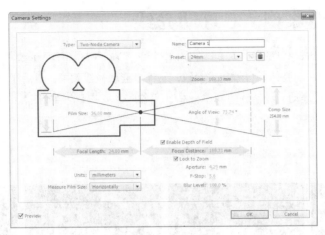

图8.56 建立摄像机

STEP 02 将时间调整到 00:00:00:00 帧的位置，选择"Camera 1"层，展开 Transform（转换）、Camera Options（摄像机设置）选项组，然后分别单击 Point of Interest（中心点）和 Position（位置）左侧的码表 🕐 按钮，在当前位置设置关键帧，并设置 Point of Interest（中心点）的值为（426，292，140），Position（位置）的值为（114，292，−270）；然后分别设置 Zoom（缩放）的值为512，Depth of Field（景深）为On（打开），Focus Distance（焦距）的值为512，Aperture（光圈）的值为84，Blur Level（模糊级）的值为122%，如图8.57所示。

STEP 03 将时间调整到 00:00:02:00 帧的位置，修改 Point of Interest（中心点）的值为（364，292，25），Position（位置）的值为（455，292，−480），如图8.58所示。

图8.57 设置摄像机的参数

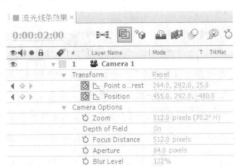

图8.58 制作摄像机动画

STEP 04 这样就完成了"流光线条"的整体制作，按小键盘上的0键，在合成窗口中预览动画，效果如图8.59所示。

图8.59 "流光线条"的动画预览

8.3　课堂案例——连动光线

本例主要讲解连动光线动画的制作。首先利用 Ellipse Tool（椭圆工具）绘制椭圆形路径，然后通过添加 3D Stroke（3D 笔触）特效并设置相关参数，制作出连动光线效果，最后添加 Starglow（星光）特效为光线添加光效，完成连动光线动画的制作。本例最终的动画流程效果如图 8.60 所示。

工程文件	无
视频	视频\第8章\8.3 课堂案例——连动光线.avi

图8.60 连动光线最终动画流程效果

1. 学习利用 3D Stroke（3D 笔触）特效。
2. 设置 Adjust Step（调节步幅）参数使线与点相互变化的方法。
3. 掌握利用 Starglow（星光）特效使线与点发出绚丽的光芒的技巧。

8.3.1　绘制笔触添加特效

STEP 01 执行菜单栏中的 Composition（合成）| New Composition（新建合成）命令，打开 Composition Settings（合成设置）对话框，设置 Composition Name（合成名称）为"连动光线"，Width（宽）为"720"，Height（高）为"576"，Frame Rate（帧率）为"25"，并设置 Duration（持续时间）为 00:00:05:00 秒，如图 8.61 所示。

STEP 02 按 Ctrl + Y 组合键，打开 Solid Settings（固态层设置）对话框，设置 Name（名称）为"光线"，Color（颜色）为黑色，如图 8.62 所示。

图8.61 建立合成

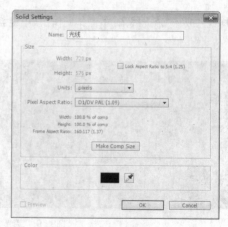

图8.62 建立固态层

STEP 03 确认选择"光线"层，在工具栏中选择 Ellipse Tool（椭圆工具）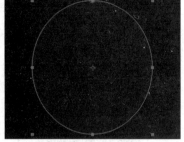，在合成窗口绘制一个正圆，如图 8.63 所示。

STEP 04 在 Effects & Presets（效果和预置）面板中展开 Trapcode 特效组，然后双击 3D Stroke（3D 笔触）特效，如图 8.64 所示。

图8.63 绘制正圆蒙版

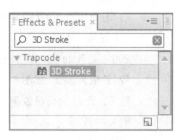

图8.64 添加特效

STEP 05 在 Effect Controls（特效控制）面板中，设置 End（结束）的值为 50；展开 Taper（锥形）选项组，选择 Enable（开启）复选框，取消 Compress to fit（适合合成）复选框；展开 Repeater（重复）选项组，选择 Enable（开启）复选框，取消 Symmetric Doubler（对称复制）复选框，设置 Instances（实例）参数的值为 15，Scale（缩放）参数的值为 115，如图 8.65 所示，此时合成窗口中的画面效果如图 8.66 所示。

图8.65 设置参数

图8.66 画面效果

STEP 06 确认时间在 00:00:00:00 帧的位置，展开 Transform（转换）选项组，分别单击 Bend（弯曲）、X Rotation（X 轴旋转）、Y Rotation（Y 轴旋转）、Z Rotation（Z 轴旋转）左侧的码表 ⏱ 按钮，建立关键帧，修改 X Rotation（X 轴旋转）的值为 155，Y Rotation（Y 轴旋转）的值为 1x + 150，Z Rotation（Z 轴旋转）的值为 330，如图 8.67 所示，设置旋转属性后的画面效果如图 8.68 所示。

图8.67 设置特效属性

图8.68 设置画面效果

STEP 07 展开 Repeater（重复）选项组，分别单击 Factor（因数）、X Rotation（X 轴旋转）、Y Rotation（Y 轴旋转）、Z Rotation（Z 轴旋转）左侧的码表 ⏱ 按钮，修改 Y Rotation（Y 轴旋转）的值为 110，Z Rotation（Z 轴旋转）的值为 –1x，如图 8.69 所示。可在合成窗口看到设置参数后的效果如图 8.70 所示。

图8.69 设置属性参数

图8.70 设置后的效果

STEP 08 调整时间到 00:00:02:00 帧的位置，在 Transform（转换）选项组中，修改 Bend（弯曲）的值为 3，

X Rotation（X 轴 旋 转）的 值 为 105，Y Rotation（Y 轴旋转）的值为 1x + 200，Z Rotation（Z 轴旋转）的值为 320，如图 8.71 所示，此时的画面效果如图 8.72 所示。

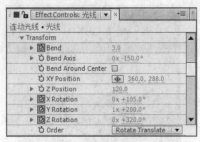

图8.71 设置属性的参数

图8.72 设置后效果

STEP 09 在 Repeater（重复）选项组中，修改 X Rotation（X 轴旋转）的值为 100，修改 Y Rotation（Y 轴旋转）的值为 160，修改 Z Rotation（Z 轴旋转）的值为 −145，如图 8.73 所示。此时的画面效果如图 8.74 所示。

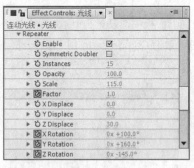

图8.73 设置参数

图8.74 设置参数后的效果

STEP 10 调整时间到 00:00:03:10 帧的位置，在 Transform（转换）选项组中，修改 Bend（弯曲）的值为 2，

X Rotation（X 轴 旋 转）的 值 为 190，Y Rotation（Y 轴旋转）的值为 1x + 230，Z Rotation（Z 轴旋转）的值为 300，如图 8.75 所示，此时合成窗口中画面的效果如图 8.76 所示。

图8.75 设置参数

图8.76 修改参数后效果

STEP 11 在 Repeater（重复）选项组中，修改 Factor（因数）的值为 1.1，X Rotation（X 轴旋转）的值为

240，修改 Y Rotation（Y 轴旋转）的值为 130，修改 Z Rotation（Z 轴旋转）的值为 −40，如图 8.77 所示，此时的画面效果如图 8.78 所示。

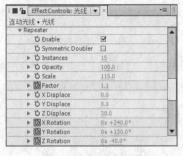

图8.77 设置属性参数

图8.78 画面效果

STEP 12 调整时间到 00:00:04:20 帧的位置，在 Transform（转换）选项组中，修改 Bend（弯曲）的值为 9，X Rotation（X 轴旋转）的值为 200，Y Rotation（Y 轴旋转）的值为 1x + 320，Z Rotation（Z 轴旋转）的值为 290，如图 8.79 所示，此时在合成窗口中看到的画面效果如图 8.80 所示。

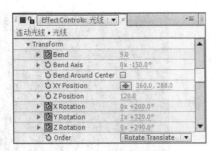

图8.79 设置属性的参数

图8.80 画面效果

STEP 13 在 Repeater（重复）选项组中，修改 Factor（因数）的值为 0.6，X Rotation（X 轴旋转）的值为 95，修改 Y Rotation（Y 轴旋转）的值为 110，修改 Z Rotation（Z 轴旋转）的值为 77，如图 8.81 所示。此时合成口中的画面效果如图 8.82 所示。

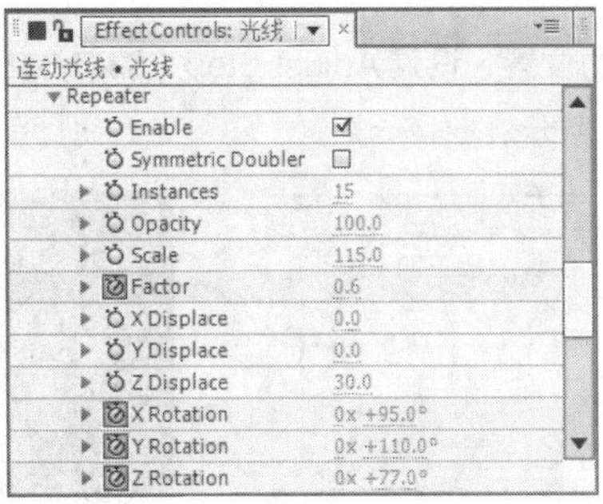

图8.81 设置属性的参数

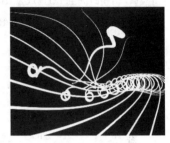

图8.82 画面效果

8.3.2 制作线与点的变化

STEP 01 调整时间到 00:00:01:00 帧的位置，展开 Advanced（高级）选项组，单击 Adjust Step（调节步幅）左侧的码表 按钮，在当前建立关键帧，修改 Adjust Step（调节步幅）的值为 900，如图 8.83 所示，此时合成窗口中的画面如图 8.84 所示。

图8.83 设置属性参数

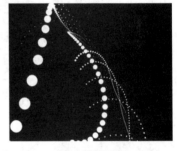

图8.84 画面效果

STEP 02 调整时间到 00:00:01:10 帧的位置，设置 Adjust Step（调节步幅）的值为 200，如图 8.85 所示，此时合成窗口中的画面如图 8.86 所示。

图8.85 设置属性参数

图8.86 画面效果

STEP 03 调整时间到 00:00:01:20 帧的位置，设置 Adjust Step（调节步幅）的值为 900，如图 8.87 所示，此时合成窗口中的画面如图 8.88 所示。

图8.87 设置属性参数

图8.88 画面效果

STEP 04 调整时间到 00:00:02:15 帧的位置，设置 Adjust Step（调节步幅）的值为 200，如图 8.89 所示，此时合成窗口中的画面如图 8.90 所示。

图8.89 设置属性参数

图8.90 画面效果

STEP 05 调整时间到 00:00:03:10 帧的位置，设置 Adjust Step（调节步幅）的值为 200，如图 8.91 所示，此时合成窗口中的画面如图 8.92 所示。

图8.91 设置属性参数

图8.92 画面效果

STEP 06 调整时间到 00:00:04:05 帧的位置，设置 Adjust Step（调节步幅）的值为 900，如图 8.93 所示，此时合成窗口中的画面如图 8.94 所示。

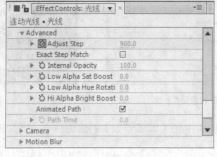

图8.93 设置属性参数

图8.94 画面效果

STEP 07 调整时间到 00:00:04:20 帧的位置，设置 Adjust Step（调节步幅）的值为 300，如图 8.95 所示，此时合成窗口中的画面如图 8.96 所示。

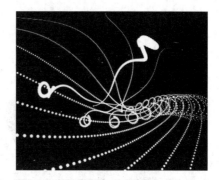

图8.95 设置属性参数　　　　　　　　　　　图8.96 画面效果

8.3.3 添加星光特效

STEP 01 确认选择"光线"固态层，在 Effects & Presets（效果和预置）面板中展开 Trapcode 特效组，然后双击 Starglow（星光）特效，如图 8.97 所示。

STEP 02 在 Effect Controls（特效控制）面板中，设置 Presets（预设）为 Warm Star（暖星），设置 Streak Length（光线长度）的值为 10，如图 8.98 所示。

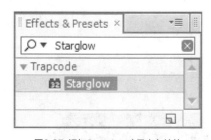

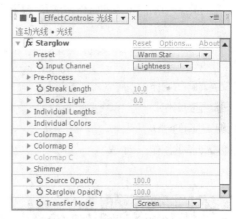

图8.97 添加Starglow（星光）特效　　　　图8.98 设置Starglow（星光）特效参数

STEP 03 这样就完成了"连动光线"效果的整体制作，按小键盘上的0键，在合成窗口中预览动画，如图 8.99 所示。

图8.99 "连动光线"动画流程

第**9**章

常见电影特效表现

本章主要讲解常见电影特效表现。影视特效在现在影视中已经随时可见，而本章主要讲解影视特效中一些常见特效的制作方法，本章通过讲解影视特效中的几个常见特效的制作方法，掌握电影中常见特效的制作方法和技巧。

教学目标

❂ 学习滴血文字动画的制作
❂ 学习流星雨动画的制作
❂ 掌握数字人物动画的制作
❂ 掌握飞行烟雾动画的制作

Ae 9.1　课堂案例——滴血文字

本例主要讲解利用 Liquify（液化）特效制作滴血文字效果。本例最终的动画流程效果如图 9.1 所示。

工程文件	工程文件\第9章\滴血文字
视频	视频\第9章\9.1 课堂案例——滴血文字.avi

图9.1 动画流程画面

1. 学习 Roufhen Edges（粗糙边缘）特效的使用。

2. 学习 Liquify（液化）特效的使用。

STEP 01 执行菜单栏中的 File（文件）|Open Project（打开项目）命令，选择配套光盘中的"工程文件\第9章\滴血文字\滴血文字练习.aep"文件，将文件打开。

STEP 02 为文字层添加 Roufhen Edges（粗糙边缘）特效。在 Effects & Presets（效果和预置）面板中展开 Stylize（风格化）特效组，然后双击 Roufhen Edges（粗糙边缘）特效。

STEP 03 在 Effects Controls（特效控制）面板中，修改 Roufhen Edges（粗糙边缘）特效的参数，设置 Border（边界）的值为 6，如图 9.2 所示，合成窗口效果如图 9.3 所示。

图9.2 设置Roufhen Edges（粗糙边缘）特效参数

图9.3 合成窗口中的效果

STEP 04 为文字层添加 Liquify（液化）特效。在 Effects & Presets（效果和预置）面板中展开 Distort（扭曲）特效组，然后双击 Liquify（液化）特效。

STEP 05 在 Effects Controls（特效控制）面板中，修改 Liquify（液化）特效的参数，在 Tools（工具）下单击 变形工具按钮，展开 Warp Tool Options 选项，设置 Brush Size（笔触大小）的值为 10，设置 Brush Pressure（笔触压力）的值为 100，如图 9.4 所示。

STEP 06 在合成窗口的文字中拖动鼠标，使文字产生变形效果。变形后的具体效果如图 9.5 所示。

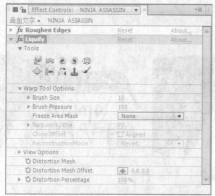
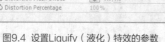

图9.4 设置Liquify（液化）特效的参数

图9.5 合成窗口中效果

STEP 07 将时间调整到 00:00:00:00 帧的位置，在 Effects Controls（特效控制）面板中，修改 Liquify（液化）特效的参数，设置 Distortion Percentage（变形百分比）的值为 0%，单击 Distortion Percentage（变形百分比）左侧的码表 按钮，在当前位置设置关键帧。

STEP 08 将时间调整到 00:00:01:10 帧的位置，设置 Distortion Percentage（变形百分比）的值为 200%，系统会自动设置关键帧，如图 9.6 所示。

STEP 09 这样就完成了"滴血文字"的整体制作，按小键盘上的 0 键，即可在合成窗口中预览动画。

图9.6 添加关键帧

Ae 9.2 课堂案例——流星雨效果

本例主要讲解利用 Particle Playground（粒子运动场）特效制作流星雨效果。本例最终的动画流程效果，如图 9.7 所示。

工程文件	工程文件\第9章\流星雨效果
视频	视频\第9章\9.2 课堂案例——流星雨效果.avi

图9.7 动画流程画面

知识点

1. 学习 Particle Playground（粒子运动场）特效的使用。

2.Echo（重复）特效的使用。

STEP 01 执行菜单栏中的 File（文件）IOpen Project（打开项目）命令，选择配套光盘中的"工程文件\第 9 章\流星雨效果\流星雨效果练习 .aep"文件，将文件打开。

STEP 02 执行菜单栏中的 Layer（层）INew（新建）ISolid（固态层）命令，打开 Solid Settings（固态层设置）对话框，设置 Name（名称）为"载体"，Color（颜色）为黑色。

STEP 03 为"载体"层添加 Particle Playground（粒子运动场）特效。在 Effects & Presets（效果和预置）面板中展开 Simulation（模拟）特效组，然后双击 Particle Playground（粒子运动场）特效。

STEP 04 在 Effects Controls（特效控制）面板中，修改 Particle Playground（粒子运动场）特效的参数，展开 Cannon（加农）选项组，设置 Position（位置）的值为（360，10），Barrel Radius（粒子的活动半径）的值为 300，Particles Per Second（每秒发射粒子数）的值为 70，Direction（方向）的值为 180，Velocity Random Spread（随机分散速度）的值为 15，Color（颜色）为蓝色（R:40，G:93，B:125），Particles Radius（粒子半径）的值为 25，如图 9.8 所示，合成窗口效果如图 9.9 所示。

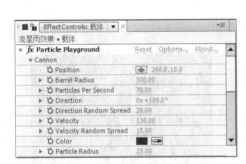

图9.8 设置加农参数

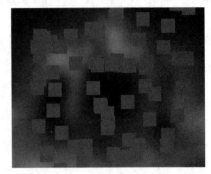

图9.9 设置加农后效果

STEP 05 单击 Particle Playground（粒子运动场）项目右边的 Options 选项，设置 Particle Playground（粒子运动场）对话框，单击 Edit Cannon Text（编辑文字）按钮，弹出 Edit Cannon Text（编辑文字）对话框，在对话框文字输入区输入任意数字与字母，单击两次 OK（确定）按钮，完成文字编辑，如图 9.10 所示，合成窗口效果如图 9.11 所示。

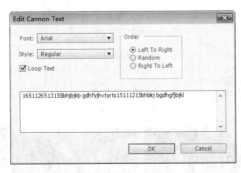

图9.10 设置文字编辑对话框

图9.11 设置文字后效果

STEP 06 为"载体"层添加 Glow（发光）特效。在 Effects & Presets（效果和预置）面板中展开 Stylize（风格化）特效组，然后双击 Glow（发光）特效。

STEP 07 在 Effects Controls（特效控制）面板中，修改 Glow（发光）特效的参数，设置 Glow Threshold（发光阈值）的值为 44，Glow Radius（发光半径）的值为 197，Glow Intensity（发光强度）的值为 1.5，如图 9.12 所示，合成窗口效果如图 9.13 所示。

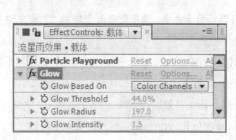

图9.12 设置发光参数

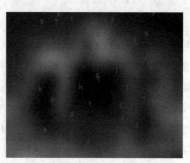

图9.13 设置发光后效果

STEP 08 为"载体"层添加 Echo（拖尾）特效。在 Effects & Presets（效果和预置）面板中展开 Time（时间）特效组，然后双击 Echo（拖尾）特效。

STEP 09 在 Effects Controls（特效控制）面板中，修改 Echo（拖尾）特效的参数，设置 Echo Time（重复时间）的值为 –0.05，Number of Echoes（重复数量）的值为 10，Decay（衰减）的值为 0.8，如图 9.14 所示，合成窗口效果如图 9.15 所示。

STEP 10 这样就完成了"流星雨效果"的整体制作，按小键盘上的 0 键，即可在合成窗口中预览动画。

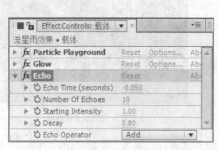

图9.14 设置重复参数

图9.15 设置重复后效果

Ae 9.3 课堂案例——飞行烟雾

本例主要讲解利用 Particular（粒子）特效制作飞行烟雾效果。本例最终的动画流程效果，如图 9.16 所示。

工程文件	工程文件\第9章\飞行烟雾
视频	视频\第9章\9.3 课堂案例——飞行烟雾.avi

图9.16 动画流程画面

图9.16 动画流程画面（续）

1. 学习 Particular（粒子）特效的使用。

2. 学习 Light（灯光）特效的使用。

9.3.1 制作烟雾合成

STEP 01 执行菜单栏中的 Composition（合成）| New Composition（新建合成）命令，打开 Composition Settings（合成设置）对话框，设置 Composition Name（合成名称）为"烟雾"，Width（宽）为"300"，Height（高）为"300"，Frame Rate（帧率）为"25"，并设置 Duration（持续时间）为 00:00:03:00 秒，如图 9.17 所示。

STEP 02 执行菜单栏中的 File（文件）| Import（导入）| File（文件）命令，打开 Import File（导入文件）对话框，选择配套光盘中的"工程文件\第 9 章\飞形烟雾\背景 .jpg、large_smoke.jpg"素材，如图 9.18 所示。单击【打开】按钮，"背景 .jpg、large_smoke.jpg"素材将导入到 Project（项目）面板中。

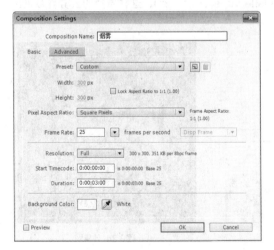

图9.17 合成设置

图9.18 Import File（导入文件）对话框

STEP 03 为了操作方便，执行菜单栏中的 Layer（层）| New（新建）| Solid（固态）命令，打开 Solid Settings（固态层设置）对话框，设置 Name（名称）为"黑背景"，Width（宽度）数值为 300px，Height（高度）数值为 300px，Color（颜色）值为黑色，如图 9.19 所示。

STEP 04 执行菜单栏中的 Layer（层）| New（新建）| Solid（固态）命令，打开 Solid Settings（固态层设置）对话框，设置 Name（名称）为"叠加层"，Width（宽度）数值为 300px，Height（高度）数值为 300px，Color（颜色）值为白色，如图 9.20 所示。

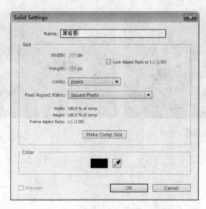

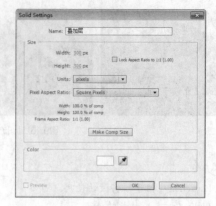

图9.19 "黑背景"固态层设置　　　　　　　　　　图9.20 "叠加层"设置

STEP 05 在 Project（项目）面板中，选择"large_smoke.jpg"素材，将其拖动到"large_smoke"合成的时间线面板中，如图 9.21 所示。

STEP 06 选中"large_smoke.jpg"层，按 S 键展开 Scale（缩放）属性，取消链接 ... 按钮，设置 Scale（缩放）数值为（47、61），参数如图 9.22 所示。

图9.21 添加素材　　　　　　　　　　　　　　图9.22 参数设置

STEP 07 选中"叠加层"，设置层跟踪模式为 Luma Matte large_smoke.jpg，这样单独的云雾就被提出来了，如图 9.23 所示，效果如图 9.24 所示。

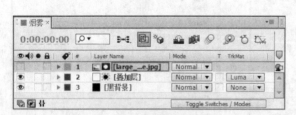

图9.23 通道设置　　　　　　　　　　　　　　图9.24 效果图

STEP 08 选中"黑背景"层，将该层删除，如图 9.25 所示。

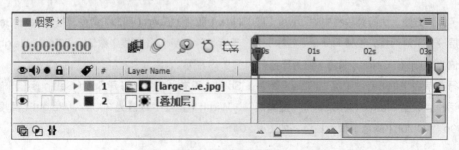

图9.25 删除"黑背景"层

9.3.2 制作总合成

STEP 01 执行菜单栏中的 Composition(合成)I New Composition(新建合成)命令,打开 Composition Settings(合成设置)对话框,设置 Composition Name(合成名称)为"总合成",Width(宽)为"1024",Height(高)为"576",Frame Rate(帧率)为"25",并设置 Duration(持续时间)为 00:00:03:00 秒。

STEP 02 打开"总合成",在 Project(项目)面板中,选择"背景 .jpg"素材,将其拖动到"总合成"的时间线面板中,如图 9.26 所示。

STEP 03 选中"背景 .jpg"层,打开三维层按钮 ⬢,按 S 键展开 Scale(缩放)属性,设置 Scale(缩放)数值为 105,如图 9.27 所示。

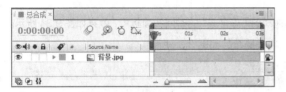

图9.26 添加素材

图9.27 Scale(缩放)设置

STEP 04 执行菜单栏中的 Layer(层)I New(新建)I Light(灯光)命令,打开 Light Settings(灯光设置)对话框,设置 Name(名称)为"Emitter1",如图 9.28 所示,单击 OK(确定)按钮,此时效果如图 9.29 所示。

图9.28 Light(灯光)设置

图9.29 画面效果

STEP 05 将"总合成"窗口切换到 Top(顶视图),如图 9.30 所示。

STEP 06 将时间调整到 00:00:00:00 帧的位置,选中"灯光"层,按 P 键展开 Position(位置)属性,设置 Position(位置)数值为(698、153、−748),单击码表按钮,在当前位置添加关键帧;将时间调整到 00:00:02:24 帧的位置,设置 Position(位置)数值为(922、464、580),系统会自动创建关键帧,如图 9.31 所示。

图9.30 Top(顶视图)效果

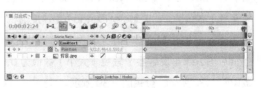

图9.31 关键帧设置

STEP 07 选中"灯光"层，按 Alt 键，同时用鼠标单击 Poaition（位置）左侧的码表按钮，在时间线面板中输入
"wiggle(.6,150)"，如图 9.32 所示。

STEP 08 将"总合成"窗口切换到 Active Camera（摄相机视图），如图 9.33 所示。

图9.32 表达式设置

图9.33 视图切换

STEP 09 在 Project（项目）面板中选择"烟雾"合成，将其拖动到"总合成"的时间线面板中，效果如图 9.34 所示。

STEP 10 选中"烟雾"层，单击该层左侧的隐藏按钮 ，将其隐藏，如图 9.35 所示。

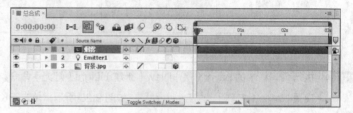

图9.34 添加"烟雾"合成

图9.35 隐藏"烟雾"合成

STEP 11 执行菜单栏中的 Layer（层）|New（新建）|Solid（固态）命令，打开 Solid Settings（固态层设置）对话框，
设置 Name（名称）为"粒子烟"，Width（宽度）数值为 1024px，Height（高度）数值为 576px，
Color（颜色）值为黑色，如图 9.36 所示。

STEP 12 选中"粒子烟"层，在 Effects & Presets（效果和预置）面板中展开 Trapcode 特效组，双击 Particular（粒
子）特效，如图 9.37 所示。

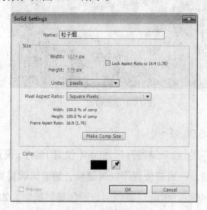

图9.36 固态层设置

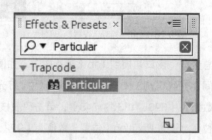

图9.37 添加Particular（粒子）特效

STEP 13 在 Effect Controls（特效控制）面板中，展开 Emitter（发射器）选项组，设置 Particular/sec（粒子数
量）为 200，在 Emitter Type（发射类型）右侧的下拉列表框中选择 Light（灯光发射），设置 Velocity
（速度）数值为 7，Velocity Random（速度随机）数值为 0，Velocity Distribution（速率分布）数值为
0，Velocity from Motion（粒子拖尾长度）数值为 0，Emitter Size X（发射器 X 轴粒子大小）数值为 0，
Emitter Size Y（发射器 Y 轴粒子大小）数值为 0，Emitter Size Z（发射器 Z 轴粒子大小）数值为 0，参
数如图 9.38 所示，效果图 9.39 所示。

图9.38 Emitter（发射器）参数设置　　　　　　图9.39 效果图

STEP 14 展开 Particle（粒子）选项组，设置 Life（生存）数值为3，在 Particle Type（粒子类型）右侧的下拉

列表框中选择 Sprite（幽
灵），展开 Tuxture（纹理）
选项组，在 Layer（层）
右侧的下拉列表中选择
"烟雾"，参数如图 9.40
所示，效果图 9.41 所示。

图9.40 Particle（粒子）参数设置

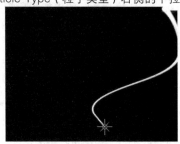

图9.41 效果图

STEP 15 展 开 Particular（ 粒 子 ）
IParticle（粒子）IRotation
（ 旋 转 ）选 项 组，设 置
Random Rotation（随机旋
转）数值为74，Size（ 大 小 ）
数值为 14，Size Random
（随机大小）数值为 54，
Opacity Random（ 不 透
明度随机）数值为 100，
其它参数设置如图 9.42 所
示，效果如图 9.43 所示。

图9.42 Rotation（旋转）参数设置

图9.43 效果图

STEP 16 选中"灯光"层，单击该层左侧的隐藏按钮 👁 ，将其隐藏，此时画面效果如图 9.44 所示。

STEP 17 选中"粒子烟"层，在
Effects & Presets（效果和
预置）面板中展开 Color
Correction（色彩校正）特
效组，然后双击 Tint（色调）
特效，如图 9.45 所示。

图9.44 画面效果图

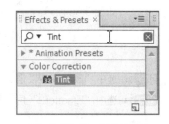

图9.45 添加Tint（色调）特效

STEP 18 在 Effect Controls（特效控制）面板中，设置 Map White To（白色映射）颜色为浅蓝色（R:213、G:241、B:243），如图 9.46 所示。

STEP 19 选中"粒子烟"层，在 Effects & Presets（效果和预置）面板中展开 Color Correction（色彩校正）特效组，双击 Curves（曲线）特效，如图 9.47 所示。

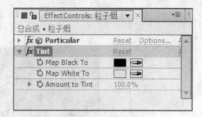

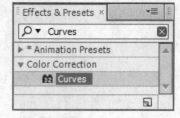

图9.46 参数设置　　　　　　　　　　图9.47 添加Curves（曲线）特效

STEP 20 在 Effect Controls（特效控制）面板中，设置 Curves（曲线）形状如图 9.48 所示，效果如图 9.49 所示。

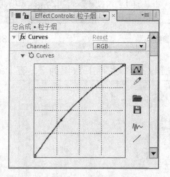

图9.48 调整Curves（曲线）形状　　　　　　图9.49 效果图

STEP 21 选中"Emetter1"层，按 Ctrl+D 组合键复制出"Emetter2"层，如图 9.50 所示。

STEP 22 选中"Emetter2"层，单击该层左侧的显示与隐藏按钮 👁，将其显示，如图 9.51 所示。

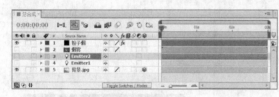

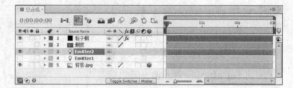

图9.50 复制层　　　　　　　　　　　图9.51 显示图层

STEP 23 将"总合成"窗口切换到 Top（顶视图），如图 9.52 所示。

STEP 24 将时间调整到 00:00:00:00 帧的位置，手动调整"Emetter2"位置；将时间调整到 00:00:02:24 帧的位置，手动调整"Emetter2"位置，形状如图 9.53 所示。

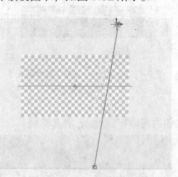

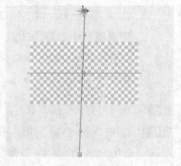

图9.52 视图切换到Top（顶视图）　　　　图9.53 形状调整

STEP 25 选中"Emetter2"层，按 Ctrl+D 组合键复制出"Emetter3"层，如图 9.54 所示。

STEP 26 选中"Emetter3"层，默认 Top（顶视图）形状如图 9.55 所示。

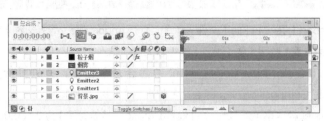

图9.54 复制层

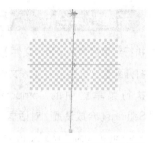

图9.55 默认Top（顶视图）形状

STEP 27 将时间调整到 00:00:00:00 帧的位置，手动调整"Emetter3"位置；将时间调整到 00:00:02:24 帧的位置，手动调整"Emetter3"位置，形状如图 9.56 所示。

STEP 28 选中"Emetter2、Emetter3"层，单击层左侧的显示与隐藏按钮 👁 ，将其隐藏，如图 9.57 所示。

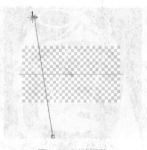

图9.56 形状调整

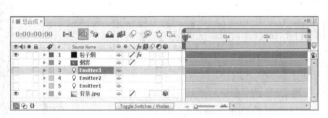

图9.57 隐藏设置

STEP 29 这样就完成了飞行烟雾的整体制作，按小键盘上的 0 键，即可在合成窗口中预览动画。

Ae 9.4 课堂案例——数字人物

本例主要讲解利用 Enable Per-character 3D（启用逐字 3D 化）制作数字人物效果。本例最终的动画流程效果如图 9.58 所示。

工程文件	工程文件\第9章\数字人物
视频	视频\第9章\9.4 课堂案例——数字人物.avi

图9.58 数字人物动画流程效果

知识点

1.Invert（反转）特效的使用。

2.Enable Per-character 3D（启用逐字 3D 化）属性的使用。

3.Tritone（调色）调色命令的使用。

4.Glow（发光）特效的使用。

9.4.1 新建数字合成

STEP 01 执行菜单栏中的 File（文件）| Import（导入）| File（文件）命令，打开 Import File（导入文件）对话框，打开配套光盘中的"工程文件\第9章\数字人物\数字人物练习.aep"文件。

STEP 02 执行菜单栏中的 Composition（合成）|New Composition(新建合成)命令，打开 Composition Settings(合成设置)对话框，设置 Composition Name(合成名称)为"人物"，Width(宽)为"720"，Height(高)为"576"，Frame Rate(帧速率)为"25"，并设置 Duration(持续时间)为 00:00:05:00 秒。

STEP 03 打开"人物"合成，在项目面板中，选择"头像.jpg"素材，将其拖动到"人物"合成的时间线面板中。

STEP 04 选中"头像.jpg"层，为"头像.jpg"层添加 Invert（反向）特效。在 Effects&Presets（效果和预置）面板中展开 Channel(通道)特效组，然后双击 Invert(反转)特效，如图9.59所示，合成窗口效果如图9.60所示。

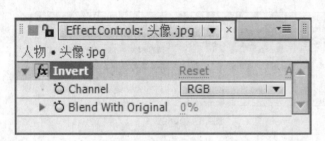

图9.59 参数设置　　　　　　　　　　　　　　图9.60 设置参数后的效果

STEP 05 切换到"数字"合成，执行菜单栏中的 Layer（图层）|New（新建）|Text（文字）命令，并重命名为"数字蒙版"，在"人物"的合成窗口中输入 1~9 的任何数字，直到覆盖住人物为主，设置字体为"Arial"，字号为"10px"，字体颜色为白色，其他参数如图 9.61 所示，效果如图 9.62 所示。

STEP 06 选中"数字蒙版"文字层，打开运动模糊按钮，在时间线面板中，展开文字层，然后单击 Text（文字）右侧 Animate 后的三角形按钮，从菜单中选择 Enable Per-character 3D（启用逐字 3D 化）命令，"数字蒙版"文字层的三维层设置会变成。

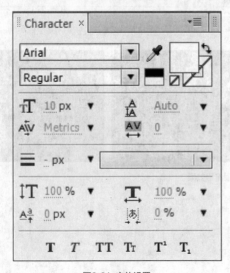

图9.61 字体设置

图9.62 效果图

STEP 07 将"人物"合成拖动到时间线面板中，选中"人物"层，设置其轨道模式为 Alpha Matte "数字蒙版"（Alpha 蒙版"数字蒙版"），如图 9.63 所示。

STEP 08 在时间线面板中展开文字层，将时间调整到 00:00:00:00 帧的位置，然后单击 Text（文字）右侧 Animate 后的三角形 按钮，从菜单中选择 Position(位置) 命令，设置 Position(位置) 的值为（0，0，

图9.63 时间线面板的修改

–1500），单击 Animator 1（动画 1）右侧 Add 后面的三角形 按钮，从菜单中选择 Property（特性）ICharacter Offset（字符偏移）选项，设置 Character Offset（字符偏移）的值为 10，单击 Position(位置) 和 Character Offset（字符偏移）左侧的码表 按钮，在当前位置设置关键帧。

STEP 09 将时间调整到 00:00:03:00 帧的位置，设置 Position(位置) 的值为（0，0，0），系统会自动创建关键帧，如图 9.64 所示。

STEP 10 将时间调整到 00:00:04:24 帧的位置，设置 Character Offset（字符偏移）数值为 50，系统会自动创建关键帧，如图 9.65 所示。

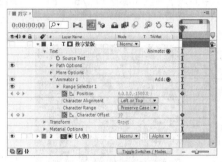

图9.64 设置参数及设置关键帧

图9.65 设置关键帧

STEP 11 选择"数字蒙版"层，展开 Text（文字）IAnimator 1（动画 1）IRange Selector 1（范围选择器 1）IAdvanced（高级）选项组，从 Shape（形状）下拉菜单中选择 Ramp Up（向上倾斜）选项，设置 Randomize Order(随机顺序) 为 On(打开)，如图9.66所示，合成窗口效果如图9.67所示。

图9.66 参数设置

图9.67 设置参数后的效果

9.4.2　新建数字人物合成

STEP 01 执行菜单栏中的 Composition（ 合成 ）INew Composition(新建合成) 命令，打开 Composition Settings(合成设置) 对话框，设置 Composition Name(合成名称) 为"数字人物"，Width(宽) 为"720"，Height(高) 为"576"，Frame Rate(帧速率) 为"25"，并设置 Duration(持续时间) 为 00:00:05:00 秒。

STEP 02 打开"数字人物"合成，在项目面板中，选择"数字"合成，将其拖动到"数字人物"合成的时间线面板中。

STEP 03 选中"数字"层，按 S 键展开 Scale（缩放）属性，将时间调整到 00:00:00:00 帧的位置，设置 Scale（缩放）数值为（500，500），单击 Scale（缩放）左侧的码表 🕙 按钮，在当前位置设置关键帧。

STEP 04 将时间调整到 00:00:03:00 帧的位置，设置 Scale（缩放）数值为（100，100），系统会自动创建关键帧，选择两个关键帧按 F9 键，使关键帧平滑，如图 9.68 所示。

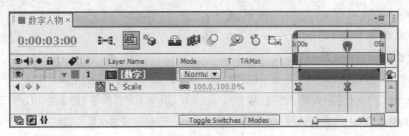

图9.68 关键帧设置

STEP 05 选中"数字"层，在 Effects&Presets（效果和预置）面板中展开 Color Correction（色彩校正）特效组，双击 Tritone（浅色调）特效。

STEP 06 在 Effect Controls（特效控制）面板中，设置 Midtones（中间调）颜色为绿色（R:75、G:125、B:125），如图 9.69 所示，效果如图 9.70 所示。

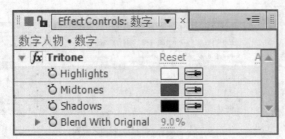

图9.69 参数设置

图9.70 效果图

STEP 07 选中"数字"层，在 Effects&Presets（效果和预置）面板中展开 Stylize(风格化)特效组，双击 Glow（发光）特效，如图 9.71 所示，效果如图 9.72 所示。

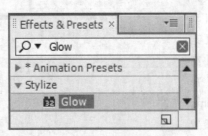

图9.71 添加发光特效

图9.72 效果图

STEP 08 选中"数字"层，将该层打开快速模糊按钮 ◯，如图 9.73 所示。

图9.73 打开快速模糊按钮

STEP 09 这样就完成了"数字人物"的整体制作，按小键盘上的 0 键，即可在合成窗口中预览动画。

第**10**章

常见插件特效风暴

After Effects CS 6除了内置的特效外,还支持很多特效插件。通过对插件特效的应用,可以使动画的制作更为简便,动画的效果也更为绚丽。本章主要讲解3个常见插件特效的使用方法和技巧。

教学目标

- 掌握 3D Stroke（3D 笔触）特效的使用
- 掌握 Shine（光）特效的使用
- 掌握 Particular（粒子）特效的使用

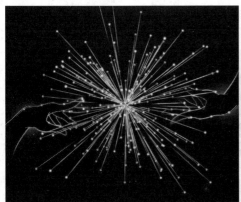
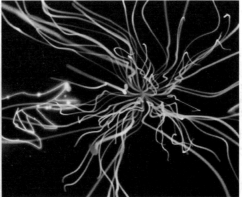

Ae 10.1 课堂案例——制作动态背景

本例主要讲解利用 3D Stroke（3D 笔触）特效制作动态背景效果，完成的动画流程画面如图 10.1 所示。

工程文件	工程文件\第10章\动态背景效果
视频	视频\第10章\10.1 课堂案例——制作动态背景.avi

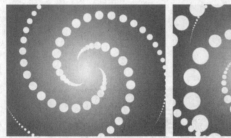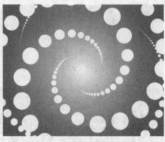

图10.1 动画流程画面

知识点

3D Stroke（3D 笔触）。

STEP 01 执行菜单栏中的 Composition（合成）| New Composition（新建合成）命令，打开 Composition Settings（合成设置）对话框，设置 Composition Name（合成名称）为"动态背景效果"，Width（宽）为"720"，Height（高）为"576"，Frame Rate（帧率）为"25"，并设置 Duration（持续时间）为 00:00:02:00 秒。

STEP 02 执行菜单栏中的 Layer（层）| New（新建）| Solid（固态层）命令，打开 Solid Settings（固态层设置）对话框，设置 Name（名称）为"背景"，Color（颜色）为黑色。

STEP 03 为"背景"层添加 Ramp（渐变）特效。在 Effects & Presets（效果和预置）面板中展开 Generate（创造）特效组，然后双击 Ramp（渐变）特效。

STEP 04 在 Effect Controls（特效控制）面板中，修改 Ramp（渐变）特效的参数，设置 Start of Ramp（渐变开始）的值为（356，288），Start Color（开始色）为黄色（R:255；G:252；B:0），End of Ramp（渐变结束）的值为（712，570），End Color（结束色）为红色（R:255；G:0；B:0），从 Ramp Shape（渐变形状）下拉菜单中选择 Radial Ramp（放射渐变）选项，如图 10.2 所示，合成窗口效果如图 10.3 所示。

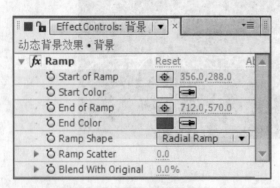

图10.2 设置渐变参数

图10.3 设置渐变后的效果

STEP 05 执行菜单栏中的 Layer（层）INew（新建）ISolid（固态层）命令，打开 Solid Settings（固态层设置）对话框，设置 Name（名称）为"旋转"，Color（颜色）为黑色。

STEP 06 选中"旋转"层，在工具栏中选择 Ellipse Tool（椭圆工具）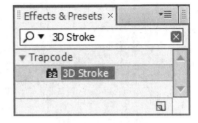，在图层上绘制一个圆形路径，如图10.4 所示。

STEP 07 为"旋转"层添加 3D Stroke（3D 笔触）特效。在 Effects & Presets（效果和预置）面板中展开 Trapcode 特效组，然后双击 3D Stroke（3D 笔触）特效，如图 10.5 所示。

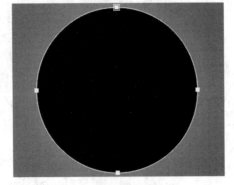

图10.4 绘制路径

图10.5 添加3D 笔触特效

STEP 08 在 Effect Controls（特效控制）面板中，修改 3D Stroke（3D 笔触）特效的参数，设置 Color（颜色）为黄色（R:255；G:253；B:68），Thickness（厚度）的值为8，End（结束）的值为25；将时间调整到 00:00:00:00 帧的位置，设置 Offset（偏移）的值 0，单击 Offset（偏移）左侧的码表 按钮，在当前位置设置关键帧，合成窗口效果如图 10.6 所示。

STEP 09 将时间调整到 00:00:01:24 帧的位置，设置 Offset（偏移）的值 201，系统会自动设置关键帧，如图 10.7 所示。

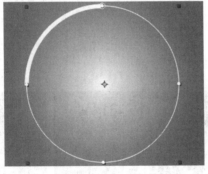

图10.6 设置关键帧前效果

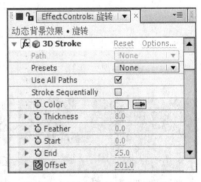

图10.7 设置偏移关键帧后的效果

STEP 10 展开 Taper（锥度）选项组，选中 Enable（启用）复选框，如图 10.8 所示，展开 Transform（变换）选项组，设置 Bend（弯曲）的值为 4.5，Bend Axis（弯曲轴）的值为 90，选择 Bend Around Center（弯曲重置点）复选框，Z Position（Z 轴位置）的值为 −40，Y Rotation（Y 轴旋转）的值为 90，如图 10.9 所示。

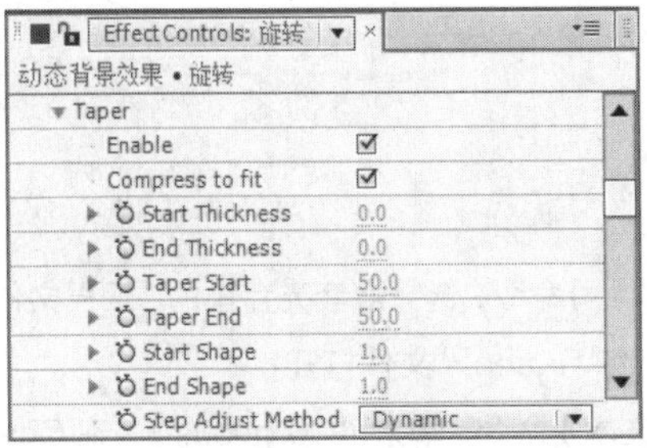

图10.8 设置锥度参数

图10.9 设置变换参数

STEP 11 展开 Repeater（重复）选项组，选择 Enable（启用）复选框，设置 Instances（重复量）的值为 2，Z Displace（Z 轴移动）的值为 30，X Rotation（X 旋转）的值为 120，展开 Advanced（高级）选项组，设置 Adjust Step（调节步幅）的值为 1000，如图 10.10 所示，合成窗口效果如图 10.11 所示。

STEP 12 这样就完成了动态背景的整体制作，按小键盘上的 0 键，即可在合成窗口中预览动画。

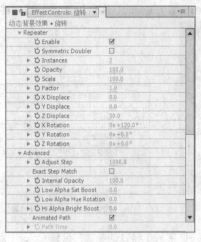

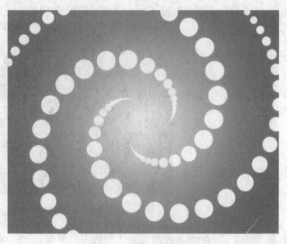

图10.10 设置重复和高级参数　　　　　　　　图10.11 设置3D 笔触参数

10.2　课堂案例——扫光文字

本例主要讲解利用 Shine（光）特效制作扫光文字效果，完成的动画流程画面如图 10.12 所示。

工程文件	工程文件\第10章\扫光文字
视频	视频\第10章\10.2 课堂案例——扫光文字.avi

图10.12 动画流程画面

Shine（光）。

STEP 01 执行菜单栏中的 File（文件）|Open Project（打开项目）命令，选择配套光盘中的"工程文件\第 10 章\扫光文字\扫光文字练习 .aep"文件，将"扫光文字练习 .aep"文件打开。

STEP 02 执行菜单栏中的 Layer（层）|New（新建）|Text（文本）命令，输入"Gorgeous"。在 Character（字符）面板中，设置文字字体为 Adobe Heiti Std，字号为 100px，字体颜色为青色（R:84；G:236；B:254）。

STEP 03 为"Gorgeous"层添加 Shine（光）特效。在 Effects & Presets（效果和预置）面板中展开 Trapcode 特效组，然后双击 Shine（光）特效。

STEP 04 在 Effect Controls（特效控制）面板中，修改 Shine（光）特效的参数，设置 Ray Light（光线长度）的值为 8，Boost Light（光线亮度）的值为 5，从 Colorize（着色）下拉菜单中选择 One Color（单色）命令，Color（颜色）为青（R:0；G:252；B:255）；将时间调整到 00:00:00:00 帧的位置，设置 Source Point（源点）的值为（118，290），单击 Source Point（源点）左侧的码表🕐按钮，在当前位置设置关键帧。

STEP 05 将时间调整到 00:00:02:00 帧的位置，设置 Source Point（源点）的值为（602，298），系统会自动设置关键帧，如图 10.13 所示，合成窗口效果如图 10.14 所示。

图10.13 设置发光参数　　　　　　　　　图10.14 设置发光后的效果

STEP 06 这样就完成了扫光文字的整体制作，按小键盘上的 0 键，即可在合成窗口中预览动画。

Ae 10.3　课堂案例——旋转空间

本例主要讲解利用 Particular（粒子）特效制作旋转空间效果。本例最终的动画流程效果如图 10.15 所示。

工程文件	工程文件\第10章\旋转空间
视频	视频\第10章\10.3 课堂案例——旋转空间.avi

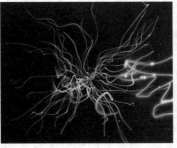
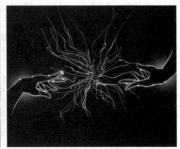

图10.15 动画流程画面

知识点

1. 掌握 Particular（粒子）特效的使用。

2. 掌握 Curves（曲线）特效的使用。

10.3.1 制作粒子生长动画

STEP 01 执行菜单栏中的 Composition（合成）| New Composition（新建合成）命令，打开 Composition Settings（合成设置）对话框，设置 Composition Name（合成名称）为"旋转空间"，Width（宽）为"720"，Height（高）为"576"，Frame Rate（帧率）为"25"，并设置 Duration（持续时间）为 00:00:05:00 秒，如图 10.16 所示。

STEP 02 执行菜单栏中的 File（文件）| Import（导入）| File（文件）命令，打开 Import File（导入文件）对话框，选择配套光盘中的"工程文件\第 10 章\旋转空间\手背景 .jpg"素材，如图 10.17 所示，单击【打开】按钮，"手背景 .jpg"素材将导入到 Project（项目）面板中。

图10.16 合成设置

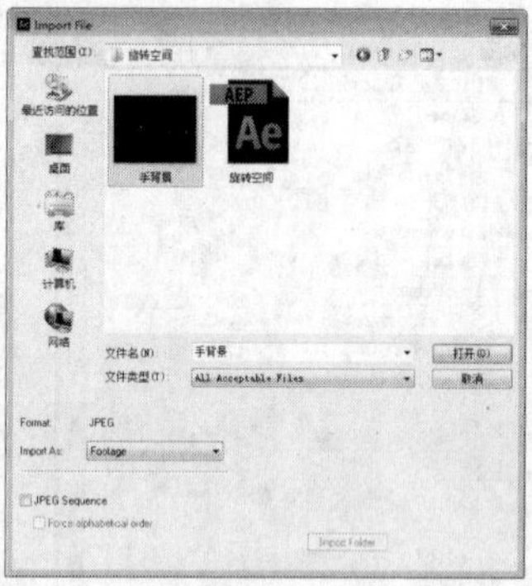

图10.17 Import File（导入文件）对话框

STEP 03 打开"旋转空间"合成，在 Project（项目）面板中选择"手背景 .jpg"素材，将其拖动到"旋转空间"合成的时间线面板中，如图 10.18 所示。

图10.18 添加素材

STEP 04 在时间线面板中按 Ctrl + Y 组合键，打开 Solid Settings（固态层设置）对话框，设置 Name（名称）为粒子，Color（颜色）为白色，如图 10.19 所示。

STEP 05 单击 OK（确定）按钮，在时间线面板中将会创建一个名为"粒子"的固态层。选择"粒子"固态层，在 Effects & Presets（效果和预置）面板中展开 Trapcode 特效组，然后双击 Particular（粒子）特效，如图 10.20 所示。

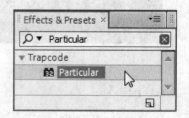

图10.19 新建"粒子"固态层

图10.20 添加Particular（粒子）特效

STEP 06 在 Effects Controls（特效控制）面板中，修改 Particular（粒子）特效的参数，展开 Aux System（辅助系统）选项组，在 Emit（发射器）右侧的下拉菜单中选择 From Main Particles（从主粒子），设置 Particles/sec（每秒发射粒子数）的值为 235，Life（生命）的值为 1.3，Size（尺寸）的值为 1.5，Opacity（不透明度）的值为 30，参数设置，如图 10.21 所示。其中一帧的画面效果如图 10.22 所示。

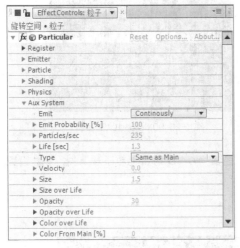

图10.21 Aux System（辅助系统）选项组的参数设置　　　　　图10.22 其中一帧的画面效果

STEP 07 将时间调整到 00:00:01:00 帧的位置，展开 Physics（物理）选项组，然后单击 Physics Time Factor（物理时间因素）左侧的码表 按钮，在当前位置设置关键帧；然后再展开 Air（空气）选项中的 Turbulence Field（混乱场）选项，设置 Affect Position（影响位置）的值为 155，参数设置，如图 10.23 所示。此时的画面效果如图 10.24 所示。

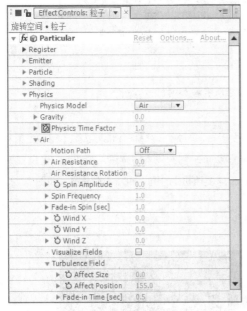

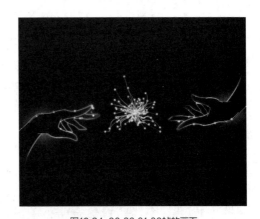

图10.23 在00:00:01:00帧的位置设置关键帧　　　　　图10.24 00:00:01:00帧的画面

Affect Position（影响位置）参数可以在指定范围内产生效果，特别是产生随机扭曲效果时尤为重要。

STEP 08 将时间调整到 00:00:01:10 帧的位置，修改 Physics Time Factor（物理时间因素）的值为 0，如图 10.25 所示。此时的画面效果如图 10.26 所示。

图10.25 修改Physics Time Factor的值为0

图10.26 00:00:01:10帧的画面

STEP 09 展开 Particle（粒子）选项组，设置 Size（尺寸）的值为 0，此时白色粒子球消失，参数设置，如图 10.27 所示。此时的画面效果如图 10.28 所示。

图10.27 设置Size（尺寸）的值为0

图10.28 白色粒子球消失

在特效控制面板中使用 Ctrl + Shift + E 组合键可以移除所有添加的特效。

STEP 10 将时间调整到 00:00:00:00 帧的位置，展开 Emitter（发射器）选项组，设置 Particles/sec（每秒发射粒子数）的值为 1800，然后单击 Particles/sec（每秒发射粒子数）左侧的码表 按钮，在当前位置设置关键帧；设置 Velocity（速度）的值为 160，Velocity Random（速度随机）的值为 40，参数设置，如图 10.29 所示。此时的画面效果如图 10.30 所示。

图10.29 设置Emitter（发射器）选项组的参数

图10.30 00:00:00:00帧的画面

STEP 11 将时间调整到 00:00:00:01 帧的位置，修改 Particles/sec（每秒发射粒子数）的值为 0，系统将在当前位置自动设置关键帧。这样就完成了粒子生长动画的制作，拖动时间滑块，预览动画，其中几帧的画面效果如图 10.31 所示。

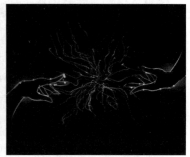

图10.31 其中几帧的画面效果

10.3.2 制作摄像机动画

STEP 01 添加摄像机。执行菜单栏中的 Layer（层）|New（新建）|Camera（摄像机）命令，打开 Camera Settings（摄像机设置）对话框，设置 Preset（预置）为 24mm，参数设置，如图 10.32 所示。单击 OK（确定）按钮，在时间线面板中将会创建一个摄像机。

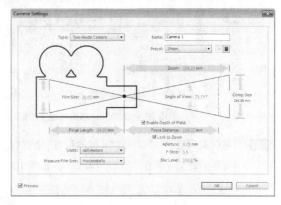

图10.32 Camera Settings（摄像机设置）对话框

STEP 02 在时间线面板中，打开"手背景 .jpg"层的三维属性开关。将时间调整到 00:00:00:00 帧的位置，选择"Camera 1"层，单击其左侧的灰色三角形▼按钮，将展开 Transform（转换）选项组，然后分别单击 Point of Interest（中心点）和 Position（位置）左侧的码表🕙按钮，在当前位置设置关键帧，参数设置，如图 10.33 所示。

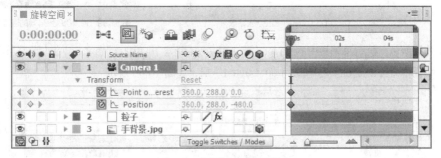

图10.33 为摄像机设置关键帧

STEP 03 将时间调整到 00:00:01:00 帧的位置，修改 Point of Interest（中心点）的值为（320，288，0），Position（位置）的值为（-165，360，530），如图 10.34 所示。此时的画面效果如图 10.35 所示。

图10.34 修改中心点和位置的值

图10.35 00:00:01:00帧的画面效果

STEP 04 将时间调整到00:00:02:00帧的位置，修改 Point of Interest（中心点）的值为（295，288，180），Position（位置）的值为（560，360，-480），如图10.36所示。此时的画面效果如图10.37所示。

图10.36 在00:00:02:00帧的位置修改参数

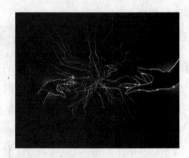

图10.37 00:00:02:00帧的画面效果

STEP 05 将时间调整到00:00:03:04帧的位置，修改 Point of Interest（中心点）的值为（360，288，0），Position（位置）的值为（360，288，-480），如图10.38所示。此时的画面效果如图10.39所示。

图10.38 在00:00:03:04帧的位置修改参数

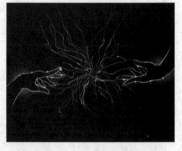

图10.39 00:00:03:04帧的画面效果

STEP 06 调整画面颜色。执行菜单栏中的 Layer（层）| New（新建）| Adjustment Layer（调整层）命令，在时间线面板中将会创建一个"Adjustment Layer1"层，如图10.40所示。

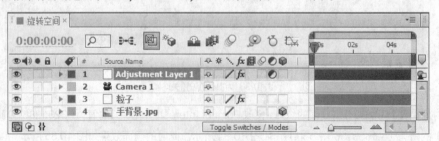

图10.40 添加调整层

STEP 07 为调整层添加 Curves（曲线）特效。选择 "Adjustment Layer1" 层，在 Effects & Presets（效果和预置）面板中展开 Color Correction（色彩校正）特效组，然后双击 Curves（曲线）特效，如图 10.41 所示。在 Effects Controls（特效控制）面板中，调整曲线的形状，如图 10.42 所示。

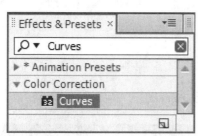

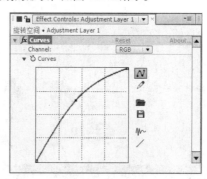

图10.41 添加Curves（曲线）特效　　　　　　图10.42 调整曲线形状

STEP 08 调整曲线的形状后，在合成窗口中观察画面色彩变化，调整前的画面效果，如图 10.43 所示，调整后的画面效果如图 10.44 所示。

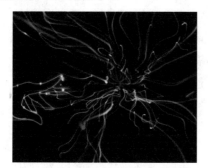
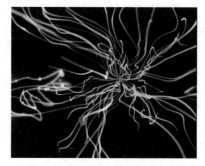

图10.43 调整前　　　　　　　　　　　　图10.44 调整后

STEP 09 这样就完成了 "旋转空间" 的整体制作，按小键盘上的 0 键，在合成窗口中预览动画。

第**11**章

商业包装案例综合实战

在中国电视媒体走向国际化的今天，电视包装也由节目包装、栏目包装向整体包装发展，包装已成为电视频道参与竞争、增加收益、提高收视率的有力武器。本章以5个具有代表性的实例，讲解与电视包装相关的制作过程。通过本章的学习，让读者不仅可以看到成品的包装，而且可以学习到其中的制作方法和技巧。

教学目标

✿ 学习电视 ID 演绎的制作方法

✿ 学习频道特效表现的处理

✿ 掌握电视频道宣传片的制作

✿ 掌握电视栏目包装的制作技巧

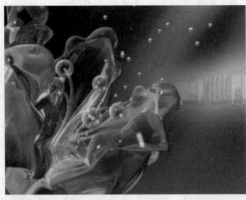

Ae 11.1 电视ID演绎——MUSIC频道

本例重点讲解利用 3D Stroke（3D 笔触）、Starglow（星光）特效制作流动光线效果。利用 Gaussian Blur(高斯模糊) 等特效制作 Music 字符运动模糊效果。本例最终的动画流程效果如图 11.1 所示。

工程文件	工程文件\第11章\Music
视频	视频\第11章\11.1 电视ID演绎——MUSIC频道.avi

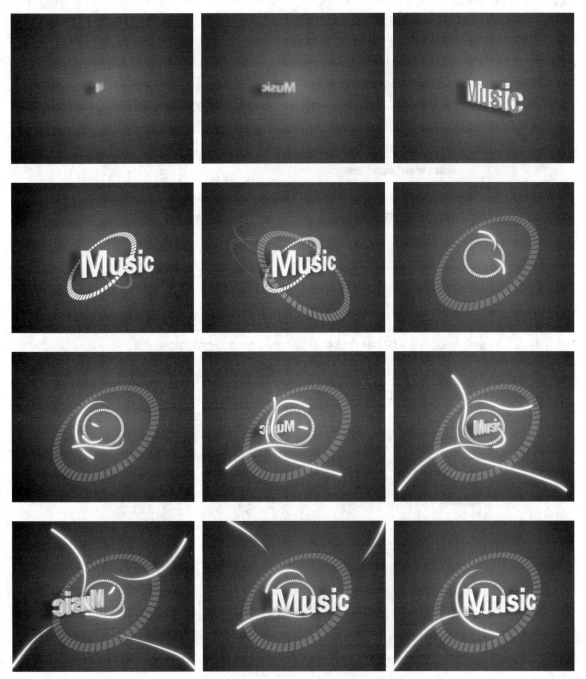

图11.1 《MUSIC频道》ID演绎最终动画流程效果

1. 学习序列素材的导入及设置方法。
2. 掌握学习利用 Gaussian Blur（高斯模糊）特效制作运动模糊特效。
3. 掌握利用 3D Stroke（3D 笔触）、Starglow（星光）特效制作流动的光线的技巧。

11.1.1　导入素材与建立合成

STEP 01 导入三维素材。执行菜单栏中的 File（文件）| Import（导入）| File（文件）命令，打开 Import File（导入文件）对话框，选择配套光盘中的"工程文件\第 11 章\Music\c1\c1.000.tga"素材，然后勾选 Targa Sequence（TGA 序列）复选框，如图 11.2 所示。

STEP 02 单击【打开】按钮，此时将打开"Interpret Footage:c1.000.[001-027].tga"对话框，在 Alpha 通道选项组中选择 Premultiplied-Matted With Color（预设 - 无蒙版）单选按钮，设置颜色为黑色，如图 11.3 所示。单击 OK（确定）按钮，将素材黑色背景抠除。素材将以序列的方式导入到 Project（项目）面板中。

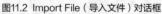
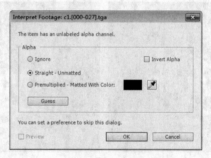

图11.2 Import File（导入文件）对话框　　　　图11.3 以合成的方式导入素材

STEP 03 使用相同的方法将"工程文件\第 11 章\Music\c2"文件夹内的 .tga 文件导入到 Project（项目）面板中。导入后的 Project（项目）面板如图 11.4 所示。

STEP 04 执行菜单栏中的 File（文件）| Import（导入）| File（文件）命令，打开 Import File（导入文件）对话框，选择配套光盘中的"工程文件\第 11 章\Music\ 单帧 .tga、锯齿 .psd"，如图 11.5 所示。

图11.4 导入合成素材　　　　图11.5 导入文件对话框

STEP 05 执行菜单栏中的 Composition（合成）| New Composition（新建合成）命令，打开 Composition Settings（合成设置）对话框，设置 Composition Name（合成名称）为 "Music 动画"，Width（宽）为 "720"，Height（高）为 "576"，Frame Rate（帧率）为 "25"，并设置 Duration（持续时间）为 00:00:05:05 秒，如图 11.6 所示。单击 OK（确定）按钮，在 Project（项目）面板中，将会新建一个名为 "Music 动画" 的合成，如图 11.7 所示。

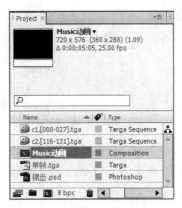

图11.6 合成设置　　　　　　　　　　图11.7 新建合成

11.1.2 制作Music动画

STEP 01 在 Project（项目）面板中选择 "c1.[000–027].tga" "单帧 .tga" "c2.[116–131].tga" 素材，将其拖动到时间线面板中，分别在 "c1.[000–027].tga" 和 "c2.[116–131].tga" 素材上单击鼠标右键，从弹出的快捷菜单中选择 Time（时间）|Time Stretch（时间拉伸）命令，打开 Time Stretch（时间拉伸）对话框，设置 "c1.[000–027].tga" New Duration（新持续时间）为 00:00:01:03，设置 "c2.[116–131].tga" New Duration（新持续时间）为 00:00:00:15，如图 11.8 所示。

STEP 02 调整时间到 00:00:01:02 帧的位置，选择 "单帧 .tga" 素材层，按 Alt+[组合键，将其入点设置到当前位置，效果如图 11.9 所示。

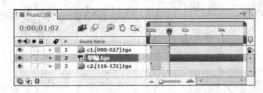

图11.8 调整后的效果　　　　　　　　　　图11.9 设置入点

STEP 03 调整时间到 00:00:04:14 帧的位置，选择 "单帧 .tga" 素材层，按 Alt+] 组合键，将其出点设置到当前位置，调整 "c2.[116–131].tga" 素材层，将其入点设置到当前位置，完成效果，如图 11.10 所示。

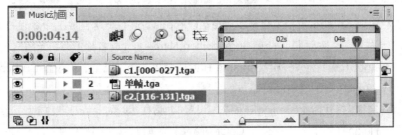

图11.10 设置出点

STEP 04 调整时间到 00:00:01:02 帧的位置，打开"单帧.tga"素材层的三维属性开关。按 R 键，打开 Rotation（旋转）属性，单击 Y Rotation（Y 轴旋转）左侧的码表 按钮，为其建立关键帧，如图 11.11 所示。此时画面效果如图 11.12 所示。

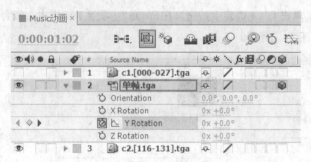

图11.11 建立关键帧　　　　　　　　　　　　　　　　图11.12 调整效果

STEP 05 调整时间到 00:00:04:14 帧的位置，修改 Y Rotation（Y 轴旋转）的值为 −38，系统自动建立关键帧，如图 11.13 所示。修改 Y Rotation（Y 轴旋转）属性后的效果如图 11.14 所示。

图11.13 修改属性　　　　　　　　　　　　　　　　图11.14 修改后的效果

STEP 06 这样"Music 动画"的合成就制作完成了，按小键盘上的 0 键，在合成窗口中预览动画，其中几帧的效果如图 11.15 所示。

图11.15 "Music动画"合成的预览图

11.1.3　制作光线动画

STEP 01 执行菜单栏中的 Composition（合成）| New Composition（新建合成）命令，打开 Composition Settings（合成设置）对话框，设置 Composition Name（合成名称）为"光线"，Width（宽）为"720"，Height（高）为"576"，Frame Rate（帧率）为"25"，并设置 Duration（持续时间）为 00:00:01:20 秒，如图 11.16 所示。

STEP 02 按 Ctrl + Y 组合键，打开 Solid Settings（固态层设置）对话框，设置 Name（名称）为"光线"，Width（宽）为"720"，Height（高）为"576"，Color（颜色）为黑色，如图 11.17 所示。

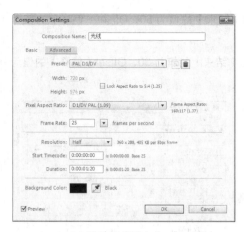

图11.16 新建合成　　　　　　　　　　　　　图11.17 新建固态层

STEP 03 选择"光线"固态层，单击工具栏中的 Pen Tool（钢笔工具）![icon]按钮，绘制一个平滑的路径，如图 11.18 所示。

STEP 04 在 Effects & Presets（特效面板）中展开 Trapcode 特效组，然后双击 3D Stroke（3D 笔触）特效，如图 11.19 所示。

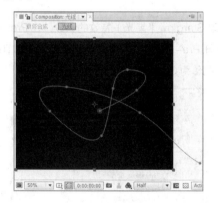

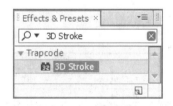

图11.18 绘制平滑路径　　　　　　　　　　　图11.19 添加3特效

STEP 05 调整时间到 00:00:00:00 帧的位置，在 Effect Controls（特效控制）面板中，修改 3D Stroke（3D 笔触）特效的参数，设置 Color（颜色）为白色，Thickness（厚度）的值为 1，End（结束）的值为 24，Offset（偏移）的值为 −30，并单击 End（结束）和 Offset（偏移）左侧的码表![icon]按钮；展开 Taper（锥形）选项组，勾选 Enable（启用）复选框，如图 11.20 所示。画面效果如图 11.21 所示。

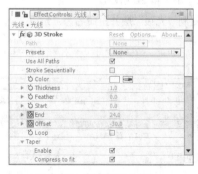

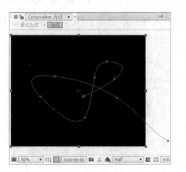

图11.20 3D 描边参数设置　　　　　　　　　图11.21 画面效果

STEP 06 调整时间到 00:00:00:14 帧的位置，修改 End（结束）的值为 50，Offset（偏移）的值为 11，如图 11.22 所示。

STEP 07 调整时间到 00:00:01:07 帧的位置，修改 End（结束）的值为 30，Offset（偏移）的值为 90，如图 11.23 所示。

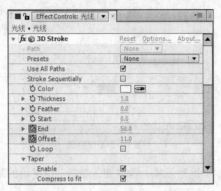

图11.22 00:00:00:14帧的位置参数设置

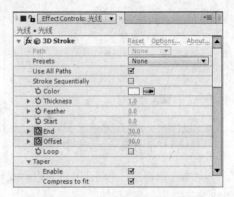

图11.23 00:00:01:07帧的位置参数设置

STEP 08 在 Effects & Presets（特效面板）中展开 Trapcode 特效组，然后双击 Starglow（星光）特效，如图 11.24 所示。

STEP 09 在 Effect Controls（特效控制）面板中，修改 Starglow（星光）特效的参数，在 Preset（预设）下拉菜单中选择 Warm Star（暖色星光）选项；展开 Pre-Process（预设）选项组，设置 Threshold（阈值）的值为 160，修改 Boost Light（发光亮度）的值为 3，如图 11.25 所示。

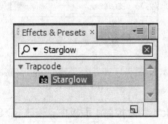

图11.24 添加特效

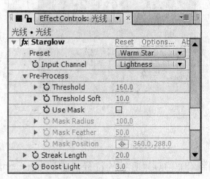

图11.25 设置参数

STEP 10 展开 Colormap A（颜色图A）选项组，从 Preset（预设）下拉菜单选择 One Color（单色），并设置 Color（颜色）为橙色（R:255；G:166；B:0），如图 11.26 所示。

STEP 11 确认选择"光线"素材层，按 Ctrl+D 组合键，复制"光线"层并重命名为"光线 2"，如图 11.27 所示。

图11.26 设置Colormap A（颜色贴图A）

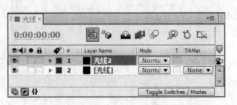

图11.27 复制"光线"素材层

STEP 12 选中"光线 2"层,按 P 键,打开 Position(位置)属性,修改 Position(位置)属性值为(368,296),如图 11.28 所示。

STEP 13 按 Ctrl+D 组合键复制"光线 2"并重命名为"光线 3",选中"光线 3"素材层,按 S 键,打开 Scale(缩放)属性,关闭等比缩放开关,并修改 Scale(缩放)的值为(-100,100),如图 11.29 所示。

图11.28 修改Position(位置)属性

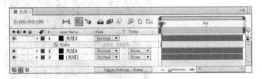

图11.29 修改Scale(缩放)的值

STEP 14 选中"光线 3"素材层,按 U 键,打开建立了关键帧的属性,选中 End(结束)属性以及 Offset(偏移)属性的全部关键帧,调整时间到 00:00:00:12 帧的位置,拖动所有关键帧使入点与当前时间对齐,如图 11.30 所示。

STEP 15 选中"光线 3"素材层,按 Ctrl+D 组合键复制"光线 3"并重命名为"光线 4",按 P 键,打开 Position(位置)属性,修改 Position(位置)值为(360,288),如图 11.31 所示。

图11.30 调整关键帧位置

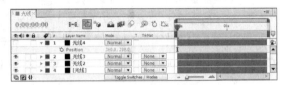

图11.31 修改Position(位置)属性

11.1.4 制作光动画

STEP 01 执行菜单栏中的 Composition(合成)| New Composition(新建合成)命令,打开 Composition Settings(合成设置)对话框,设置 Composition Name(合成名称)为"光",Width(宽)为"720",Height(高)为"576",Frame Rate(帧率)为"25",并设置 Duration(持续时间)为 00:00:03:20 秒,如图 11.32 所示。

STEP 02 按 Ctrl + Y 组合键,打开 Solid Settings(固态层设置)对话框,设置 Name(名称)为"光 1",Width(宽)为"720",Height(高)为"576",Color(颜色)为黑色,如图 11.33 所示。

图11.32 新建合成

图11.33 新建固态层

STEP 03 选择"光 1"固态层,单击工具栏中的 Pen Tool(钢笔工具)按钮,在"光 1"合成窗口中绘制一个平滑的路径,如图 11.34 所示。

After Effects **CS6** 标准教程

STEP 04 在 Effects & Presets（特效面板）中展开 Trapcode 特效组，然后双击 3D Stroke（3D 笔触）特效，如图 11.35 所示。

图11.34 绘制平滑路径

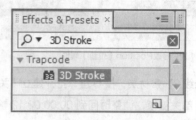

图11.35 添加特效

STEP 05 调整时间到 00:00:00:00 帧的位置，在 Effect Controls（特效控制）面板中，修改 3D Stroke（3D 笔触）特效的参数，设置 Color（颜色）为白色，Thickness（厚度）的值为 5，End（结束）的值为 0，Offset（偏移）的值为 0，并单击 End（结束）和 Offset（偏移）左侧的码表按钮；展开 Taper（锥形）选项组，勾选 Enable（启用）复选框，如图 11.36 所示。

STEP 06 调整时间到 00:00:01:07 帧的位置，修改 Offset（偏移）的值为 15，系统自动建立关键帧，如图 11.37 所示。

图11.36 修改特效的参数

图11.37 修改偏移值

STEP 07 调整时间到 00:00:01:22 帧的位置，修改 End（结束）的值为 100，Offset（偏移）的值为 90，系统自动建立关键帧，如图 11.38 所示。

STEP 08 在 Effects & Presets（特效面板）中展开 Trapcode 特效组，然后双击 Starglow（星光）特效，如图 11.39 所示。

图11.38 修改End（结束）与Offset（偏移）的值

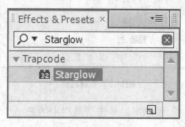

图11.39 添加特效

264

STEP 09 在 Effect Controls（特效控制）面板中，修改 Starglow（星光）特效的参数，在 Preset（预设）下拉菜
单中选择 Warm Star（暖色星光）；展开 Pre-Process（预设）选项组，设置 Threshold（阈值）的值
为 160，修改 Streak Length（光线长度）的值为 5，如图 11.40 所示。

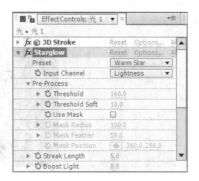

图11.40 设置参数

STEP 10 按 Ctrl + Y 组合键，打开 Solid Settings（固态层设置）对话框，设置 Name（名称）为"光 2"，Width（宽）
为"720"，Height（高）为"576"，Color（颜色）为黑色，如图 11.41 所示。

STEP 11 选择"光 2"固态层，单击工具栏中的 Pen Tool（钢笔工具） 按钮，在"光 2"合成窗口中绘制一个
平滑的路径，如图 11.42 所示。

图11.41 新建固态层

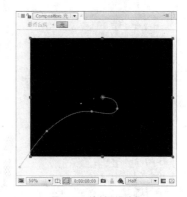

图11.42 绘制平滑路径

STEP 12 单击时间线面板中的"光 2"固态层，按 Ctrl+D 组合键复制"光 2"层并重命名为"光 3"，以同样的
方法复制出"光 4""光 5"，如图 11.43 所示。

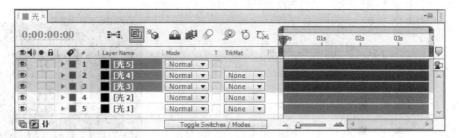

图11.43 复制光层

STEP 13 调整时间到 00:00:00:00 帧的位置，选中"光 1"素材层，在 Effect Controls（特效控制）面板中选中
3D Stroke（3D 笔触）和 Starglow（星光）两个特效，按 Ctrl+C 组合键复制特效，在"光 2"素材层
的 Effect Controls（特效控制）面板中，按 Ctrl+V 键粘贴特效，如图 11.44 所示。此时的画面效果，如
图 11.45 所示。

图11.44 粘贴特效　　　　　　　　　　　图11.45 特效预览

STEP 14 调整时间到 00:00:00:09 帧的位置，在"光 3"素材层的 Effect Controls（特效控制）面板中，按 Ctrl+V 组合键粘贴特效，如图 11.46 所示，粘贴特效后的效果如图 11.47 所示。

图11.46 粘贴特效　　　　　　　　　　　图11.47 复制特效的效果预览

STEP 15 选中时间线面板中的"光 3"固态层，按 R 键，打开 Rotation（旋转）属性，修改 Rotation（旋转）的值为 75，如图 11.48 所示。此时的画面效果如图 11.49 所示。

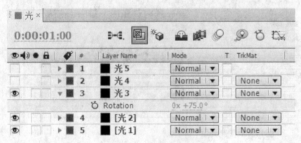

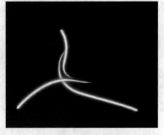

图11.48 修改属性　　　　　　　　　　　图11.49 旋转效果预览

STEP 16 调整时间到 00:00:00:15 帧的位置，在"光 4"素材层的 Effect Controls（特效控制）面板中，按 Ctrl+V 组合键粘贴特效，如图 11.50 所示。此时的画面效果如图 11.51 所示。

图11.50 粘贴特效

图11.51 复制特效的效果预览

STEP 17 选中时间线面板中的"光 4"固态层，按 R 键，打开 Rotation（旋转）属性，修改 Rotation（旋转）的值为 175 ，如图 11.52 所示。此时的画面效果如图 11.53 所示。

图11.52 修改属性

图11.53 旋转后效果

STEP 18 调整时间到 00:00:00:23 帧的位置，在"光 5"素材层的 Effect Controls（特效控制）面板中，按 Ctrl+V 组合键粘贴特效，如图 11.54 所示。此时的画面效果如图 11.55 所示。

图11.54 粘贴特效

图11.55 复制特效的效果预览

STEP 19 在时间线面板中选中"光 1"固态层，按 Ctrl+D 组合键复制并重命名为"光 6"，按 U 键，打开"光 6"建立关键帧的属性，调整时间到 00:00:01:10 帧的位置，选中时间线中的"光线 6"的全部关键帧，向右拖动使起始帧与当前时间对齐，如图 11.56 所示。

图11.56 调整关键帧位置

STEP 20 光动画就制作完成了，按空格或小键盘上的 0 键进行预览，其中几帧的效果如图 11.57 所示。

图11.57 "光"合成的动画预览图

11.1.5 制作最终合成动画

STEP 01 执行菜单栏中的 Composition（合成）| New Composition（新建合成）命令，打开 Composition Settings（合成设置）对话框，设置 Composition Name（合成名称）为 "最终合成"，Width（宽）为 "720"，Height（高）为 "576"，Frame Rate（帧率）为 "25"，并设置 Duration（持续时间）为 00:00:10:00 秒，并将 "光" "光线" "Music 动画" "锯齿 .psd" 素材导入时间线，如图 11.58 所示。

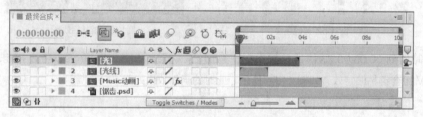

图11.58 将素材导入时间线面板

STEP 02 按 Ctrl + Y 组合键，打开 Solid Settings（固态层设置）对话框，设置 Name（名称）为 "背景"，Width（宽）为 "720"，Height（高）为 "576"，Color（颜色）为黑色，如图 11.59 所示。

STEP 03 在 Effects & Presets（特效面板）中展开 Generate（创造）特效组，然后双击 Ramp（渐变）特效，如图 11.60 所示。

 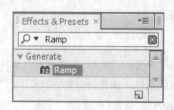

图11.59 建立固态层　　　　　　图11.60 添加渐变特效

STEP 04 在 Effect Controls（特效控制）面板中，修改 Ramp（渐变）特效参数，设置 Ramp Shape（渐变形状）为 Radial Ramp（放射渐变），Start of Ramp（渐变开始）的值为（360，288），Start Color（开始色）为红色（R:255；G:30；B:92），End of Ramp（渐变结束）的值为（360，780），End Color（结束颜色）为暗红色（R:40；G:1；B:5），效果如图 11.61 所示。

STEP 05 选中"锯齿 .psd"层，打开三维属性开关，按 Ctrl+D 组合键，复制 3 次"锯齿 .psd"并分别重命名为"锯齿 2""锯齿 3""锯齿 4"，如图 11.62 所示。

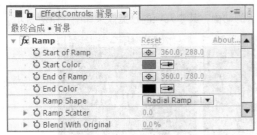

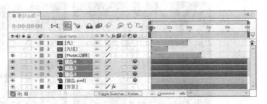

图11.61 设置渐变特效参数   图11.62 复制"锯齿.psd"素材层

STEP 06 调整时间到 00:00:01:22 帧的位置，选中"锯齿 .psd"素材层，展开 Transform（转换）选项组，单击 Scale（缩放）属性左侧的码表按钮，建立关键帧，修改 Scale（缩放）的值为（30，30，30）；调整时间到 00:00:02:05 帧的位置，修改 Scale（缩放）的值为（104，104，104）；调整时间到 00:00:02:09 帧的位置，修改 Scale（缩放）的值为（79，79，79），单击 Z Rotation（*Z* 轴旋转）左侧的码表按钮，建立关键帧；调整时间到 00:00:04:08 帧的位置，修改 Scale（缩放）的值为（79，79，79），修改 Z Rotation（*Z* 轴旋转）的值为 30，调整时间到 00:00:04:15 帧的位置，修改 Scale（缩放）的值为（0，0，0），建立好关键帧后时间线面板如图 11.63 所示。

STEP 07 确认选中"锯齿 .psd"素材层，按 P 键，打开 Position（位置）属性，并修改 Position（位置）属性值为（410，340，0），按 R 键，打开 Rotation（旋转）属性面板，修改 X Rotation（*X* 轴旋转）属性的值为 –54，修改 Y Rotation（*Y* 轴旋转）属性值为 –30，按 T 键，打开 Opacity（不透明度）属性，修改 Opacity（不透明度）属性的值为 44%，如图 11.64 所示。

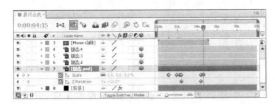

图11.63 "锯齿.psd"的关键帧设置   图11.64 设置Rotation（旋转）属性面板

STEP 08 调整时间到 00:00:01:05 单击"锯齿 2"素材层，打开 Transform（转换）选项组，修改 Position（位置）属性的值为（350，310，0）。单击 Scale（缩放）左侧的码表按钮，在当前建立关键帧。修改 X Rotation（*X* 轴旋转）的值为 –57，修改 Y Rotation（*Y* 轴旋转）的值为 33，如图 11.65 所示。

STEP 09 调整时间到 00:00:01:06 帧的位置，修改 Scale（缩放）属性的值为（28，28，28）；调整时间到 00:00:01:15 帧的位置，修改 Scale（缩放）属性的值为（64，64，64）；调整时间到 00:00:01:20 帧的位置，修改 Scale（缩放）属性的值为（51，51，51），单击 Z Rotation（*Z* 轴旋转）左侧的码表按钮，在当前建立关键帧；调整时间到 00:00:04:03 帧的位置，修改 Scale（缩放）的值为（51，51，51），修改 Z Rotation（*Z* 轴旋转）的值为 80；调整时间到 00:00:04:09 帧的位置，修改 Scale（缩放）属性的值为（0，0，0），如图 11.66 所示。

图11.65 设置"锯齿2"的属性值并建立关键帧

图11.66 建立"锯齿2"的关键帧动画

STEP 10 此时看空格键或小键盘的 0 键可预览两个两个锯齿层的动画，其中几帧的预览效果如图 11.67 所示。

图11.67 锯齿动画的预览效果

STEP 11 选择"锯齿 3.psd"素材层，调整时间到 00:00:05:22 帧的位置，单击 Scale（缩放）左侧的码表 按钮，在当前建立关键帧，修改 X Rotation（X 轴旋转）的值为 –50，修改 Y Rotation（Y 轴旋转）的值为 25，修改 Z Rotation（Z 轴旋转）的值为 –18，修改 Opacity（不透明度）的值为 35%，如图 11.68 所示。

STEP 12 调整时间到 00:00:06:03 帧的位置，修改 Scale（缩放）属性的值为（106，106，106）；调整时间到 00:00:06:06 帧的位置修改 Scale（缩放）属性的值为（85，85，85），单击 X Rotation（X 轴旋转）属性、Y Rotation（Y 轴旋转）属性、Z Rotation（Z 轴旋转）属性左侧的码表 按钮，添加关键帧，如图 11.69 所示。

图11.68 设置"锯齿3"层的属性

图11.69 设置"锯齿3"的关键帧

STEP 13 调整时间到 00:00:09:24 帧的位置，修改 X Rotation（X 轴旋转）属性的值为 –36，修改 Y Rotation（Y 轴旋转）属性的值为 12，就改 Z Rotation（Z 轴旋转）属性的值为 112，如图 11.70 所示。

STEP 14 调整时间到 00:00:05:16 帧的位置，选中"锯齿 4"素材层，打开 Transform（转换）选项组，单击 Scale（缩放）属性左侧的码表 按钮，修改值为（0，0，0）；调整时间到 00:00:05:24 帧的位置，修改 Scale（缩放）的值为（37，37，37）；调整时间到 00:00:06:02 帧的位置，修改修改 Scale（缩放）的值为（31，31，31），单击 Z Rotation（Z 轴旋转）属性左侧的码表 按钮，在当前建立关键帧。调整时间到 00:00:09:24 帧的位置，修改 Z Rotation（Z 轴旋转）属性的值为 180，如图 11.71 所示。

图11.70 设置"锯齿3"的旋转属性

图11.71 设置"锯齿4"的关键帧

STEP 15 选中"Music 动画"层，打开三维动画开关，在 Effects & Presets（特效面板）中展开 Perspective（透视）特效组，然后双击 Drop Shadow（投影）特效，如图 11.72 所示。

STEP 16 在 Effect Controls（特效控制）面板中，修改 Drop Shadow（投影）的特效参数，修改 Direction（方向）的角度为 257，修改 Distance（距离）的值为 40，修改 Softness（柔化）的值为 45，如图 11.73 所示。

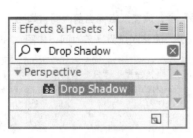

图11.72 添加特效

图11.73 修改参数

STEP 17 在 Effects & Presets（特效面板）中展开 Color Correction（色彩校正）特效组，然后双击 Brightness & Contrast（亮度和对比度）特效，如图 11.74 所示。

STEP 18 在 Effect Controls（特效控制）面板中，修改 Brightness（亮度）值为 18，如图 11.75 所示。

图11.74 添加特效

图11.75 修改数值

STEP 19 在 Effects & Presets（特效面板）中展开 Blur & Sharpen（模糊与锐化）特效组，然后双击 Gaussian Blur（高斯模糊）特效，如图 11.76 所示。

STEP 20 调整时间到 00:00:00:00 帧的位置，在 Effect Controls（特效控制）面板中，单击 Blurriness（模糊量）左侧的码表按钮建立关键帧，并修改 Blurriness（模糊量）值为 8，如图 11.77 所示。

图11.76 添加特效

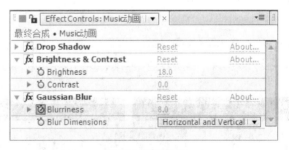

图11.77 修改关键帧

STEP 21 调整时间到 00:00:00:16 帧的位置，修改 Blurriness（模糊量）的值为 0；调整时间到 00:00:04:16 帧的位置，单击时间线面板中 Blurriness（模糊量）左侧的在当前添加或删除关键帧◇按钮；调整时间到 00:00:05:04 帧的位置，修改 Blurriness（模糊量）的值为 8，如图 11.78 所示。

STEP 22 选中"Music 动画"合成层，按 Ctrl+D 组合键复制合成并重命名为"Music 动画 2"，并将"Music 动画 2"合成层移动到"光线"层与"光"层之间，将"Music 动画 2"的入点调整到 00:00:07:01 帧的位置，如图 11.79 所示，在 Effect Controls（特效控制）面板中删除 Gaussian Blur（高斯模糊）特效。

图11.78 创建模糊关键帧

图11.79 调整"Music动画2"的位置

STEP 23 调整时间到 00:00:02:12 帧的位置，拖动时间线中"光线"层，调整入点为当前时间，如图 11.80 所示。

STEP 24 调整时间到 00:00:06:05 帧的位置，拖动时间线中"光"层，调整入点为当前时间，如图 11.81 所示。

图11.80 调整"光线"层的持续时间条位置

图11.81 调整"光"层的持续时间条位置

STEP 25 调整完"光"层的持续时间条位置后全部的 Music 动画就制作完成了，按空格键或小键盘上的 0 键，在合成窗口中预览动画。其中几帧的效果如图 11.82 所示。

图11.82 其中几帧的动画效果

Ae 11.2 频道特效表现——水墨中国风

本例主要通过建立基础关键帧制作出素材运动画面，通过运用 Radial Wipe（径向擦除）特效制作出圆圈的擦除动画以及通过轨道遮罩的使用制作出动画的转场效果，完成水墨中国风的制作。本例最终的动画流程效果如图 11.83 所示。

工程文件	工程文件\第11章\水墨中国风
视频	视频\第11章\11.2 频道特效表现——水墨中国风.avi

图11.83　水墨中国风动画流程效果

11.2.1　导入素材

STEP 01 执行菜单栏中的 File（文件）| Import（导入）| File（文件）命令，打开 Import File（导入文件）对话框，选择配套光盘中的"工程文件 \ 第 11 章 \ 水墨中国风 \ 镜头 1.psd"素材，如图 11.84 所示。

STEP 02 单击【打开】按钮，将打开"镜头 1.psd"对话框，在 Import Kind（导入类型）的下拉列表中选择 Composition - Retain Layers Sizes（合成—保持图层大小）选项，将素材以合成的方式导入，如图 11.85 所示。单击 OK（确定）按钮，素材将导入到 Project（项目）面板中。使用同样的方法，将"镜头 3.psd"素材导入到 Project（项目）面板中。

图11.84　Import File（导入文件）对话框　　　　　图11.85　以合成的方式导入素材

STEP 03 执行菜单栏中的 File（文件）| Import（导入）| File（文件）命令，打开 Import File（导入文件）对话框，选择配套光盘中的"工程文件\第 11 章\水墨中国风\镜头 2"文件夹，如图 11.86 所示。

STEP 04 单击 Import Folder（导入文件夹）按钮，"镜头 2"文件夹将导入到 Project（项目）面板中。使用相同的方法，将"视频素材"文件夹导入到 Project（项目）面板中，完成效果，如图 11.87 所示。

图11.86 导入文件夹

图11.87 导入文件夹后的效果

11.2.2　制作镜头1动画

STEP 01 在 Project（项目）面板中，选择"镜头 1"合成，按 Ctrl + K 组合键，打开 Composition Settings（合成设置）对话框，设置 Duration（持续时间）为 00:00:06:00 秒，如图 11.88 所示，单击 OK（确定）按钮。双击"镜头 1"合成，打开"镜头 1"合成的时间线面板，此时合成窗口中的画面效果如图 11.89 所示。

图11.88 设置持续时间为6秒

图11.89 合成窗口中的画面效果

STEP 02 将时间调整到 00:00:00:00 帧的位置。选择"群山 2"层，按 P 键，打开该层的 Position（位置）选项，然后单击 Position（位置）左侧的码表按钮，在当前位置设置关键帧，并设置 Position（位置）的值为（470，420），如图 11.90 所示。

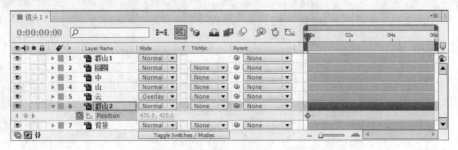

图11.90 设置Position（位置）的值为（470，420）

记录素材图层的位置动画，可以使素材在画面中产生动态效果，避免原本呆板、单调的素材受到影片整体的影响，使画面丰富而不杂乱。

STEP 03 将时间调整到 00:00:05:24 帧的位置，修改 Position（位置）的值为（470，380），如图 11.91 所示。此时的画面效果如图 11.92 所示。

图11.91 修改Position（位置）的值为（470，380）　　图11.92 00:00:05:24帧的画面效果

STEP 04 选择"云"层，按 Ctrl + D 组合键，将其复制一层，在 Layer Name（层名称）模式下，复制层的名称将自动变为"云 2"，如图 11.93 所示。

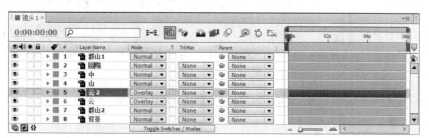

图11.93 复制"云2"层

STEP 05 将时间调整到 00:00:00:00 帧的位置，选择"云 2""云"层，按 P 键，打开所选层的 Position（位置）选项，单击 Position（位置）左侧的码表按钮，在当前位置为"云 2""云"层设置关键帧，然后在时间线面板的空白处单击，取消选择。再设置"云 2"层 Position（位置）的值为（-141，309），"云"层 Position（位置）的值为（592，309），如图 11.94 所示。此时的画面效果如图 11.95 所示。

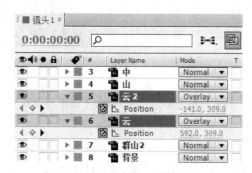

图11.94 设置"云2""云"的位置

图11.95 设置"云2""云"位置后的画面

STEP 06 将时间调整到 00:00:05:24 帧的位置，修改"云 2"层 Position（位置）的值为（347，309），"云"层 Position（位置）的值为（1102，309），如图 11.96 所示。此时的画面效果如图 11.97 所示。

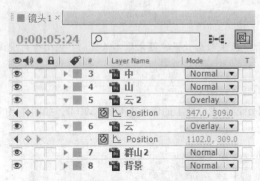

图11.96 修改"云2""云"层的位置

图11.97 00:00:05:24帧云的画面效果

STEP 07 选择"中"层，在"中"层右侧的Parent（父级）属性栏中选择"2.圆圈"选项，建立父子关系。选择"圆圈"层，按P键，打开该层的Position（位置）选项，将时间调整到00:00:00:00帧的位置，单击Position（位置）左侧的码表 按钮，在当前位置设置关键帧，并设置Position（位置）的值为（320，180），如图11.98所示。

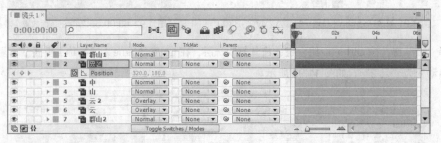

图11.98 新建父子关系

STEP 08 将时间调整到00:00:05:00帧，修改Position（位置）的值为（320，250），如图11.99所示。此时的画面效果如图11.100所示。

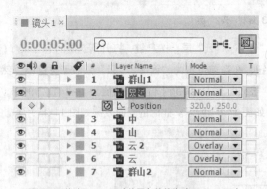

图11.99 修改Position（位置）的值为（320，250）

图11.100 00:00:05:00帧的"圆圈"的位置

STEP 09 为"圆圈"层添加 Radial Wipe（径向擦除）特效。在Effects & Presets（效果和预置）面板中展开Transition（切换）特效组，双击Radial Wipe（径向擦除）特效，如图11.101所示。

STEP 10 将时间调整到00:00:00:20帧的位置，在Effects Controls（特效控制）面板中，修改Radial Wipe（径向擦除）特效的参数，单击Transition Completion（转换完成）左侧的码表 按钮，在当前位置设置关键帧，并设置Transition Completion（转换完成）的值为100%，Start Angle（开始角度）的值为45，Feather（羽化）的值为25，参数设置如图11.102所示。

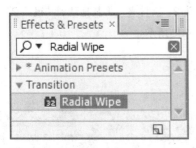

图11.101 添加Radial Wipe（径向擦除）
特效

图11.102 设置转换完成的值为100%

STEP 11 将时间调整到 00:00:02:00 帧的位置，修改 Transition Completion（转换完成）的值为 20%，如图 11.103 所示。其中一帧的画面效果如图 11.104 所示。

图11.103 修改转换完成的值为20%

图11.104 其中一帧的画面效果

STEP 12 选择"中.psd"层，按 T 键，打开该层的 Opacity（透明度）选项，将时间调整到 00:00:00:00 帧的位置，设置 Opacity（透明度）的值为 50%，然后单击 Opacity（透明度）左侧的码表 ⏱ 按钮，在当前位置设置关键帧，如图 11.105 所示。此时的画面效果如图 11.106 所示。

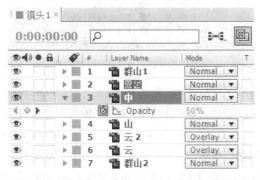

图11.105 设置"国.psd"层的Opacity（透明度）的值为
50%

图11.106 此时的画面效果

STEP 13 将时间调整到 00:00:01:00 帧的位置，修改 Opacity（透明度）的值为 100%，系统将在当前位置自动设置关键帧。

11.2.3　制作荡漾的墨

STEP 01 执行菜单栏中的 Composition（合成）| New Composition（新建合成）命令打开 Composition Settings（合成设置）对话框，设置 Composition Name（合成名称）为"镜头 2"，Width（宽）为"720"，Height（高）为"576"，Frame Rate（帧率）为"25"，并设置 Duration（持续时间）为 00:00:10:00 秒，如图 11.107 所示。

STEP 02 打开"镜头 2"合成，在 Project（项目）面板中选择"镜头 2"文件夹，将其拖动到"镜头 2"合成的时间线面板中，然后调整图层顺序，完成后的效果如图 11.108 所示。

图11.107 新建"镜头2"合成

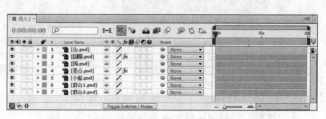

图11.108 调整图层顺序

STEP 03 在"镜头 2"合成的时间线面板中，按 Ctrl + Y 组合键，打开 Solid Settings（固态层设置）对话框，设置 Name（名称）为背景，Color（颜色）为白色，如图 11.109 所示。

STEP 04 单击 OK（确定）按钮，在时间线面板中将会创建一个名为"背景"的固态层，然后将"背景"固态层，拖动到"群山 2"层的下一层，如图 11.110 所示。

图11.109 新建固态层

图11.110 调整"背景"固态层的位置

STEP 05 将除"背景""墨点 .psd"层以外的其他层隐藏。然后选择"墨点 .psd"层，在 Effects & Presets（效果和预置）面板中展开 Distort（扭曲）特效组，双击 Ripple（波纹）特效，如图 11.111 所示。

STEP 06 将时间调整到 00:00:03:15 帧的位置，在 Effects Controls（特效控制）面板中，修改 Ripple（波纹）特效的参数，单击 Radius（半径）左侧的码表 按钮，在当前位置设置关键帧，并设置 Radius（半径）的值为 60，在 Type of Conversion（转换类型）右侧的下拉菜单中选择 Symmetric（对称），设置 Wave Speed（波速）的值为 1.9，Wave Width（波幅）的值为 62.6，Wave Height（波长）的值为 208，Ripple Phase（波纹相位）的值为 88，参数设置如图 11.112 所示。

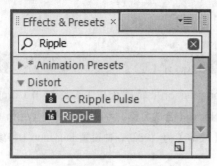

图11.111 添加Ripple（波纹）特效

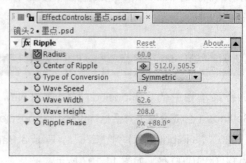

图11.112 设置Ripple（波纹）特效的参数

STEP 07 设置完 Ripple（波纹）特效的参数后，当前帧的画面效果，如图 11.113 所示。将时间调整到 00:00:07:14 帧的位置，修改 Radius（半径）的值为 40，系统将在当前位置自动设置关键帧。

STEP 08 为"墨点 .psd"层绘制遮罩，单击工具栏中的 Ellipse Tool（椭圆工具） 按钮，在"镜头 2"合成窗口中，绘制正圆遮罩，如图 11.114 所示。

图11.113 设置波纹特效后的画面效果　　　　　图11.114 绘制遮罩

> **提示**
>
> 使用遮罩工具将素材中不理想的部分去除掉，调整遮罩羽化会使素材边缘柔和。

STEP 09 将时间调整到 00:00:03:15 帧的位置，在时间线面板中按 M 键，打开"墨点 .psd"层的 Mask Path（遮罩形状）选项，然后单击 Mask Path（遮罩形状）左侧的码表按钮，在当前位置设置关键帧，如图 11.115 所示。

STEP 10 将时间调整到 00:00:05:15 帧的位置，在合成窗口中修改遮罩的大小，如图 11.116 所示。

图11.115 为遮罩路径设置关键帧

图11.116 00:00:05:15帧的遮罩形状

STEP 11 在时间线面板中，按 F 键，打开 Mask Feather（遮罩羽化）选项，设置 Mask Feather（遮罩羽化）的值为（105，105），如图 11.117 所示。其中一帧的画面效果，如图 11.118 所示。

图11.117 设置遮罩羽化的值

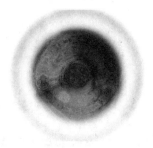

图11.118 设置羽化后其中一帧的画面效果

提 示

遮罩羽化是控制遮罩边缘区域柔和程度和效果，使图像颜色对接效果柔和，得到细致融合的图像处理。

STEP 12 打开"墨点.psd"层的三维属性开关，然后单击"墨点.psd"层左侧的灰色三角形▼按钮，展开 Transform（变换）选项组，设置 Position（位置）的值为（390，600，1086），Scale（缩放）的值为（165，165，165），X Rotation（X 轴旋转）的值为 –63，参数设置如图 11.119 所示，画面效果如图 11.120 所示。

图11.119 设置"墨点.psd"层的属性值

图11.120 设置属性值后的画面效果

STEP 13 新建"墨滴"固态层。在"镜头 2"合成的时间线面板中，按 Ctrl + Y 组合键，打开 Solid Settings（固态层设置）对话框，新建一个 Name（名称）为墨滴，Color（颜色）为黑色的固态层。

STEP 14 制作"墨滴"下落效果。单击工具栏中的 Pen Tool（钢笔工具）✎按钮，在"镜头 2"合成窗口中，绘制墨滴，如图 11.121 所示。

STEP 15 在时间线面板中按 F 键，打开该层的 Mask Feather（遮罩羽化）选项，设置 Mask Feather（遮罩羽化）的值为（5，5），如图 11.122 所示。

图11.121 绘制墨滴

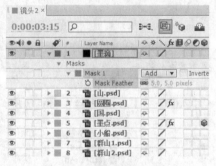

图11.122 设置遮罩羽化的值

STEP 16 设置 Mask Feather（遮罩羽化）后的画面效果，如图 11.123 所示。然后将"墨滴"缩小到如图 11.124 所示。

图11.123 设置遮罩羽化后的墨滴效果

图11.124 缩小墨滴

STEP 17 将时间调整到 00:00:03:04 帧的位置，打开"墨滴"层的三维属性开关，然后单击"墨滴"左侧的灰色三角形 ▼ 按钮，展开 Transform（变换）选项组，设置 Anchor Point（定位点）的值为（353，150，0），Position（位置）的值为（367，–229，0），然后单击 Position（位置）左侧的码表 ⏱ 按钮，在当前位置设置关键帧，参数设置，如图 11.125 所示。将时间调整到 00:00:03:16 帧的位置，修改 Position（位置）的值为（367，287，0），系统将在当前位置自动设置关键帧。

STEP 18 将时间调整到 00:00:03:14 帧的位置，单击 Opacity（透明度）左侧的码表 ⏱ 按钮，在当前位置设置关键帧，如图 11.126 所示。将时间调整到 00:00:03:16 帧的位置，修改 Opacity（透明度）的值为 0%，系统将在当前位置自动设置关键帧。

图11.125 在00:00:03:04帧设置关键帧

图11.126 为Opacity（透明度）设置关键帧

11.2.4　制作镜头2动画

STEP 01 在"镜头 2"合成的时间线面板中，单击"山 .psd"层左侧眼睛 ◉ 图标的位置，将"山 .psd"层显示。选择"山 .psd"层，按 Ctrl + D 组合键，将"山 .psd"层复制一份，然后将复制出的图层重命名为"山2"，如图 11.127 所示。此时的画面效果如图 11.128 所示。

图11.127 复制"山2"层

图11.128 山的画面效果

STEP 02 选择"山 .psd"层，单击工具栏中的 Pen Tool（钢笔工具）✎ 按钮，在"镜头 2"合成窗口中，绘制遮罩，如图 11.129 所示。

STEP 03 在时间线面板中按 F 键，打开该层的 Mask Feather（遮罩羽化）选项，设置 Mask Feather（遮罩羽化）的值为（20，20），如图 11.130 所示。

图11.129 为"山.psd"层绘制遮罩

图11.130 设置"山.psd"层遮罩羽化值为（20，20）

STEP 04 选择"山 2"层，单击工具栏中的 Pen Tool（钢笔工具）按钮，在"镜头 2"合成窗口中，绘制遮罩，如图 11.131 所示。在时间线面板中按 F 键，打开该层的 Mask Feather（遮罩羽化）选项，设置 Mask Feather（遮罩羽化）的值为（20，20）。

STEP 05 选择"山 2""山 .psd"层，打开所选层的三维属性开关。按 P 键，打开所选层的 Position（位置）选项，在 00:00:00:00 帧的位置，单击 Position（位置）左侧的码表按钮，在当前位置为所选层设置关键帧，然后再分别设置"山 2"层 Position（位置）的值为（385，287，0），"山 .psd"层的 Position（位置）的值为（320，287，0），如图 11.132 所示。

图11.131 为"山2"层绘制遮罩

图11.132 为"山2""山.psd"层设置关键帧

STEP 06 将时间调整到 00:00:04:14 帧的位置，修改"山 2"层 Position（位置）的值为（376，287，-210）；将时间调整到 00:00:05:13 帧的位置，修改"山 .psd"层 Position（位置）的值为（222，287，-291），如图 11.133 所示。此时的画面效果如图 11.134 所示。

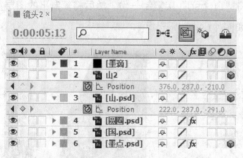

图11.133 修改"山2""山.psd"层的位置

图11.134 修改位置后的画面效果

STEP 07 单击"小船 .psd"层左侧眼睛图标的位置，将"小船 .psd"层显示。将时间调整到 00:00:00:00 帧的位置，选择"小船 .psd"层，单击其左侧的灰色三角形按钮，展开 Transform（变换）选项组，设置 Position（位置）的值为（409，303），Scale（缩放）的值为（6，6），Opacity（透明度）的值为 80%，然后单击 Position（位置）左侧的码表按钮，在当前位置设置关键帧，参数设置如图 11.135 所示。此时的画面效果如图 11.136 所示。

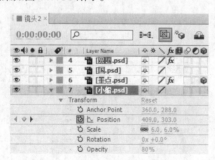

图11.135 设置Position（位置）的值为（409，303）

图11.136 小船的画面效果

STEP 08 将时间调整到 00:00:09:24 帧的位置，修改 Position（位置）的值为（543，341）。然后按 Ctrl + D 组合键，将"小船"层复制一层，将复制出的图层重命名为"小船 2"；单击"小船 2"左侧的灰色三角形 ▼ 按钮，展开 Transform（变换）选项组，单击 Position（位置）左侧的码表 ⏱ 按钮，取消所有关键帧，然后设置 Position（位置）的值为（565，222），Scale（缩放）的值为（4，4），Opacity（透明度）的值为 60%，参数设置，如图 11.137 所示。此时的画面效果如图 11.138 所示。

图11.137 设置"小船2"层的参数　　　　　　图11.138 "小船2"的画面效果

STEP 09 将"镜头 2"时间线面板中隐藏的其他层显示。然后选择"国"层，在"国"层右侧的 Parent（父级）属性栏中选择"4.圆圈"选项，建立父子关系。选择"圆圈"层，按 P 键，打开该层的 Position（位置）选项，将时间调整到 00:00:00:00 帧的位置，单击 Position（位置）左侧的码表 ⏱ 按钮，在当前位置设置关键帧，并设置 Position（位置）的值为（460，279），如图 11.139 所示。

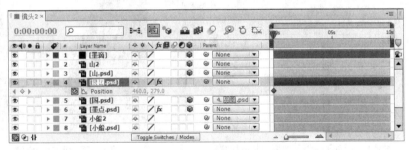

图11.139 新建父子关系

STEP 10 将时间调整到 00:00:09:24 帧，修改 Position（位置）的值为（460，340），如图 11.140 所示。此时的画面效果，如图 11.141 所示。

图11.140 修改Position（位置）的值为（460，340）　　　　图11.141 00:00:09:24帧"圆圈"的位置

STEP 11 为"圆圈"层添加 Radial Wipe（径向擦除）特效。在 Effects & Presets（效果和预置）面板中展开 Transition（切换）特效组，双击 Radial Wipe（径向擦除）特效。

STEP 12 将时间调整到 00:00:00:20 帧的位置，在 Effects Controls（特效控制）面板中，修改 Radial Wipe（径

向擦除）特效的参数，单击 Transition Completion（转换完成）左侧的码表 ⏱ 按钮，在当前位置设置关键帧，并设置 Transition Completion（转换完成）的值为 100%，Start Angle（开始角度）的值为 45，Feather（羽化）的值为 25，参数设置，如图 11.142 所示。

STEP 13 将时间调整到 00:00:02:00 帧的位置，修改 Transition Completion（转换完成）的值为 20%，完成后其中一帧的画面效果如图 11.143 所示。

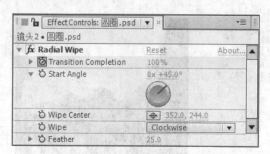

图11.142 修改Radial Wipe（径向擦除）特效的参数

图11.143 其中一帧的画面效果

STEP 14 选择"国 .psd"层，按 T 键，打开该层的 Opacity（透明度）选项，将时间调整到 00:00:00:00 帧的位置，设置 Opacity（透明）的值为 50%，然后单击 Opacity（透明度）左侧的码表 ⏱ 按钮，在当前位置设置关键帧，如图 11.144 所示。此时的画面效果，如图 11.145 所示。将时间调整到 00:00:01:00 帧的位置，修改 Opacity（透明度）的值为 100%，系统将在当前位置自动设置关键。

图11.144 设置Opacity（透明度）的值为50%

图11.145 此时的画面效果

STEP 15 添加摄像机。执行菜单栏中的 Layer（层）| New（新建）| Camera（摄像机）命令，打开 Camera Settings（摄像机设置）对话框，设置 Preset（预置）为 Custom（自定义），参数设置，如图 11.146 所示。单击 OK（确定）按钮，在时间线面板中将会创建一个摄像机。

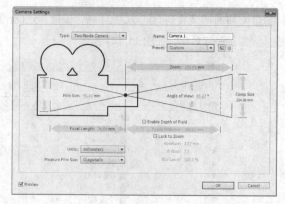

图11.146 Camera Settings（摄像机设置）对话框

STEP 16 打开"镜头 2"合成中除"背景"层外的其他所有图层的三维属性开关，如图 11.147 所示。

STEP 17 将时间调整到 00:00:00:00 帧的位置，选择"Camera 1"层，单击其左侧的灰色三角形 ▼ 按钮，将展开 Transform（变换）、Camera Options（摄像机设置）选项组，设置 Position（位置）的值为（360，288，-427），Zoom（缩放）的值为 427 pixels，Depth of Field（景深）为 Off，Focus Distance（焦

距距离）的值为 427 pixels，Aperture（光圈）的值为 10 pixels，然后单击 Zoom（缩放）左侧的码表 ⏱ 按钮，在当前位置设置关键帧，参数设置，如图 11.148 所示。

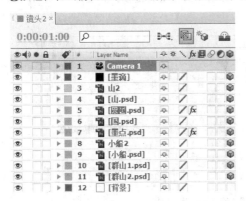

图11.147　打开三维属性开关

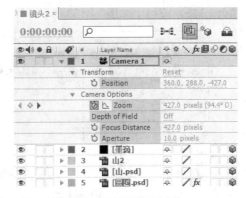

图11.148　设置摄像机的参数

STEP 18 将时间调整到 00:00:08:09 帧的位置，修改 Zoom（缩放）的值为 545 pixels，参数设置如图 11.149 所示。此时的画面效果如图 11.150 所示。

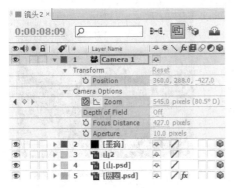

图11.149　修改Zoom（缩放）的值为545 pixels

图11.150　00:00:08:09帧的画面效果

11.2.5　制作镜头3动画

STEP 01 在 Project(项目)面板中，选择"镜头 3"合成，按 Ctrl + K 组合键，打开 Composition Settings(合成设置)对话框，设置 Duration（持续时间）为 00:00:08:00 秒，如图 11.151 所示，单击 OK（确定）按钮。双击"镜头 3"合成，打开"镜头 3"合成的时间线面板，此时合成窗口中的画面效果如图 11.152 所示。

图11.151　设置持续时间为8秒

图11.152　合成窗口中的画面效果

STEP 02 将时间调整到 00:00:00:00 帧的位置。选择"云"层，按 P 键，打开该层的 Position（位置）选项，然后单击 Position（位置）左侧的码表 ⏱ 按钮，在当前位置设置关键帧，并设置 Position（位置）的值为（315，131），如图 11.153 所示。

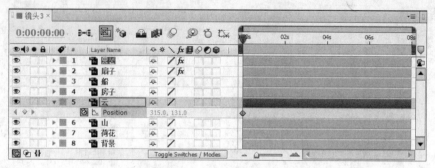

图11.153 设置Position（位置）的值为（315，131）

STEP 03 将时间调整到 00:00:07:24 帧的位置，修改 Position（位置）的值为（401，131），如图 11.154 所示。此时的画面效果如图 11.155 所示。

图11.154 修改Position（位置）的值为（401，131）　　　　图11.155 00:00:09:24帧的画面效果

STEP 04 为"扇子"层添加 Radial Wipe（径向擦除）特效。选择"扇子"层，在 Effects & Presets（效果和预置）面板中展开 Transition（切换）特效组，双击 Radial Wipe（径向擦除）特效。

STEP 05 将时间调整到 00:00:03:19 帧的位置，在 Effects Controls（特效控制）面板中，修改 Radial Wipe（径向擦除）特效的参数，首先在 Wipe（擦除）右侧的下拉菜单中选择 Both（两者），然后单击 Transition Completion（转换完成）左侧的码表 ⏱ 按钮，在当前位置设置关键帧，并设置 Transition Completion（转换完成）的值为 100%，Start Angle（开始角度）的值为 180，Wipe Center（擦除中心）的值为（257，301），Feather（羽化）的值为 25，参数设置如图 11.156 所示。

STEP 06 将时间调整到 00:00:06:15 帧的位置，修改 Transition Completion（转换完成）的值为 0%，完成后其中一帧的画面效果如图 11.157 所示。

图11.156 修改径向擦除特效的参数　　　　　　　　图11.157 其中一帧的画面效果

STEP 07 选择"圆圈"层，在 Effects & Presets（效果和预置）面板中展开 Transition（变换）特效组，双击 Radial Wipe（径向擦除）特效。

STEP 08 将时间调整到 00:00:04:00 帧的位置，在 Effects Controls（特效控制）面板中，修改 Radial Wipe（径向擦除）特效的参数，单击 Transition Completion（转换完成）左侧的码表⏱按钮，在当前位置设置关键帧，并设置 Transition Completion（转换完成）的值为 100%，Start Angle（开始角度）的值为 45，Feather（羽化）的值为 25，参数设置如图 11.158 所示。

STEP 09 将时间调整到 00:00:05:00 帧的位置，修改 Transition Completion（转换完成）的值为 0%，完成后其中一帧的画面效果如图 11.159 所示。

图11.158 设置"圆圈"层径向擦除特效的参数

图11.159 修改转换完成的值后其中一帧的画面

STEP 10 将时间调整到 00:00:00:00 帧的位置，选择"船"层，单击其左侧的灰色三角形▼按钮，展开 Transform（变换）选项组，设置 Position（位置）的值为（282，319），然后分别单击 Position（位置）、Scale（缩放）左侧的码表⏱按钮，在当前位置设置关键帧，参数设置如图 11.160 所示。此时的画面效果如图 11.161 所示。

图11.160 为"船"层设置关键帧

图11.161 00:00:00:00帧的船的位置

STEP 11 为了方便观看"船"的位置变化，首先将"圆圈"和"扇子"层隐藏。将时间调整到 00:00:07:24 帧的位置，修改 Position（位置）的值为（363，289），Scale（缩放）的值为（90，90），如图 11.162 所示。此时的画面效果如图 11.163 所示。设置完成后，再将"圆圈"和"扇子"层显示。

图11.162 修改船的位置和缩放值

图11.163 00:00:07:24帧船的位置和大小变化

STEP 12 添加摄像机。执行菜单栏中的 Layer（层）
| New（新建）| Camera（摄像机）命令，打
开 Camera Settings（摄像机设置）对话框，
设置 Preset（预置）为 24mm，参数设置如图
11.164 所示。单击 OK（确定）按钮，在时间线
面板中将会创建一个摄像机。

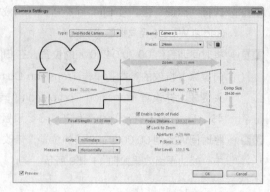

图11.164 Camera Settings（摄像机设置）对话框

STEP 13 打开"镜头 3"合成中除"背景"层外的其他所有图层的三维属性开关，如图 11.165 所示。

STEP 14 将时间调整到 00:00:00:00 帧的位置，选择"Camera 1"层，按 P 键，打开该层的 Position（位置）选
项，单击 Position（位置）左侧的码表按钮，在当前位置设置关键帧，参数设置如图 11.166 所示。

图11.165 打开三维属性开关

图11.166 设置摄像机的参数

提 示

记录摄像机动画可以使画面整体动势呈现出远近交替的纵深感，增加画面的视觉效果，为平淡无奇的
画面增加新意。

STEP 15 将时间调整到 00:00:05:00 帧的位置，修改 Position（位置）的值为（360，288，−435），参数设置
如图 11.167 所示。此时的画面效果如图 11.168 所示。

图11.167 修改Position（位置）的值

图11.168 00:00:05:00帧的画面效果

11.2.6　制作合成动画

STEP 01　执行菜单栏中的Composition(合成)| New Composition(新建合成)命令,打开Composition Settings(合成设置)对话框,新建一个Composition Name(合成名称)为"最终合成",Width(宽)为"720",Height(高)为"576",Frame Rate(帧率)为"25",Duration(持续时间)为00:00:20:00秒的合成。

STEP 02　打开"最终合成"合成,在Project(项目)面板中选择"镜头1""镜头2""镜头3"合成,将其拖动到"最终合成"的时间线面板中,如图11.169所示。

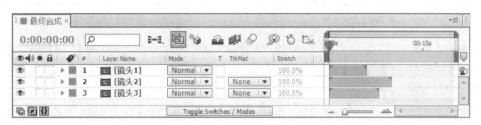

图11.169 添加合成素材

STEP 03　制作黑色边幅。在"最终合成"合成的时间线面板中,按Ctrl + Y组合键,打开Solid Settings(固态层设置)对话框,设置Name(名称)为边幅,Color(颜色)为黑色,如图11.170所示。

STEP 04　单击OK(确定)按钮,在时间线面板中将会创建一个名为"边幅"的固态层。选择"边幅"固态层,单击工具栏中的Rectangle Tool(矩形工具)按钮,在"最终合成"合成窗口中,绘制矩形遮罩,如图11.171所示。

图11.170 新建"边幅"固态层　　　　　　图11.171 绘制矩形遮罩

STEP 05　在时间线面板中,打开Mask 1(遮罩1)选项,然后在Mask 1(遮罩1)右侧,勾选Inverted(反转)复选框,如图11.172所示。此时的画面效果如图11.173所示。

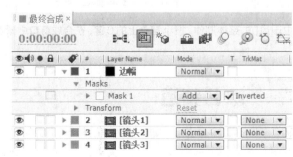

图11.172 勾选Inverted(反转)复选框　　　图11.173 勾选Inverted(反转)复选框后的画面效果

STEP 06 将时间调整到 00:00:05:01 帧的位置，选择"镜头 2"层，按 [键，将其入点设置到当前位置；用同样的方法将"镜头 3"层的入点设置到 00:00:12:00 帧的位置，完成后的效果如图 11.174 所示。

STEP 07 在 Project（项目）面板中的视频素材文件夹中选择"云 1""云 2"素材，将其拖动到"最终合成"合成的时间线面板中。然后调整"云 1""云 2"的图层顺序，如图 11.175 所示。

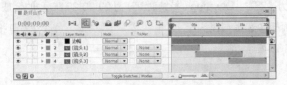

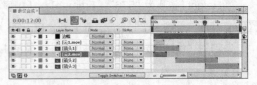

图11.174 调整图层的入点　　　　　　　　　　图11.175 调整"云1""云2"的图层顺序

STEP 08 在时间线面板中将"云 1""云 2"层的入点分别调整到 00:00:05:00、00:00:11:24 帧的位置；然后分别设置"云 1"的 Stretch（拉伸）值为 50%，"云 2"的 Stretch（拉伸）值为 62%，完成后的效果如图 11.176 所示。

STEP 09 将时间调整到 00:00:05:00 帧的位置，选择"镜头 1"层，按 Ctrl + D 组合键，将其复制一层，并将复制出的图层重命名为"转场 1"，然后在当前位置按 Alt + [组合键，为"转场 1"层设置入点；选择"镜头 1"层，按 Alt +] 组合键，为"镜头 1"层设置出点；将时间调整到 00:00:05:24 帧的位置，选择"云 1"层，在当前位置按 Alt +] 组合键，为"云 1"层设置出点，完成后的效果如图 11.177 所示。

图11.176 调整"云1""云2"层的入点位置　　　　　图11.177 为图层设置入点和出点

STEP 10 选择"转场 1"层，在其右侧的 Track Matte（轨道遮罩）属性栏中选择 Luma Inverted Matte"【云 1.mov】"，如图 11.178 所示。

STEP 11 将时间调整到 00:00:12:00 帧的位置，选择"镜头 2"层，按 Ctrl + D 组合键，将其复制一层，并将复制出的图层重命名为"转场 2"，然后在当前位置按 Alt + [组合键，为"转场 2"层设置入点；选择"镜头 2"层，按 Alt +] 组合键，为"镜头 2"层设置出点；然后在"转场 2"层右侧的 Track Matte（轨道遮罩）属性栏中选择 Luma Inverted Matte"【云 2.mov】"，效果如图 11.179 所示。

图11.178 设轨道遮罩选项　　　　　　　　　图11.179 为图层设置入点和出点

STEP 12 这样就完成了"频道特效表现——水墨中国风"的整体制作，按小键盘上的 0 键，在合成窗口中预览动画。

Ae 11.3　电视频道宣传——综艺频道

综艺频道栏目包装效果运用了简单的命令制作出了动感的效果，通过大色差的转场动画给人应接不暇的效果。本例通过打开三维属性开关以及调节关键帧制作素材的位置和旋转动画，然后通过添加摄像机制作出各个镜头间的切换动画，完成综艺频道动画的制作。本例最终的动画流程效果如图 11.180 所示。

工程文件	工程文件\第11章\综艺频道
视频	视频\第11章\11.3 电视频道宣传——综艺频道.avi

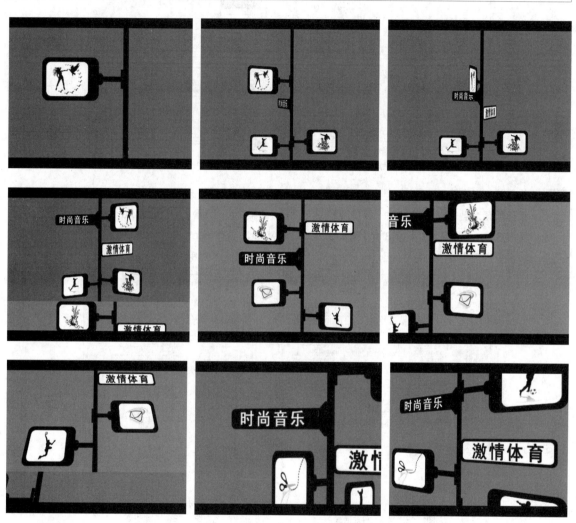

图11.180 综艺频道动画流程效果

知识点

1. 三维属性的各参数使用。

2. Camera（摄像机）的使用。

3. Rectangle Tool（矩形工具）▭ 的使用。

11.3.1 导入素材

STEP 01 执行菜单栏中的 Composition（合成）| New Composition（新建合成）命令，打开 Composition Settings（合成设置）对话框，设置 Composition Name（合成名称）为"镜头 1"，Width（宽）为

"1024"，Height（高）为"576"，Frame Rate（帧率）为"25"，并设置 Duration（持续时间）为 00:00:03:00 秒，如图 11.181 所示。单击 OK（确定）按钮，在 Project（项目）面板中，将会新建一个名为"镜头 1"的合成，如图 11.182 所示。

图11.181 合成设置

图11.182 新建合成

STEP 02 执行菜单栏中的 File（文件）| Import（导入）| File（文件）命令，打开 Import File（导入文件）对话框，选择配套光盘中的"工程文件\第 11 章\综艺频道\图案 1.ai、图案 2.ai、图案 3.ai、图案 4.ai、图案 5.ai、图案 6.ai、图案 7.ai、图案 8.ai、图案 9.ai、文字 A.psd、文字 B.psd"11 个素材，如图 11.183 所示。

STEP 03 单击【打开】按钮，将导入到 Project（项目）面板中，如图 11.184 所示。

图11.183 导入文件对话框

图11.184 项目面板

11.3.2 制作镜头1动画

STEP 01 在时间线面板中按 Ctrl + Y 组合键，打开 Solid Settings（固态层设置）对话框，设置 Name（名称）为蓝背景，Width（宽）为"1024"，Height（高）为"576"，Color（颜色）为蓝色（R:0，G:126，B:178），如图 11.185 所示。单击 OK（确定）按钮，在时间线面板中将会创建一个名为"蓝背景"的固态层。

STEP 02 按 Ctrl + Y 组合键，打开 Solid Settings（固态层设置）对话框，设置 Name（名称）为"滑竿"，Width（宽）为"1024"，Height（高）为"576"，Color（颜色）为黑色，如图 11.186 所示。

图11.185 设置对话框

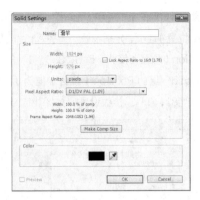
图11.186 "滑竿"固态层

STEP 03 单击 OK（确定）按钮，在时间线面板中将会创建一个名为"滑竿"的固态层。选择"滑竿"固态层，
单击工具栏中的 Rectangle Tool（矩形工具）▭ 按钮，在"镜头 1"合成窗口中绘制一个矩形，如图
11.187 所示。

STEP 04 在 Project（项目）面板中，选择"文字 A.psd""文字 B.psd""图案 9.ai""图案 2.ai""图案 1.ai"5
个素材，将其拖动到时间线面板中，然后打开 5 个素材层的三维属性开关，如图 11.188 所示。

图11.187 绘制矩形

图11.188 时间线面板

STEP 05 按 S 键，打开 5 个素材层的 Scale（缩放）选项，设置"文字 A"层的 Scale（缩放）的值为（47，
47，47），"文字 B"层的 Scale（缩放）值为（37，37，37），"图案 9.ai"的 Scale（缩放）值为
（25，25，25），"图案 2.ai"的 Scale（缩放）值为（30，30，30），"图案 1.ai"的 Scale（缩放）
值为（-28，28，28），参数设置如图 11.189 所示。

STEP 06 选择"文字 A.psd""文字 B.psd""图案 9.ai""图案 2.ai""图案 1.ai"5 个层，按 A 键，打开
Anchor Point（定位点）选项，分别设置"文字 A.psd"层的 Anchor Point（定位点）值为（711，286，0），
"文字 B.psd"层的 Anchor Point（定位点）值为（12，281，0），"图案 9.ai"层的 Anchor Point（定
位点）值为（789，185，0），"图案 2.psd"层的 Anchor Point（定位点）值为（796，180，0），"图
案 1.psd"层的 Anchor Point（定位点）值为（788，183，0），参数设置如图 11.190 所示。

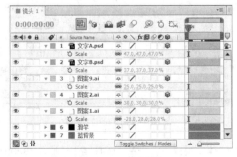
图11.189 设置缩放值

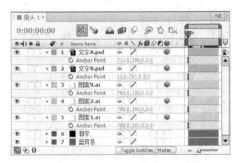
图11.190 定位点的设置

STEP 07 选择"文字A.psd""文字B.psd""图案9.ai""图案2.ai""图案1.ai"5个层，按P键，打开 Position（位置）选项，分别设置"文字A.psd"层的Position（位置）值为（507，353，0），"文字B.psd" 层的Position（位置）值为（516，358，0），"图案9.ai"层的Position（位置）值为（506，501，0）， "图案2.psd"层的Position（位置）值为（507，110，0），"图案1.psd"层的Position（位置）值 为（519，483，0），参数设置，如图11.191所示。此时的画面效果如图11.192所示。

图11.191 设置位置的值

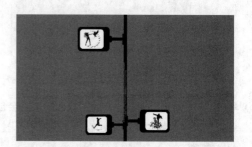

图11.192 画面效果

STEP 08 将时间调整到00:00:00:00帧的位置，然后单击"图案2.ai"层position（位置）属性左侧的码表⏱按钮， 在当前位置设置关键帧，如图11.193所示。

STEP 09 将时间调整到00:00:01:00帧的位置，修改"图案2.ai"的Position（位置）的值为（507，225，0）， 并单击"文字A.psd"层position（位置）属性左侧的码表⏱按钮，在当前位置设置关键帧，如图 11.194所示。

图11.193 修改参数

图11.194 设置关键帧

STEP 10 将时间调整到00:00:02:07帧的位置，修改"文字A.psd"层的Position（位置）的值为（507，145，0）。

STEP 11 将时间调整到00:00:01:15帧的位置，然后分别单击"图案9.ai""图案1.ai"层position（位置）属 性左侧的码表⏱按钮，在当前位置设置关键帧，如图11.195所示。

STEP 12 将时间调整到00:00:02:12帧的位置，修改"图案9.ai"的Position（位置）的值为（518，501，0）， "图案1.ai"的Position（位置）的值为（505，483，0），参数设置如图11.196所示。

图11.195 设置关键帧

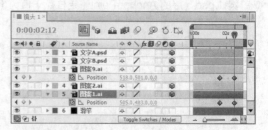

图11.196 修改位置的值

STEP 13 将时间调整到00:00:01:00帧的位置，选择"文字A.psd""图案2.ai"层，按R键，打开Rotation（旋转）

选项，设置"文字 A.psd"层的 Y Rotation（*Y*轴旋转）的值为 90，然后分别单击"文字 A.psd""图案 2.ai"
层 Y Rotation（*Y*轴旋转）左侧的码表 按钮，在当前位置设置关键帧，如图 11.197 所示。此时的画
面效果如图 11.198 所示。

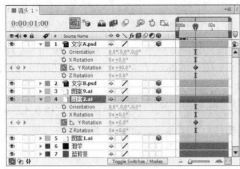

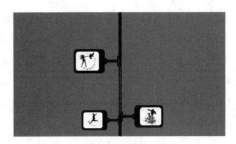

图11.197 设置旋转的关键帧　　　　　　　　　　　　　　图11.198 效果

STEP 14 将时间调整到 00:00:02:00 帧的位置，修改"文字 A.psd"层 Y Rotation（*Y*轴旋转）的值为 0，"图案 2.ai"
层的 Y Rotation（*Y*轴旋转）的值为 –180。

STEP 15 将时间调整到 00:00:01:15 帧的位置，选择"图案 9.ai""图案 1.ai"层，按 R 键，打开 Rotation（旋转）
选项，然后分别单击"图案 9.ai""图案 1.ai"层 Y Rotation（*Y*轴旋转）左侧的码表 按钮，在当前
位置设置关键帧，如图 11.199 所示。

STEP 16 将时间调整到 00:00:02:12 帧的位置，修改"图案 9.ai"层的 Y Rotation（*Y*轴旋转）的值为 –180，"图
案 1.ai"层的 Y Rotation（*Y*轴旋转）的值为 180，此时的画面效果如图 11.200 所示。

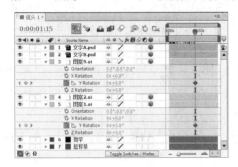

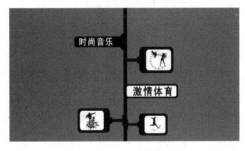

图11.199 设置关键帧　　　　　　　　　　　　　　　图11.200 画面效果

STEP 17 将时间调整到 00:00:00:01:06 帧的位置，选择"文字 B.psd"层，按 R 键打开该层的 Rotation（旋转）
选项，设置 Y Rotation（*Y*轴旋转）的值为 –90，单击 Rotation（旋转）左侧的码表 按钮，在当前位
置设置关键帧，如图 11.201 所示。此时的画面效果如图 11.202 所示。将时间调整到 00:00:02:08 帧的
位置，修改 Y Rotation（*Y*轴旋转）的值为 0。

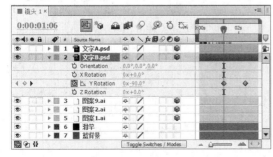

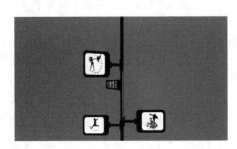

图11.201 设置*Y*轴旋转的值　　　　　　　　　　　　　图11.202 画面效果

11.3.3 制作镜头2动画

STEP 01 执行菜单栏中的 Composition（合成）| New Composition（新建合成）命令，打开 Composition Settings（合成设置）对话框，新建一个 Composition Name（合成名称）为"镜头 2"，Width（宽）为"1024"，Height（高）为"576"，Frame Rate（帧率）为"25"，Duration（持续时间）为 00:00:03:00 秒的合成。

STEP 02 在时间线面板中按 Ctrl + Y 组合键，打开 Solid Settings（固态层设置）对话框，设置 Name（名称）为"橙色背景 1"，Width（宽）为"1024"，Height（高）为"576"，Color（颜色）为橙色（R:230，G:100，B:0），如图 11.203 所示。单击 OK（确定）按钮，在时间线面板中将会创建一个名为"橙色背景 1"的固态层。

STEP 03 打开"镜头 1"合成，选择"滑竿"层，按 Ctrl + C 组合键，将其复制，然后打开"镜头 2"合成，按 Ctrl + V 组合键，将"滑竿"固态层粘贴到时间线面板中，完成效果如图 11.204 所示。

图11.203 新建固态层　　　　　　　　　　　　　　图11.204 粘贴固态层

STEP 04 在 Project（项目）面板中选择"文字 A.psd""文字 B.psd""图案 3.ai""图案 6.ai""图案 7.ai"5 个素材，将其拖动到"镜头 2"合成的时间线面板中，打开 5 个素材层的三维属性开关。

STEP 05 按 S 键，打开 5 个素材层的 Scale（缩放）选项，设置"文字 A"层的 Scale（缩放）的值为（59，59，59），"文字 B"层的 Scale（缩放）值为（35，35，35），"图案 3.ai"的 Scale（缩放）值为（35，35，35），"图案 6.ai"的 Scale（缩放）值为（30，30，30），"图案 7.ai"的 Scale（缩放）值为（-30，30，30），参数设置，如图 11.205 所示。

STEP 06 重新选择 5 个素材，然后按 A 键，打开 Anchor Point（定位点）选项，分别设置"文字 A.psd"层 Anchor Point（定位点）的值为（719，285，0），"文字 B.psd"层 Anchor Point（定位点）的值为（0，288，0），"图案 3.ai"层 Anchor Point（定位点）的值为（784，181，0），"图案 6.ai"层 Anchor Point（定位点）的值为（778，173，0），"图案 7.ai"层 Anchor Point（定位点）的值为（792，180，0），如图 11.206 所示。

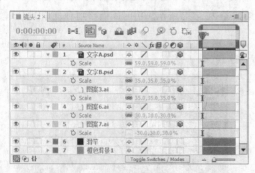

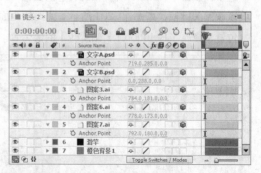

图11.205 设置图层的Scale（缩放）值　　　　　　　图11.206 修改中心点的值

STEP 07 将时间调整到 00:00:00:00 帧的位置，选择"文字 A.psd""文字 B.psd""图案 3.ai""图案 6.ai""图案 7.ai"5 个素材层，按 P 键，打开 Position（位置）选项，分别设置"文字 A.psd"层 Position（位置）的值为（508，278，0），"文字 B.psd"层 Position（位置）的值为（518，130，0），"图案 3.ai"层的 Position（位置）的值为（504，0，0），"图案 6.ai"层的 Position（位置）的值为（502，563，0），"图案 7.ai"层的 Position（位置）的值为（518，351，0），然后分别单击"图案 3.ai""图案 6.ai""图案 7.ai"层 Position（位置）属性左侧的码表 按钮，在当前位置设置关键帧，如图 11.207 所示。

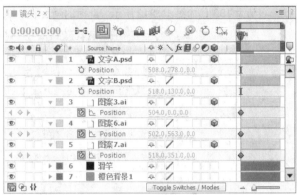

图11.207 设置关键帧

STEP 08 将时间调整到 00:00:01:00 帧的位置，修改"图案 3.ai"层的 Position（位置）的值为（504，146，0），"图案 6.ai"层的 Position（位置）的值为（502，408，0），"图案 7.ai"层的 Position（位置）的值为（518，504，0），然后分别单击"文字 A.psd""文字 B.psd"层 Position（位置）属性左侧的码表 按钮，在当前位置设置关键帧，如图 11.208 所示。此时的画面效果如图 11.209 所示。

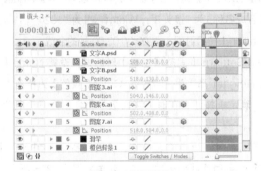

图11.208 设置关键帧

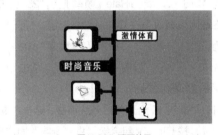

图11.209 画面效果

STEP 09 将时间调整到 00:00:02:00 帧的位置，修改"文字 A.psd"层的 Position（位置）的值为（508，120，0），"文字 B.psd"层的 Position（位置）的值为（518，265，0），如图 11.210 所示。此时的画面效果如图 11.211 所示。

图11.210 修改的位置值

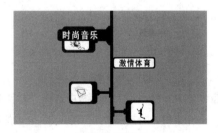

图11.211 画面效果

STEP 10 将时间调整到 00:00:01:00 帧的位置，选择"图案 3.ai""图案 6.ai""图案 7.ai"3 个层，按 R 键，打开 Rotation（旋转）选项，然后单击 Y Rotation（Y 轴旋转）左侧的码表 按钮，为"图案 3.ai""图案 6.ai" "图案 7.ai" 3 个层设置关键帧。

STEP 11 将时间调整到 00:00:02:00 帧的位置，分别修改"图案 3.ai"层的 Y Rotation（Y 轴旋转）的值为 –180 ，"图案 6.ai"层的 Y Rotation（Y 轴旋转）的值为 –180 ， "图案 7.ai"层的 Y Rotation（Y 轴旋转）的值为 180 ， 如图 11.212 所示。此时的画面效果如图 11.213 所示。

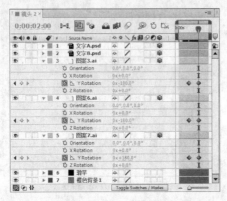

图11.212 修改 Y 轴旋转的值

图11.213 画面效果

11.3.4 制作镜头3动画

STEP 01 执行菜单栏中的 Composition（合成）| New Composition（新建合成）命令，打开 Composition Settings（合成设置）对话框，新建一个 Composition Name（合成名称）为"镜头 3"，Width（宽）为"1024"，Height（高）为"576"，Frame Rate（帧率）为"25"，Duration（持续时间）为 00:00:03:00 秒的合成。

STEP 02 在时间线面板中按 Ctrl + Y 组合键，打开 Solid Settings（固态层设置）对话框，设置 Name（名称）为"橙色背景 2"，Width（宽）为"1024"，Height（高）为"576"，Color（颜色）为橙色（R:230，G:70，B:0），如图 11.214 所示。单击 OK（确定）按钮，在时间线面板中将会创建一个名为"橙色背景 2"的固态层。

STEP 03 打开"镜头 1"合成的时间线面板，选择"滑竿"层，按 Ctrl + C 组合键，将其复制，然后打开"镜头 3"合成，按 Ctrl + V 组合键，将"滑竿"固态层粘贴到时间线面板中，完成效果如图 11.215 所示。

图11.214 新建固态层

图11.215 粘贴固态层

STEP 04 在 Project（项目）面板中选择"文字 A.psd" "文字 B.psd" "图案 4.ai" "图案 5.ai" "图案 8.ai" 5 个素材，将其拖动到"镜头 3"合成的时间线面板中，打开 5 个素材层的三维属性开关。

STEP 05 按 S 键，打开 5 个素材层的 Scale（缩放）选项，设置"文字 A"层的 Scale（缩放）的值为（47，47，47）， "文字 B"层的 Scale（缩放）值为（37，37，37）， "图案 4.ai"的 Scale（缩放）值为

（35，35，35），"图案5.ai"的Scale（缩放）值为（35，35，35），"图案8.ai"的Scale（缩放）值为（-35，35，35），参数设置，如图11.216所示。

STEP 06 重新选择5个素材，然后按A键，打开Anchor Point（定位点）选项，分别设置"文字A.psd"层Anchor Point（定位点）的值为（711，286，0），"文字B.psd"层Anchor Point（定位点）的值为（12，281，0），"图案4.ai"层Anchor Point（定位点）的值为（787，186，0），"图案5.ai"层Anchor Point（定位点）的值为（788，185，0），"图案8.ai"层Anchor Point（定位点）的值为（790，186，0），如图11.217所示。

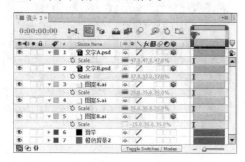 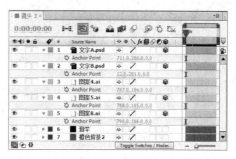

图11.216 设置图层的Scale（缩放）值　　　　　　图11.217 修改中心点

STEP 07 将时间调整到00:00:00:00帧的位置，选择"文字A.psd""文字B.psd""图案4.ai""图案5.ai""图案8.ai"5个素材层，按P键，打开Position（位置）选项，分别设置"文字A.psd"层Position（位置）的值为（505，353，0），"文字B.psd"层Position（位置）的值为（521，358，0），"图案4.ai"层的Position（位置）的值为（505，654，0），"图案5.ai"层的Position（位置）的值为（505，-79，0），"图案8.ai"层的Position（位置）的值为（518，192，0），然后分别单击"图案4.ai""图案5.ai""图案8.ai"层Position（位置）左侧的码表 按钮，在当前位置设置关键帧，如图11.218所示。

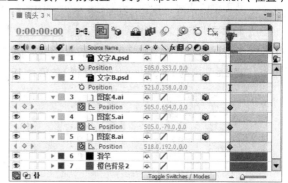

图11.218 设置关键帧

STEP 08 将时间调整到00:00:00:15帧的位置，修改"图案4.ai"层的Position（位置）的值为（504，526，0），"图案5.ai"层的Position（位置）的值为（505，124，0）。

STEP 09 将时间调整到00:00:01:00帧的位置，修改"图案4.ai"层的Position（位置）的值为（505，440，0），"图案8.ai"层的Position（位置）的值为（518，350，0），然后分别单击"文字A.psd""文字B.psd"层Position（位置）属性左侧的码表 按钮，在当前位置设置关键帧，如图11.219所示。此时的画面效果如图11.220所示。

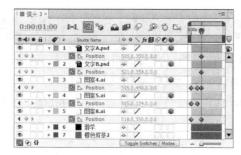 

图11.219 设置关键帧　　　　　　图11.220 画面效果

STEP 10 将时间调整到 00:00:01:08 帧的位置，修改"图案 5.ai"层的 Position（位置）的值为（518，124，0）。

STEP 11 将时间调整到 00:00:02:00 帧的位置，修改"文字 A.psd"层的 Position（位置）的值为（505，145，0），"文字 B.psd"层的 Position（位置）的值为（521，282，0），"图案 4.ai"层的 Position（位置）的值为（517，440，0），"图案 8.ai"层的 Position（位置）的值为（506，350，0），如图 11.221 所示。此时的画面效果如图 11.222 所示。

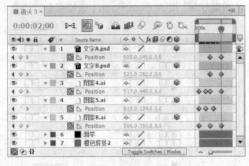

图11.221 修改的位置值

图11.222 画面效果

STEP 12 将时间调整到 00:00:00:15 帧的位置，选择"图案 4.ai""图案 5.ai""图案 8.ai"3 个层，按 R 键，打开 Rotation（旋转）选项，然后为"图案 5.ai"层 Y Rotation（Y 轴旋转）属性设置关键帧。

STEP 13 将时间调整到 00:00:01:00 帧的位置，分别单击"图案 4.ai""图案 8.ai"层 Y Rotation（Y 轴旋转）属性左侧的码表 按钮，为"图案 4.ai""图案 8.ai"层设置关键帧，并修改"图案 5.ai"层的 Y Rotation（Y 轴旋转）的值为 –180。

STEP 14 将时间调整到 00:00:02:00 帧的位置，分别修改"图案 4.ai"层的 Y Rotation（Y 轴旋转）的值为 180，"图案 8.ai"层的 Y Rotation（Y 轴旋转）的值为 180，如图 11.223 所示。此时的画面效果如图 11.224 所示。

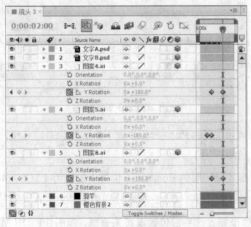

图11.223 修改旋转值

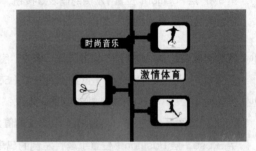

图11.224 画面效果

11.3.5 制作滑竿动画

STEP 01 执行菜单栏中的 Composition（合成）| New Composition（新建合成）命令，打开 Composition Settings（合成设置）对话框，新建一个 Composition Name（合成名称）为"滑竿动画"，Width（宽）为"720"，Height（高）为"576"，Frame Rate（帧率）为"25"，Duration（持续时间）为 00:00:06:00 秒的合成。

STEP 02 在 Project（项目）面板中，选择"镜头 1""镜头 2""镜头 3"3 个合成，将其拖动到"滑竿动画"
合成的时间线面板中，然后打开这 3 个合成层的三维属性开关，如图 11.225 所示。

STEP 03 按 P 键，打开"镜头 1""镜头 2""镜头 3"合成层的 Position（位置）选项，设置"镜头 1"的 Position（位
置）的值为（360，258，0），"镜头 2"的 Position（位置）的值为（428，822，0），"镜头 3"
的 Position（位置）的值为（278，1395，0），如图 11.226 所示。

图11.225 打开三维属性开关　　　　　　图11.226 修改Position（位置）的值

STEP 04 设置图层的入点位置。将时间调整到 00:00:01:06 帧的位置，拖动"镜头 2"层的素材条，将其入点调
整到当前位置；将时间调整到 00:00:03:03 帧的位置，拖动"镜头 3"层的素材条，将其入点调整到当前位置，如图 11.227 所示。

图11.227 为图层设置入点

STEP 05 添加摄像机。执行菜单栏中的 Layer（图层）|New(新建)|Camera(摄像机)命令，打开 Camera Settings（摄像机设置）对话框，设置 Preset（预置）为 Custom（自定义），参数设置，如图 11.228 所示。单击 OK（确定）按钮，在时间线面板中将会创建一个摄像机。

技巧

在时间线面板的空白处，单击鼠标右键，在弹出的快捷菜单中选择 New（新建）|Camera（摄像机）命令，也可添加摄像机。

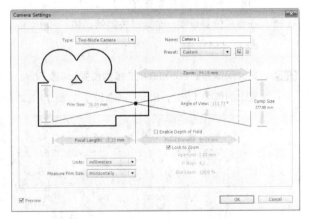

图11.228 Camera Settings（摄像机设置）对话框

STEP 06 将时间调整到 00:00:00:00 帧的位置，选择"Camera 1"层，单击其左侧的灰色三角形▼按钮，将展开 Transform（转换）、Camera Options（摄像机设置）选项组，然后分别单击 Point of Interest（中心点）和 Position（位置）左侧的码表⏱按钮，在当前位置设置关键帧，并设置 Point of Interest（中心点）的值为（240，72，2），Position（位置）的值为（240，72，−82），然后分别设置 Zoom（缩放）的值为 267 pixels，Depth of Field（景深）为 Off，Focus Distance（焦距离）的值为 267 pixels，Aperture（光圈）的值为 8 pixels，参数设置如图 11.229 所示。此时的画面效果如图 11.230 所示。

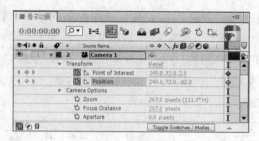

图11.229 设置关键帧   图11.230 画面效果

STEP 07 将时间调整到00:00:00:17帧的位置，修改 Point of Interest(中心点)的值为(350，255，0)，Position(位置)的值为（350，255，-300），如图 11.231 所示。此时的画面效果如图 11.232 所示。

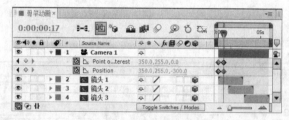
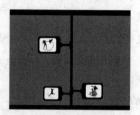

图11.231 修改参数   图11.232 修改后的效果

STEP 08 将时间调整到 00:00:01:13 帧的位置，单击 Point of Interest（中心点）、Position（ 位 置 ）左 侧 的 Add or remove keyframe at current time（在当前时间添加或移除关键帧）按钮，在当前位置设置一个延时关键帧，如图 11.233 所示。

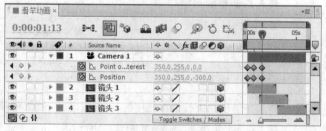

图11.233 添加延时关键帧

STEP 09 将时间调整到00:00:02:07帧的位置，修改 Point of Interest(中心点)的值为(367，835，0)，Position(位置)的值为（367，835，-300），如图 11.234 所示。此时的画面效果如图 11.235 所示。

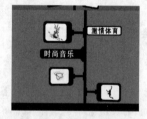

图11.234 修改参数   图11.235 画面效果

STEP 10 将时间调整到00:00:03:02帧的位置，修改 Point of Interest(中心点)的值为(603，841，0)，Position(位置)的值为（603，841，-245），如图 11.236 所示。此时的画面效果如图 11.237 所示。

图11.236 修改参数   图11.237 画面效果

STEP 11 将时间调整到 00:00:03:20 帧的位置，修改 Point of Interest（中心点）的值为（372，1076，0），Position（位置）的值为（372，1140，-189），如图 11.238 所示。此时的画面效果如图 11.239 所示。

图11.238 修改参数

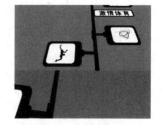
图11.239 画面效果

STEP 12 将时间调整到 00:00:04:10 帧的位置，修改 Point of Interest（中心点）的值为（155，1376，25），Position（位置）的值为（155，1376，-150），如图 11.240 所示。此时的画面效果如图 11.241 所示。

图11.240 修改参数

图11.241 画面效果

STEP 13 将时间调整到 00:00:05:20 帧的位置，修改 Point of Interest（中心点）的值为（326，1362，63），Position（位置）的值为（363，1363，-180），如图 11.242 所示。此时的画面效果如图 11.243 所示。

图11.242 修改参数

图11.243 画面效果

STEP 14 在时间线面板中，选择所有关键帧，执行菜单栏中的 Animation（动画）| Keyframe Assistant（关键帧助理）| Easy Ease（缓和关键帧）命令，此时关键帧的形状如图 11.244 所示。

图11.244 执行Easy Ease（缓和关键帧）命令

STEP 15 在时间线面板中，按 Ctrl + Y 组合键，打开 Solid Settings（固态层设置）对话框，设置 Name（名称）为"遮罩"，Width（宽）为"720"，Height（高）为"576"，Color（颜色）为黑色，如图 11.245 所示。

STEP 16 单击 OK（确定）按钮，在时间线面板中将会创建一个名为"遮罩"的固态层。选择"遮罩"固态层，单击工具栏中的 Rectangle Tool（矩形工具）□ 按钮，在合成窗口中为绘制一个遮罩并选择 Inverted（反转），完成效果如图 11.246 所示。

图11.245 固态层设置

图11.246 绘制矩形遮罩

STEP 17 这样就完成了"电视频道宣传——综艺频道"的整体制作，按小键盘上的 0 键，在合成窗口中预览动画。

Ae 11.4　电视栏目包装——公益宣传片

本例主要讲解公益宣传片的制作。首先利用文本的 Animator（动画）属性及 More Options（更多选项）制作不同的文字动画效果，然后通过不同的切换手法及 Motion Blur（运动模糊）的应用，制作出文字的动画效果，最后通过场景的合成及蒙版手法，完成公益宣传片效果的制作。本例最终的动画流程效果如图 11.247 所示。

工程文件	工程文件\第11章\公益宣传片
视频	视频\第11章\11.4 电视栏目包装——公益宣传片.avi

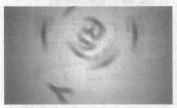

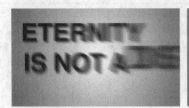

图11.247 动画流程画面

1. 学习文本 Animator（动画）属性的使用。
2. 学习文本 More Options（更多选项）属性的使用。
3. 掌握 Motion Blur（运动模糊）特效的使用。
4. 掌握 Drop Shadow（投影）特效的使用。

11.4.1 制作合成场景一动画

STEP 01 执行菜单栏中的 Composition（合成）| New Composition（新建合成）命令，打开 Composition Settings（合成设置）对话框，设置 Composition Name（合成名称）为"合成场景一"，Width（宽）为"720"，Height（高）为"405"，Frame Rate（帧率）为"25"，并设置 Duration（持续时间）为 00:00:04:00 秒，如图 11.248 所示。

STEP 02 执行菜单栏中的 Layer（层）|New（新建）|Text（文本）命令，创建文字层，在合成窗口中分别创建文字"ETERNITY"，"IS"，"NOT"，"A"，设置字体为 JQCuHeiJT，字体大小为 130，字体颜色为墨绿色（R:0，G:50，B:50），如图 11.249 所示。

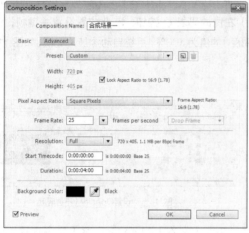

图11.248 "合成设置"对话框

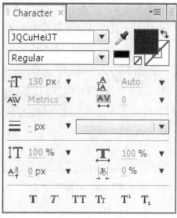

图11.249 字符面板

STEP 03 选择所有文字层，按 P 键，展开 Position（位置）选项，设置"ETERNITY"层的 Position（位置）的值为（40，185），"IS"层 Position（位置）的值为（92，273），"NOT"层 Position（位置）的值为（208，314），"A"层 Position（位置）的值为（514，314），如图 11.250 所示。

STEP 04 为了以便观察，在合成窗口下单击 Toggle Transparency Grid（设置背景透明）按钮 ，在合成窗口中预览效果，如图 11.251 所示。

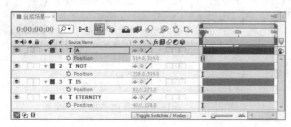

图11.250 设置Position（位置）的参数

图11.251 文字效果

STEP 05 在时间线面板，选择"IS""NOT""A"层单击眼睛 👁 按钮，将其隐藏，以便制作动画，如图 11.252 所示。

STEP 06 选择 "ETERNITY" 层，在时间线面板中展开文字层，单击 Text（文本）右侧的 Animate: 👁（动画）按钮，在弹出的菜单中选择 Rotation（旋转）命令，设置 Rotation（旋转）的值为 4x，调整时间到 00:00:00:00 帧的位置，单击 Rotation（旋转）左侧的码表 ⏱ 按钮，在此位置设置关键帧，如图 11.253 所示。

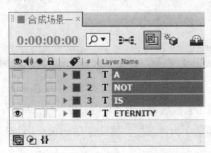

图11.252 隐藏层

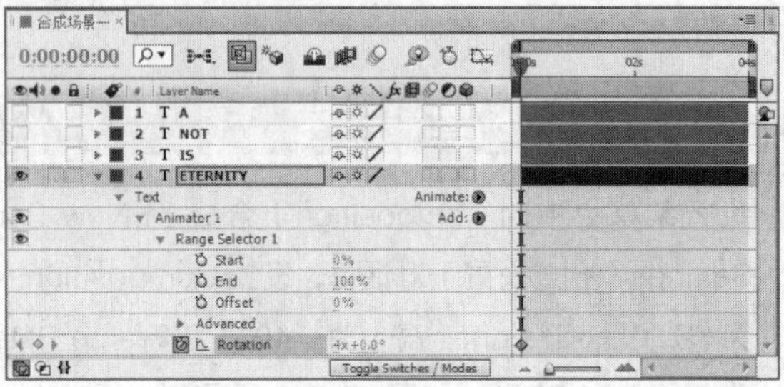

图11.253 设置参数

STEP 07 调整时间到 00:00:00:12 帧的位置，设置 Rotation（旋转）的值为 0，系统自动添加关键帧，如图 11.254 所示。

STEP 08 调整时间到 00:00:00:00 帧的位置，按 T 键，展开 Opacity（不透明度）选项，设置 Opacity（不透明度）的值为 0%，单击 Opacity（不透明度）左侧的码表 ⏱ 按钮，在此位置设置关键帧，调整时间到 00:00:00:12 帧的位置，设置 Opacity（不透明度）的值为 100%，系统自动添加关键帧，如图 11.255 所示。

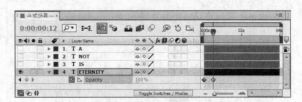

图11.254 设置Rotation（旋转）参数

图11.255 设置Opacity（不透明度）

STEP 09 选择 "ETERNITY" 层，在时间线面板中展开 Text（文本）IMore Options（更多选项）选项组，从 Anchor Point Grouping（定位点编辑组）的下拉列表中选择 All（全部），如图 11.256 所示。

STEP 10 选择 "ETERNITY" 层，在时间线面板中展开 Text（文本）IAnimator1（动画 1）IRange Selector1（范围选择器 1）IAdvanced（高级）选项组，从 Shape（形状）的下拉列表中选择 Triangle（三角形），如图 11.257 所示。

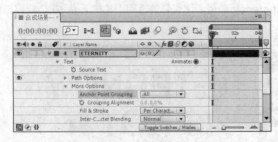

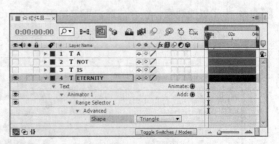

图11.256 在下拉列表中选择All（全部）

图11.257 选择Triangle（三角形）

STEP 11 这样就完成了 "ETERNITY" 层的动画效果制作，在合成窗口按小键盘 0 键预览效果，如图 11.258 所示。

图11.258 在合成窗口预览效果

STEP 12 在时间线面板，选择"IS"层，单击眼睛 👁 按钮，将其显示，按 A 键展开 Anchor Point（定位点），设置 Anchor Point（定位点）的值为（40，−41）如图 11.259 所示。

STEP 13 调整时间到 00:00:00:12 帧的位置，按 S 键，展开 Scale（缩放）选项，设置 Scale（缩放）的值为 5000，并单击 Scale（缩放）左侧的码表 按钮，在此位置设置关键帧，调整时间到 00:00:00:24 帧的位置，设置 Scale（缩放）的值为 100，系统自动添加关键帧，如图 11.260 所示。

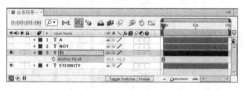

图11.259 设置Anchor Point（定位点）参数　　　　图11.260 设置Scale（缩放）参数

STEP 14 在时间线面板，选择"NOT"层，单击眼睛 👁 按钮，将其显示，在时间线面板中展开文字层，单击 Text（文本）右侧的 Animate: ⊙（动画）按钮，在弹出的菜单中选择 Opacity（不透明度）命令，设置 Opacity（不透明度）的值 0%，单击 Animator1（动画 1）右侧 Add: ⊙（添加）按钮，在弹出的菜单中选择 Property（特性）|Character Offset（字符偏移）命令，设置 Character Offset（字符偏移）的值 20，如图 11.261 所示。

STEP 15 调整时间到 00:00:00:24 帧的位置，展开 Range Selector1（范围选择器 1），设置 Start（开始）的值为 0%，单击 Start（开始）码表 按钮，在此位置设置关键帧，调整时间到 00:00:01:17 帧的位置，设置 Start（开始）的值为 100%，系统自动添加关键帧，如图 11.262 所示。

图11.261 设置字符偏移　　　　　　　　图11.262 设置Start（开始）的值

STEP 16 调整时间到 00:00:01:19 帧的位置，按 P 键，展开 Position（位置）选项，设置 Position（位置）的值为（308，314），单击 Position（位置）的码表 按钮，在此位置设置关键帧，按 R 键，展开 Rotation（旋转）选项，单击 Rotation（旋转）的码表 按钮，在此位置设置关键帧，按 U 键展开所有关键帧，如图 11.263 所示。

STEP 17 调整时间到 00:00:01:23 帧的位置，设置 Rotation（旋转）的值为 −6，系统自动添加关键帧，调整时间到 00:00:01:25 帧的位置，设置 Position（位置）的值为（208，314），系统自动添加关键帧，设置 Rotation（旋转）的值为 0，系统自动添加关键帧，如图 11.264 所示。

图11.263 添加关键帧　　　　　　　　　图11.264 添加关键帧

STEP 18 在时间线面板，选择"A"层，单击眼睛 <img_1/> 按钮，将其显示，调整时间到 00:00:01:20 帧的位置，按 P 键，展开 Position（位置）选项，单击，并单击 Position（位置）的码表 按钮，在此位置设置关键帧，调整时间到 00:00:01:17 帧的位置，设置 Position（位置）的值为（738，314），如图 11.265 所示。

STEP 19 在时间线面板中单击 Motion Blur（运动模糊） 按钮，并启用所有图层 Motion Blur（运动模糊），如图 11.266 所示。

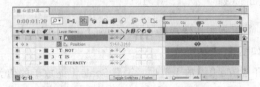

图11.265 设置Position（位置）的值

图11.266 开启Motion Blur（运动模糊）

STEP 20 这样"合成场景一"动画就完成了，按小键盘 0 键，在合成窗口中预览动画效果，如图 11.267 所示。

图11.267 合成窗口中预览效果

11.4.2 制作合成场景二动画

STEP 01 执行菜单栏中的 Composition（合成）| New Composition（新建合成）命令，打开 Composition Settings（合成设置）对话框，设置 Composition Name（合成名称）为"合成场景二：，Width（宽）为"720"，Height（高）为"405"，Frame Rate（帧率）为"25"，并设置 Duration（持续时间）为 00:00:04:00 秒，如图 11.268 所示。

STEP 02 按 Ctrl+Y 组合键，打开 Solid Settings（固态层设置）对话框，设置固态层 Name（名称）为"背景"，Color（颜色）为黑色，如图 11.269 所示。

图11.268 "合成设置"对话框

图11.269 "固态层设置"对话框

STEP 03 选择"背景"层，在 Effects & Presets（效果和预置）面板中展开 Generate（创造）特效组，双击 Ramp（渐变）特效，如图 11.270 所示。

STEP 04 在 Effect Controls（特效控制）面板中修改 Ramp（渐变）特效参数，设置 Start of Ramp（渐变开始）

的值为（368，198），Start Color（开始色）为白色，End of Ramp（渐变结束）的值为（−124，522），End Color（结束色）为墨绿色（R:0，G:68，B:68），Ramp Shape（渐变类型）为 Radial Ramp（径向渐变），如图 11.271 所示。

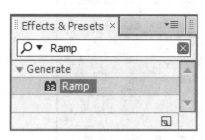

图11.270 添加Ramp（渐变）特效

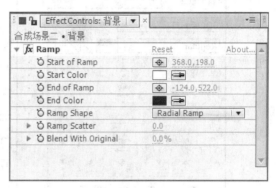

图11.271 设置Ramp（渐变）参数值

STEP 05 在项目面板中选择"合成场景一"合成，拖动到"合成场景二"合成中，在 Effects & Presets（效果和预置）面板中展开 Perspective（透视）特效组，双击 Drop Shadow（阴影）特效，如图 11.272 所示。

STEP 06 在 Effect Controls（特效控制）面板中修改 Drop Shadow（阴影）特效参数，设置 Shadow Color（阴影颜色）的值为墨绿色（R:0，G:50，B:50），Distance（距离）的值为 11，Softness（柔和）的值为 18，如图 11.273 所示。

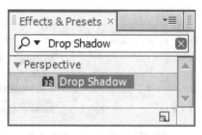

图11.272 添加Drop Shadow（阴影）特效

图11.273 设置Drop Shadow（阴影）特效参数

STEP 07 调整时间到 00:00:02:00 帧的位置，按 P 键，展开 Position（位置）选项，单击 Position（位置）的码表 按钮，在此位置设置关键帧，按 S 键，展开 Scale（缩放）选项，单击 Scale（缩放）的码表 按钮，在此位置设置关键帧，按 U 键，展开所有关键帧，如图 11.274 所示。

STEP 08 调整时间到 00:00:02:04 帧的位置，设置 Position（位置）的值为（360，202.5），系统自动添加关键帧，设置 Scale（缩放）的值为 38，系统自动添加关键帧，如图 11.275 所示。

图11.274 添加关键帧

图11.275 设置参数

STEP 09 执行菜单栏中的 Layer（层）|New（新建）|Text（文本）命令，创建文字层，在合成窗口中分别创建文字"DISTANCE"，"A"，设置字体为JQCuHeiJT，字体大小为130，字体颜色为墨绿色（R:0，G:50，B:50），如图 11.276 所示。

STEP 10 创建文字 "BUT DECISION"，设置字体为 JQCuHeiJT，字体大小为 39，字体颜色为墨绿色（R:0, G:50, B:50）如图 11.277 所示。

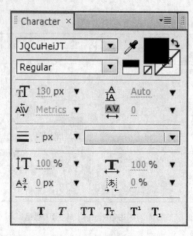

图11.276 设置字母A

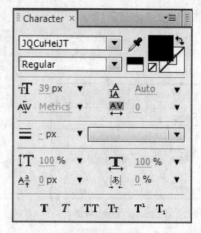

图11.277 字符面板

STEP 11 选择所有文字层，按 P 键，展开 Position（位置）选项，设置 "DISTANCE" 层的 Position（位置）的值为（30，248），"A" 层 Position（位置）的值为（328，248），"BUT DECISION" 层 Position（位置）的值为（402，338），"A" 层 Position（位置）的值为（514，314），如图 11.278 所示。

STEP 12 调整时间到 00:00:02:04 帧的位置，选择 "DISTANCE" 层，单击 Position（位置）的码表 按钮，在此位置设置关键帧，调整时间到 00:00:02:00 帧的位置，设置 Position（位置）的值为（716，248），系统自动添加关键帧，如图 11.279 所示。

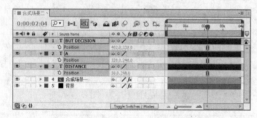

图11.278 设置Position（位置）的参数

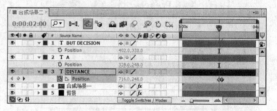

图11.279 设置Position（位置）参数

STEP 13 调整时间到 00:00:02:04 帧的位置，选择 "A" 层，按 T 键，展开 Opacity（不透明度）选项，设置 Opacity（不透明度）的值为 0%，单击 Opacity（不透明度）的码表 按钮，在此位置设置关键帧，调整时间到 00:00:02:05 帧的位置，设置 Opacity（不透明度）的值为 100%，系统自动添加关键帧，如图 11.280 所示。

STEP 14 按 A 键，展开 Anchor Point（定位点）选项，设置 Anchor Point（定位点）的值为（3，0），如图 11.281 所示。

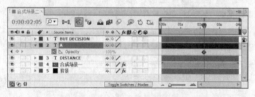

图11.280 设置Opacity（不透明度）的参数

图11.281 中心点设置

STEP 15 按 R 键，展开 Rotation（旋转）选项，调整时间到 00:00:02:05 帧的位置，单击 Rotation（旋转）的码表 按钮，在此位置设置关键帧，调整时间到 00:00:02:28 帧的位置，设置 Rotation（旋转）的值为

163，系统自动添加关键帧，调整时间到 00:00:02:11 帧的位置，设置 Rotation（旋转）的值为 100，系统自动添加关键帧，调整时间到 00:00:02:13 帧的位置，设置 Rotation（旋转）的值为 159，调整时间到 00:00:02:15 帧的位置，设置 Rotation（旋转）的值为 159，调整时间到 00:00:02:17 帧的位置，设置 Rotation（旋转）的值为 121，调整时间到 00:00:02:19 帧的位置，设置 Rotation（旋转）的值为 147，调整时间到 00:00:02:21 帧的位置，设置 Rotation（旋转）的值为 131，系统自动添加关键帧，如图 11.282 所示。

STEP 16 选择"BUT DECISION"层，在时间线面板中展开文字层，单击 Text（文本）右侧的 Animate: ⊙（动画）按钮，在弹出的菜单中选择 Position（位置）命令，设置 Position（位置）的值为（0，–355），如图 11.283 所示。

图11.282 设置Rotation（旋转）的值

图11.283 添加Position（位置）命令

STEP 17 展开 Range Selector1（范围选择器 1）调整时间到 00:00:02:07 帧的位置，单击 Start（开始）的码表 ⏱ 按钮，在此位置添加关键帧，调整时间到 00:00:02:23 帧的位置，设置 Start（开始）的值为 100%，系统自动添加关键帧，如图 11.284 所示。

STEP 18 在时间线面板中单击 Motion Blur（运动模糊）⊘ 按钮，除"背景"层外，启用剩下图层的 Motion Blur（运动模糊）⊘，如图 11.285 所示。

图11.284 设置Start（开始）的值

图11.285 开启Motion Blur（运动模糊）

STEP 19 选择"合成场景一"合成层，在 Effect Controls（特效控制）面板中选择 Drop Shadow（投影）特效，按 Ctrl+C 组合键，复制 Drop Shadow（投影）特效，选择文字层，如图 11.286 所示，按 Ctrl+V 组合键将 Drop Shadow（投影）特效粘贴与文字层，如图 11.287 所示。

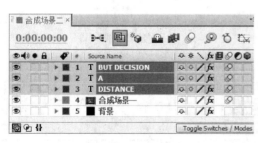

图11.286 选择文字层

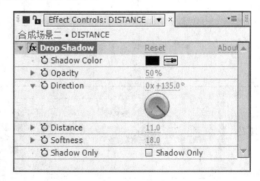

图11.287 将Drop Shadow（投影）特效粘贴与文字层

STEP 20 这样"合成场景一"动画就完成了，按小键盘 0 键，在合成窗口中预览动画效果，如图 11.288 所示。

图11.288 合成窗口中预览效果

11.4.3 最终合成场景动画

STEP 01 执行菜单栏中的 Composition（合成）INew Composition（新建合成）命令，打开 Composition Settings（合成设置）对话框，设置 Composition Name（合成名称）为"最终合成场景"，Width（宽）为"720"，Height（高）为"405"，Frame Rate（帧率）为"25"，并设置 Duration（持续时间）为 00:00:5:00 秒，如图 11.289 所示。

STEP 02 打开"合成场景二"合成，按 Ctrl+C 组合键，将"合成场景二"合成中的背景复制到"最终合成场景"合成中，如图 11.290 所示。

图11.289 "合成设置"对话框

图11.290 复制背景到"合成场景二"合成

STEP 03 在项目面板中，选择"合成场景二"合成，将其拖动到"最终合成场景"合成中，如图 11.291 所示。

STEP 04 在时间线面板中按 Ctrl+Y 组合键，打开 Solid Settings（固态层设置）对话框，设置固态层 Name（名称）为"字框"，Color（颜色）为墨绿色（R:0, G:80, B:80），如图 11.292 所示。

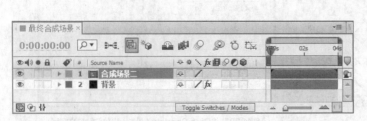

图11.291 将"合成场景二"合成拖动到"最终合成场景"合成中

图11.292 "固态层设置"对话框

STEP 05 选择"字框"层，双击菜单栏中 Rectangle Tool（矩形工具）按钮，连按两次 M 键，展开 Mask1（蒙版 1）选项组，设置 Mask Expansion（蒙版扩展）的值为 –33，如图 11.293 所示。

STEP 06 按 S 键，展开"字框"层的 Scale（缩放）选项，设置 Scale（缩放）的值为（110，120），如图 11.294 所示。

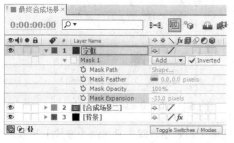

图11.293 设置Mask Expansion（蒙版扩展）的值　　　　图11.294 设置Scale（缩放）的值

STEP 07 选择"字框"层，做"合成场景二"合成层的子物体连接，如图 11.295 所示。

STEP 08 调整时间到 00:00:03:04 帧的位置，按 S 键，展开 Scale（缩放）选项，单击 Scale（缩放）选项的码表 按钮，在此添加关键帧，按 R 键，展开 Rotation（旋转）选项，单击 Rotation（旋转）选项的码表 按钮，在此添加关键帧，按 U 键，展开所有关键帧，如图 11.296 所示。

图11.295 子物体连接　　　　　　　　　图11.296 添加关键帧

STEP 09 调整时间到 00:00:03:12 帧的位置，设置 Scale（缩放）的值为 50，系统自动添加关键帧，设置 Rotation（旋转）的值为 1x，系统自动添加关键帧，如图 11.297 所示。

STEP 10 执行菜单栏中的 Layer（层）|New（新建）|Text（文本）命令，创建文字层，在合成窗口输入"DECISION"，设置字体为 JQCuHeiJT，字体大小为 130，字体颜色为墨绿色（R:0，G:46，B:46），如图 11.298 所示。

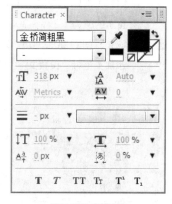

图11.297 添加关键帧　　　　　　　　　图11.298 字符面板

STEP 11 选择"DECISION"层，按 R 键，展开 Rotation（旋转）选项，设置 Rotation（旋转）的值为 –12，如图 11.299 所示。

STEP 12 在时间线面板中按 Ctrl+Y 组合键，打开 Solid Settings（固态层设置）对话框，设置固态层 Name（名称）为"波浪"，Color（颜色）为墨绿色（R:0，G:68，B:68），如图 11.300 所示。

图11.299 设置Rotation（旋转）的值

图11.300 "固态层设置"对话框

STEP 13 在 Effects & Presets（效果和预置）面板中展开 Distort（扭曲）特效组，双击 Ripple（波纹）特效，如图 11.301 所示。

STEP 14 在 Effect Controls（特效控制）面板中修改 Ripple（波纹）特效参数，设置 Radius（半径）的值为 100，Center of Conversion（波纹中心点）的值为（360，160），Wave Speed（波速）的值为 2，Wave Width（波幅）的值为 49，Wave Height（波长）的值为 46，如图 11.302 所示。

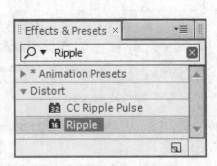

图11.301 添加Ripple（波纹）特效

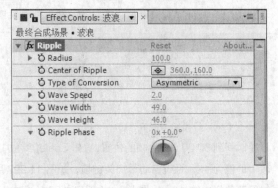

图11.302 设置Ripple（波纹）特效参数

STEP 15 选择"波浪"层和文字层，按 P 键，展开 Position（位置）选项，设置"波浪"层 Position（位置）的值为（360，636），单击 Position（位置）的码表 🕐 按钮，在此添加关键帧，设置文字层 Position（位置）的值为（27，-39），单击 Position（位置）的码表 🕐 按钮，在此添加关键帧，如图 11.303 所示。

STEP 16 调整时间到 00:00:03:13 帧的位置，设置"波浪"层 Position（位置）的值为（360，471），系统自动添加关键帧，设置文字层 Position（位置）的值为（27，348），系统自动添加关键帧，如图 11.304 所示。

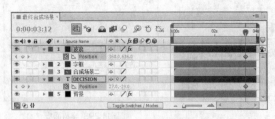

图11.303 设置Position（位置）的值

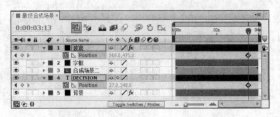

图11.304 设置Position（位置）的值

STEP 17 在时间线面板中单击 Motion Blur（运动模糊）🔘 按钮，除"背景"层外，启用剩下图层的 Motion Blur（运动模糊）🔘，如图 11.305 所示。

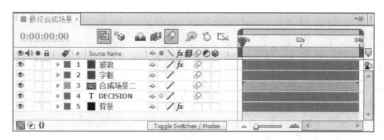

图11.305 开启Motion Blur（运动模糊）

STEP 18 这样就完成了"公益宣传片"的整体制作，按小键盘的 0 键，在合成窗口预览动画。

11.5 电视栏目包装——京港融智

　　京港融智栏目包装效果，是平面效果与3D动画的完美结合，运用了大量的3D序列帧，使画面更加美观，更富有科技感。本例学习电视栏目包装——京港融智的制作，首先通过导入三维素材制作紫荆花的动画，然后通过添加 AE 素材制作出背景动画，使用 Shine（光）特效制作"定版文字"的扫光效果。本例最终的动画流程效果如图 11.306 所示。

工程文件	工程文件\第11章\京港融智
视频	视频\第11章\11.5 电视栏目包装——京港融智.avi

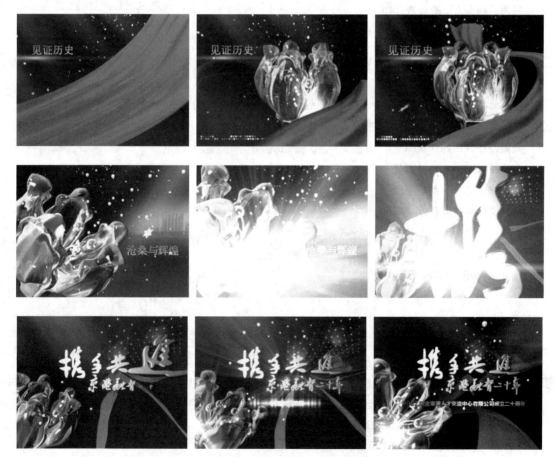

图11.306 京港融智动画流程效果

---

1. 导入 .jpg、.png、.mov、.tga 等多种格式的素材的方法。

2.Brightness & Contrast（亮度和对比度）调色命令的使用。

3.Hue/Saturation（色相/饱和度）调色命令的使用。

4. 利用 Fill（填充）特效制作背景的红色光带。

5. 添加 Curves（曲线）特效调整镜花素材的亮度。

11.5.1 导入素材

STEP 01 执行菜单栏中的 Composition（合成）| New Composition（新建合成）命令，打开 Composition Settings（合成设置）对话框，设置 Composition Name（合成名称）为"镜头 2"，Width（宽）为

"320"，Height（高）为
"240"，Frame Rate（帧率）
为"25"，并设置 Duration(持
续时间)为 00:00:02:02 秒，
如图 11.307 所示。单击 OK
（确定）按钮，在 Project（项
目）面板中，将会新建一个
名为"镜头 2"的合成，如
图 11.308 所示。

图11.307 合成设置

图11.308 新建合成

STEP 02 执行菜单栏中的 File（文件）| Import（导入）| File（文件）命令，打开 Import File（导入文件）对话框，选择配套光盘中的"工程文件 \ 第 11 章 \ 京港融智 \ 京港声音 .wav、光斑 .jpg、光芒 .mov、小字下 .png、楼 .jpg、灯 .jpg、点修饰物 .avi、蓝绿色光 .jpg" 8 个素材，如图 11.309 所示。

STEP 03 单击【打开】按钮，8 个素材将导入到 Project（项目）面板中。在 Project（项目）面板中，单击鼠标

右键，在弹出的快捷菜单
中选择 New Folder（新建
文件夹）选项，然后将新
建的文件夹重命名为"AE
素材"，将导入的 8 个素
材全部放到"AE 素材"文
件夹中，如图 11.310 所示。

图11.309 导入文件对话框

图11.310 项目面板

STEP 04 导入 JPEG 序列素材执行菜单栏中的 File（文件）| Import（导入）| File（文件）命令，打开 Import File（导入文件）对话框，选择配套光盘中的"工程文件 \ 第 11 章 \ 京港融智 \ 亮光 \ 光 .000.jpg"素材，然后勾选 JPEG Sequence（JPEG 序列）复选框，如图 11.311 所示。单击【打开】按钮，"光 .{000-049}.jpg"序列将导入到 Project（项目）面板中。

STEP 05 用相同的方法，将配套光盘中的"工程文件\第 11 章\京港融智\出现文字的虚光\虚光 _000.jpg"素

材，"工程文件\第 11 章\京港融
智\动点\点 _0001.jpg"素材，"工
程文件\第 11 章\京港融智\弧光\
弧光 .020.rla"素材，以合成的方式
导入到 Project（项目）面板中，全
部导入后的效果，如图 11.312 所示。
然后将导入的序列拖动到"AE 素材"
文件夹中。

图11.311 选择素材

图11.312 导入合成素材

STEP 06 导入三维素材。执行菜单栏中的 File（文件）| Import（导入）| File（文件）命令，打开 Import File（导
入文件）对话框，选择配套光盘中的"工程文件\第 11 章\京港融智\1 镜绸子\1 镜绸子 .tga"素材，
然后勾选 Targa Sequence（TGA 序列）复选框，如图 11.313 所示。

STEP 07 单击"打开"按钮，此时将打开"Interpret Footage:1 镜绸子 .[001–030].tga"对话框，在 Alpha

（透明）通道选项组中选择
Premultiplied–Matted With
Color 单选按钮，设置颜色为
黑色，如图 11.314 所示。单击
OK（确定）按钮，将素材黑色
背景抠除。素材将以序列的方
式导入到 Project（项目）面板中。

图11.313 选择素材

图11.314 导入素材

STEP 08 使用相同的方法将"2 镜绸子""2 镜花""3 镜粒子""3 镜绸子""3 镜花""4 镜粒子""4 镜花""定
版文字""定版绸子"文件夹中的三维素材导入到 Project（项目）面板中。然后在 Project（项目）面板中，
新建一个名为"三维素材"的文件夹，将导入的三维序列，放入到"三维素材"文件夹中。

11.5.2　制作镜头2中的紫荆花动画

STEP 01 打开"镜头 2"合成的时间线面板，在 Project（项目）面板中的三维素材文件夹中选择"3 镜粒子""2
镜花"素材，将其拖动到时间线面板中，如图 11.315 所示。

图11.315 添加素材

STEP 02 在时间线面板的空白处单击，取消选择。然后选择"2 镜花"层，在 Effects & Presets（效果和预置）
面板中展开 Color Correction（色彩校正）特效组，然后双击 Brightness & Contrast（亮度和对比度）特效，
如图 11.316 所示。此时的画面效果如图 11.317 所示。

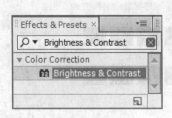

图11.316 添加特效

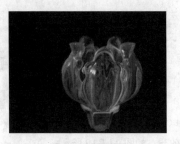

图11.317 画面效果

STEP 03 在 Effects Controls（特效控制）面板中，修改 Brightness & Contrast（亮度和对比度）特效的参数，

设置 Brightness（亮度）的值为 29，Contrast（对比度）的值为 39，如图 11.318 所示。此时的画面效果如图 11.319 所示。

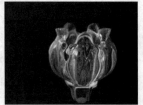

图11.318 特效的参数

图11.319 画面效果

提示

Brightness（亮度）：用来调整图像的亮度，正值亮度提高，负值亮度降低。Contrast（对比度）：用来调整图像色彩的对比程度，正值加强色彩对比度，负值减弱色彩对比度。

STEP 04 为 "2 镜花" 层添加 Hue/Saturation（色相 / 饱和度）特效。在 Effects & Presets（效果和预置）面板中展开 Color Correction（色彩校正）特效组，然后双击 Hue/Saturation（色相 / 饱和度）特效，如图 11.320 所示。

STEP 05 在 Effects Controls（特效控制）面板中，修改 Hue/Saturation（色相 / 饱和度）特效的参数，设置 Master Hue（主色相）的值为 –10，参数设置如图 11.321 所示。

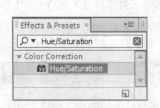

图11.320 添加特效

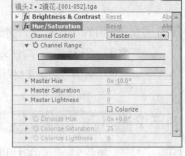

图11.321 修改参数

STEP 06 确认当前选择为 "2 镜花" 层，按 Ctrl + D 组合键，复制出一份 "2 镜花" 层，然后将复制出的图层重命名为 "小花"，如图 11.322 所示。

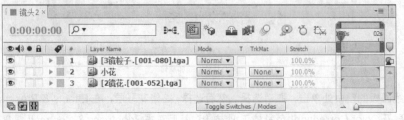

图11.322 复制图层

STEP 07 展开"小花"层的 Transform（变换）选项组，设置 Anchor Point（定位点）的值为（160，120），Position（位置）的值为（258，196），Scale（缩放）的值为（28，28），如图 11.323 所示。此时的画面效果如图 11.324 所示。

图11.323　设置参数

图11.324　画面效果

STEP 08 为"小花"层设置入点。将时间调整到 00:00:01:16 帧的位置，按 Alt + [组合键，在当前位置为"小花"层设置入点，完成效果，如图 11.325 所示。

STEP 09 旋转"3 镜粒子"层，将其右侧的 Stretch（拉伸）的值修改为 65%，完成效果，如图 11.326 所示。

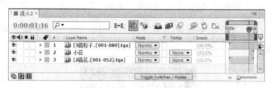

图11.325　为"小花"层设置入点

图11.326　修改Stretch（拉伸）的值为65%

STEP 10 展开"3 镜粒子"层的 Transform（变换）选项组，设置 Position（位置）的值为（207，81），Rotation（旋转）的值为 –36，参数设置，如图 11.327 所示。其中一帧的画面效果如图 11.328 所示。

图11.327　设置参数

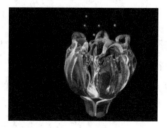

图11.328　画面效果

STEP 11 复制"3 镜粒子"层，按 Ctrl + D 组合键，将"3 镜粒子"层复制出一层，并将复制出的"3 镜粒子"层重命名为"粒子 2"，然后将其右侧的 Mode（模式）修改为 Add（相加），如图 11.329 所示。叠加后的画面效果如图 11.330 所示。

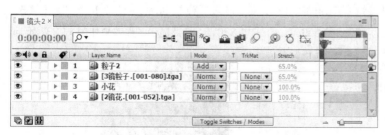

图11.329　复制图层

图11.330　画面效果

11.5.3 制作镜头3的背景动画

STEP 01 执行菜单栏中的 Composition（合成）| New Composition（新建合成）命令，打开 Composition Settings（合成设置）对话框，新建一个 Composition Name（合成名称）为"镜头3"，Width（宽）为"320"，Height（高）为"240"，Frame Rate（帧率）为"25"，Duration（持续时间）为 00:00:03:05 秒的合成。

STEP 02 打开"镜头3"合成的时间线面板，在 Project（项目）面板中的"AE 素材"文件夹中，选择"弧光 {020–070}.rla""光芒.mov""楼.jpg"3 个素材，然后将其拖动到"镜头 3"合成的时间线面板中，并将"光芒.mov"右侧的 Mode（模式）修改为 Screen（屏幕），如图 11.331 所示。

图11.331 添加素材并修改模式

STEP 03 将时间调整到 00:00:00:00 帧的位置，选择"楼.jpg"素材，按 P 键，打开 Position（位置）选项，设置 Position（位置）的值为（157，104），然后单击 Position（位置）左侧的码表按钮，在当前位置设置关键帧，如图 11.332 所示。此时的画面效果如图 11.333 所示。

图11.332 修改参数

图11.333 画面效果

STEP 04 将时间调整到 00:00:03:03 帧的位置，修改 Position（位置）的值为（128，104），然后按 Ctrl + D 组合键，将"楼.jpg"层复制一层，将复制出的图层重命名为"楼 2"，并将其右侧的 Mode（模式）修改为 Screen（屏幕），如图 11.334 所示。此时的画面效果如图 11.335 所示。

图11.334 复制层

图11.335 画面效果

STEP 05 选择"光芒.mov"层，展开该层的 Transform（变换）选项，设置 Scale（缩放）的值为（–55，55），Opacity（透明度）的值为 83%，参数设置，如图 11.336 所示。此时的画面效果如图 11.337 所示。

图11.336 设置参数

图11.337 画面效果

STEP 06 选择"弧光"层，展开 Transform（变换）选项组，设置 Position（位置）的值为（186，129），Scale（缩放）的值为（36，36），如图 11.338 所示。此时的画面效果如图 11.339 所示。

图11.338 修改参数　　　　　　　　　　图11.339 画面效果

STEP 07 选择"弧光"层，在 Effects & Presets（效果和预置）面板中展开 Generate（创造）特效组，然后双击 Fill（填充）特效，如图 11.340 所示。此时的画面效果如图 11.341 所示。

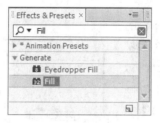

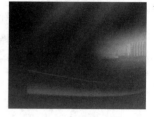

图11.340 添加特效　　　　　　　　　　图11.341 画面效果

STEP 08 在 Effects Controls（特效控制）面板中，修改 Fill（填充）特效的参数，设置填充颜色为蓝绿色（R:26，G:123，B:144），参数设置，如图 11.342 所示。其中一帧的画面效果如图 11.343 所示。

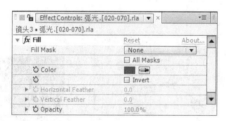

图11.342 设置参数　　　　　　　　　　图11.343 画面效果

STEP 09 将时间调整到 00:00:00:10 帧的位置，然后拖动"弧光"层的素材条，将其入点设置到当前位置，效果如图 11.344 所示。

图11.344 将"弧光"层的入点设置到当前位置

STEP 10 复制"弧光"层。确认当前选择"弧光"层，按 Ctrl + D 组合键，将其复制一层，并将复制出的图层重命名为"弧光 2"，然后将"弧光 2"右侧的 Mode（模式）修改为 Screen（屏幕），如图 11.345 所示。此时的画面效果如图 11.346 所示。

图11.345 修改模式　　　　　　　　　　图11.346 画面效果

11.5.4 制作镜头3的三维动画

STEP 01 在 Project（项目）面板中的"三维素材"文件夹中，选择"3镜粒子""3镜花"，将其拖动到"镜头 3"合成的时间线面板中，如图 11.347 所示。

图11.347 添加"3镜粒子""3镜花"素材

STEP 02 在时间线面板的空白处单击，取消选择。然后选择"3镜花"层，在 Effects & Presets（效果和预置）面板中展开 Color Correction（色彩校正）特效组，然后双击 Curves（曲线）特效，如图 11.348 所示。此时其中一帧的画面效果如图 11.349 所示。

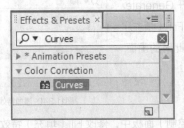

图11.348 添加特效

图11.349 画面效果

STEP 03 在 Effects Controls（特效控制）面板中，调节 Curves（曲线）的形状，如图 11.350 所示。此时的画面效果如图 11.351 所示。

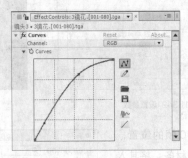

图11.350 调节曲线的形状

图11.351 画面效果

STEP 04 复制"3镜花"层。在时间线面板中，确认当前选项为"3镜花"层，按 Ctrl + D 组合键，将其复制一份。并将复制出的图层重命名为"3镜花 2"，然后将其右侧的 Mode（模式）修改为 Add（相加），如图 11.352 所示。此时的画面效果如图 11.353 所示。

图11.352 修改叠加模式

图11.353 画面效果

STEP 05 为"3镜花 2"层添加 Brightness & Contrast（亮度和对比度）特效。在 Effects & Presets（效果和预置）面板中展开 Color Correction（色彩校正）特效组，然后双击 Brightness & Contrast（亮度和对比度）特效，如图 11.354 所示。

STEP 06 在 Effects Controls（特效控制）面板中，修改 Brightness & Contrast（亮度和对比度）特效的参数，
设置 Brightness（亮度）的值为 –24，如图 11.355 所示。

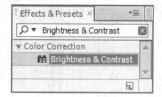

图11.354 添加特效　　　　　　　　　　　图11.355 修改参数

STEP 07 选择"3 镜粒子"层，将其拖动到"3 镜花 2"层的下一层，然后按 Ctrl + D 组合键，将其复制一层。
将复制出的图层重命名为"3 镜粒子 2"，并将其右侧的 Mode（模式）修改为 Add（相加），如图
11.356 所 示。 此时的画面效果如图
11.357 所示。

图11.356 复制层　　　　　　　　　　　图11.357 画面效果

STEP 08 单击工具栏中的 Horizontal Type Tool
（横排文字工具）T 按钮，在合成窗口
中输入文字"沧桑与辉煌"，设置字体
为 FZBaoSong–Z04S，Fill Color（填充
颜色）为白色，字符大小为 17px，并
单击粗体 T 按钮，参数设置如图 11.358
所示，画面效果如图 11.359 所示。

图11.358 字符设置面板　　　　　　　图11.359 画面效果

STEP 09 选择"沧桑与辉煌"文字层，在 Effects & Presets（效果和预置）面板中展开 Generate（创造）特效组，
然后双击 Ramp（渐变）特效，如图 11.360 所示。

STEP 10 在 Effects Controls（特效控制）面板中，修改 Ramp（渐变）特效的参数，设置 Start of Color（起始
颜色）为橙色（R:255，G:126，B:0），End of Color（结束颜色）为黄色（R:255，G:236，B:20），
Start of Ramp（渐变
开始）的值为（242，
150），End of Ramp（渐
变结束）的值为（242，
160）， 参数设置如图
11.361 所示。

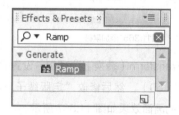

图11.360 添加特效　　　　　　　图11.361 修改特效的参数

STEP 11 将时间调整到 00:00:00:00 帧的位置，在时间线面板中，展开"沧桑与辉煌"文字层的 Transform（变换）
选项组，设置 Position（位置）的值为（205，160），Opacity（透明度）的值为 0%，然后分别单击
Scale（缩放）和 Opacity（透明度）左侧的码表 按钮，在当前位置设置关键帧，如图 11.362 所示。

STEP 12 将时间调整到 00:00:00:12 帧的位置，修改 Opacity（透明度）的值为 100%；将时间调整到
00:00:03:00 帧的位置，修改 Scale（缩放）的值为（110，110），如图 11.363 所示。

图11.362 设置关键帧　　　　图11.363 修改缩放的值

STEP 13 这样就完成了"镜头 3"的制作，按小键盘上的 0 键，在合成窗口中观看动画，其中几帧的画面效果如图 11.364 所示。

图11.364 其中几帧的画面效果

11.5.5 制作镜头4的合成动画

STEP 01 执行菜单栏中的 Composition（合成）| New Composition（新建合成）命令，打开 Composition Settings（合成设置）对话框，新建一个 Composition Name（合成名称）为"镜头 4"，Width（宽）为"320"，Height（高）为"240"，Frame Rate（帧率）为"25"，Duration（持续时间）为 00:00:04:06 秒的合成。

STEP 02 打开"镜头 4"合成的时间线面板，在 Project(项目)面板中的"三维素材"文件夹中，选择"定版文字""4镜粒子""4镜花""定版绸子"层，将其拖动到"镜头 4"合成的时间线面板中，如图 11.365 所示。

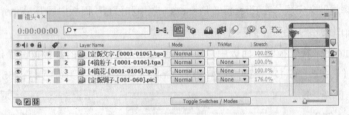

图11.365 添加素材

STEP 03 选择"定版绸子"层，展开该层的 Transform（转换）选项组，设置 Position（位置）的值为（174，118），Scale（缩放）的值为（-50，50），然后修改"定版绸子"右侧的 Stretch（拉伸）的值为 176%，如图 11.366 所示。其中一帧的画面效果如图 11.367 所示。

图11.366 设置参数　　　　图11.367 画面效果

STEP 04 为"定版绸子"层添加 Linear Wipe（线性擦除）特效。在 Effects & Presets（效果和预置）面板中展开 Transition（切换）特效组，然后双击 Linear Wipe（线性擦除）特效，如图 11.368 所示。

STEP 05 在 Effects Controls（特效控制）面板中，修改 Linear Wipe（线性擦除）特效的参数，设置 Transition Completion（转换程度）的值为 50%，Wipe Angle（擦除角度）的值为 –127，Feather（羽化）的值为 185，如图 11.369 所示。

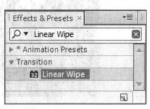

图11.368 添加特效

图11.369 修改特效的参数

STEP 06 设置完成 Linear Wipe（线性擦除）特效的参数后的画面效果，如图 11.370 所示。复制"定版绸子"层，确认当前选择为"定版绸子"层，按 Ctrl + D 组合键，复制出一份"定版绸子"层，然后将复制出的图层，重命名为"定版绸子 2"，如图 11.371 所示。

图11.370 画面效果

图11.371 复制层

STEP 07 选择"4 镜花""4 镜粒子"层，按 Ctrl + D 组合键，复制所选图层，然后将复制出的图层，分别重命名为"4 镜花 2""4 镜粒子 2"，并将其右侧的 Mode（模式）修改为 Add（相加），如图 11.372 所示。此时其中一帧的画面效果如图 11.373 所示。

图11.372 复制层

图11.373 画面效果

STEP 08 选择"4 镜花 2"层，将其拖动到"4 镜粒子 2"层的上一层，如图 11.374 所示。

STEP 09 选择"定版文字"层，为其添加 Curves（曲线）特效，在 Effects & Presets（效果和预置）面板中展开 Color Correction（色彩校正）特效组，然后双击 Curves（曲线）特效，如图 11.375 所示。

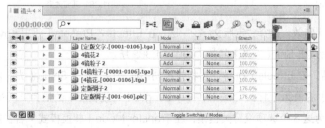

图11.374 调整层位置

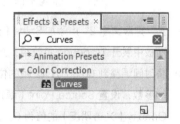

图11.375 添加特效

STEP 10 在 Effects Controls（特效控制）面板中，调节 Curves（曲线）的形状，如图 11.376 所示。此时的画面效果如图 11.377 所示。

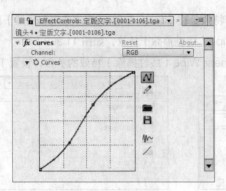

图11.376 调节曲线的形状

图11.377 文字效果

STEP 11 为"定版文字"层添加 Drop Shadow（投影）特效。在 Effects & Presets（效果和预置）面板中展开 Perspective（透视）特效组，然后双击 Drop Shadow（投影）特效，如图 11.378 所示。

STEP 12 在 Effects Controls（特效控制）面板中，修改 Drop Shadow（投影）特效的参数，设置 Softness（柔和）的值为 5，如图 11.379 所示。

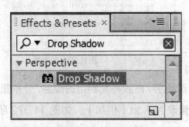

图11.378 添加投影特效

图11.379 设置参数

STEP 13 确认当前选择为"定版文字"层，按 Ctrl + D 组合键，将其复制一份，然后将复制出的图层重命名为"定版文字 2"，并将其右侧的 Mode（模式）修改为 Screen（屏幕），如图 11.380 所示。此时的画面效果如图 11.381 所示。

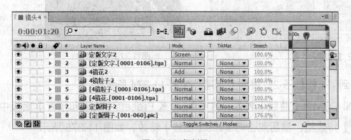

图11.380 复制层

图11.381 画面效果

STEP 14 为"定版文字 2"层添加 Shine（光）特效。选择"定版文字 2"层，在 Effects & Presets（效果和预置）面板中展开 Trapcode 特效组，然后双击 Shine（光）特效，如图 11.382 所示。

STEP 15 将时间调整到 00:00:01:12 帧的位置，在 Effects Controls（特效控制）面板中，修改 Shine（光）特效的参数，设置 Source Point（源点）的值为（142，105），Ray Length（光线长度）的值为 2，Shine Opacity（光透明度）的值为 0，并为这 3 个选项设置关键帧，在 Transfer Mode（转换模式）右侧的下拉菜单中选择 Multiply（正片叠底）；然后展开 Colorize（着色）选项组，在 Colorize（着色）右侧的下拉菜单中选择 One Color（单色），在 Base On（基于）右侧的下拉菜单中选择 Alpha Edges，设置

Color（颜色）为青色（R:181，
G:238，B:250）参数设置
如图 11.383 所示。

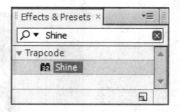

图11.382 添加特效　　　　　　　　　　　　　　　　　图11.383 参数设置

STEP 16 将时间调整到 00:00:02:10 帧的位置，在时间线面板中按 U 键，显示"定版文字 2"层的所有关键帧，
修改 Source Point（源点）的值为（212，105），Ray Length（光线长度）的值为 4，Shine Opacity
（光透明度）的值为 100，系统将在当前位置自动设置关键帧，如图 11.384 所示。此时的画面效果如
图 11.385 所示。

图11.384 修改参数　　　　　　　　　　　　　　　　图11.385 画面效果

STEP 17 将时间调整到 00:00:02:24 帧的位置，修
改 Source Point（源点）的值为（254，
105），Ray Length（光线长度）的值为 0，
Shine Opacity（光透明度）的值为 0，如
图 11.386 所示。

图11.386 在00:00:02:24帧的位置修改参数

11.5.6　为镜头4添加点缀素材

STEP 01 在 Project（项目）面板中的 AE 素材文件
夹中，选择"灯 .jpg""光芒 .mov""光
斑 .jpg""小字下 .png""虚光 _{000–036}.
jpg"5 个素材，将其拖动到时间线面板中，
如图 11.387 所示。

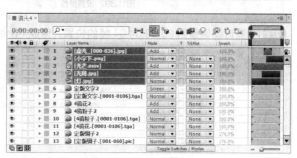

图11.387 添加AE素材

STEP 02 在时间线面板的空白处单击，取消选择。然后选择"灯.jpg"，按 S 键，打开该层的 Scale（缩放）选项，设置 Scale（缩放）的值为（43，43），如图 11.388 所示。此时的画面效果如图 11.389 所示。

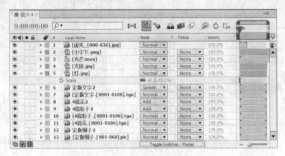

图11.388 设置参数

图11.389 画面效果

STEP 03 选择"光斑.jpg"层，将其拖动到"定版文字"层的下一层，然后将其右侧的 Mode（模式）修改为 Add（相加），如图 11.390 所示。此时的画面效果如图 11.391 所示。

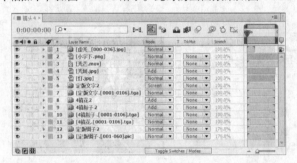

图11.390 修改模式

图11.391 画面效果

STEP 04 将时间调整到 00:00:01:11 帧的位置，展开"光斑.jpg"层的 Transform（转换）选项组，设置 Position（位置）的值为（4，210），Scale（缩放）的值为（52，52），然后单击 Position（位置）左侧的码表 按钮，在当前位置设置关键帧，如图 11.392 所示。此时的画面效果如图 11.393 所示。

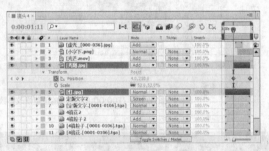

图11.392 设置参数

图11.393 画面效果

STEP 05 将时间调整到 00:00:04:04 帧的位置，修改 Position（位置）的值为（46，223），如图 11.394 所示。此时的画面效果如图 11.395 所示。

图11.394 修改参数

图11.395 画面效果

STEP 06 为"光斑 .jpg"层设置入点。将时间调整到 00:00:01:11 帧的位置，按 Alt + [组合键，在当前位置设置入点，如图 11.396 所示。

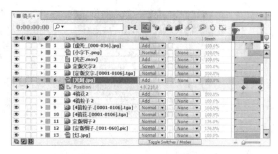

图11.396 在00:00:01:11帧的位置设置入点

STEP 07 选择"光芒 .mov"层，将其拖动到"定版文字 2"的上一层，并将其右侧的 Mode（模式）修改为 Add（相加）；然后展开 Transform（变换）选项组，设置 Scale（缩放）的值为（55，55），Opacity（透明度）的值为 60%，如图 11.397 所示。此时的画面效果如图 11.398 所示。

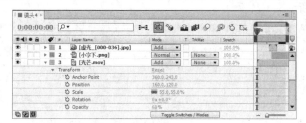

图11.397 修改的参数

图11.398 光芒效果

STEP 08 选择"小字下 .png"层，将其拖动到"光芒 .mov"层的上一层，然后展开该层的 Transform（变换）选项组，设置 Position（位置）的值为（174，124），Scale（缩放）的值为（40，40），如图 11.399 所示。此时的画面效果如图 11.400 所示。

图11.399 设置参数

图11.400 小字效果

STEP 09 单击工具栏中的 Rectangle Tool（矩形工具）按钮，在合成窗口中为"小字下 .png"层，绘制一个遮罩，如图 11.401 所示。将时间调整到 00:00:03:00 帧的位置，按 M 键，打开该层的 Mask Path（遮罩形状）选项，单击 Mask Path（遮罩形状）左侧的码表按钮，在当前位置设置关键帧，如图 11.402 所示。

图11.401 绘制遮罩

图11.402 设置关键帧

STEP 10 将时间调整到 00:00:02:02 帧的位置，在当前位置修改遮罩形状，如图 11.403 所示。然后按 F 键，打开该层的 Mask Feather（遮罩羽化）选项，设置 Mask Feather（遮罩羽化）的值为（60，60），如图 11.404 所示。

图11.403 遮罩形状　　　　　　　　　　　　图11.404 设置遮罩羽化值

STEP 11 为"小字下 .png"层设置入点。按 Alt + [组合键，在 00:00:02:02 帧的位置设置入点，完成效果，如图 11.405 所示。

STEP 12 选择"虚光 .jpg"层，将其拖动到"小字下 .png"的上一层，修改其右侧的 Mode（模式）为 Add（相加）；然后展开 Transform（变换）选项组，设置 Position（位置）的值为（174，158），Scale（缩放）的值为（45，12），如图 11.406 所示。

图11.405 在00:00:02:02帧的位置设置入点　　　　图11.406 设置"虚光.jpg"层的参数

STEP 13 为"虚光 .jpg"层设置入点。将时间调整到 00:00:01:18 帧的位置，拖动"虚光 .jpg"层的素材条，将其入点调整到当前位置，如图 11.407 所示。

图11.407 调整"虚光.jpg"层的入点位置

11.5.7　制作京港融智合成

STEP 01 执行菜单栏中的 Composition（合成）| New Composition（新建合成）命令，打开 Composition Settings（合成设置）对话框，新建一个 Composition Name（合成名称）为"京港融智"，Width（宽）为"320"，Height（高）为"240"，Frame Rate（帧率）为"25"，Duration（持续时间）为 00:00:09:22 秒的合成。

STEP 02 打开"京港融智"合成的时间线面板，在 Project（项目）面板中的三维素材文件夹中，选择"1 镜绸子""2 镜绸子""3 镜绸子"3 个序列素材，将其拖动到"京港融智"合成的时间线面板中；然后在 Project（项目）面板中选择"镜头 2""镜头 3""镜头 4"3 个合成拖动到时间线面板中，如图 11.408 所示。

STEP 03 调整图层的入点。将时间调整到 00:00:00:17 帧的位置，选择"2 镜绸子""镜头 2"层，拖动 2 个图层的素材条，将其入点调整到当前位置，如图 11.409 所示。

图11.408 添加素材　　　　　　　　图11.409 调整"2镜绸子""镜头2"层的入点位置

STEP 04 用同样的方法,将"3 镜绸子""镜头 3"层的入点调整到 00:00:02:18 帧的位置;将"镜头 4"层的入点调整到 00:00:05:16 帧的位置,完成后的效果如图 11.410 所示。

STEP 05 将时间调整到 00:00:00:23 帧的位置,选择"1 镜绸子"层,按 Alt +] 组合键,为"1 镜绸子"层,设置出点位置。在 Project(项目)面板中的 AE 素材文件夹中,选择"光芒 .mov""京港声音"素材,将其拖动到时间线面板中,如图 11.411 所示。

图11.410 调整其他图层的入点位置

图11.411 添加AE素材

STEP 06 将时间调整到 00:00:02:18 帧的位置,选择"光芒 .mov"层,按 Alt +] 组合键,在当前位置为"光芒 .mov"层设置出点,如图 11.412 所示。

STEP 07 制作"背景"。在时间线面板中,按 Ctrl + Y 组合键,打开 Solid Settings(固态层设置)对话框,设置 Name(名称)为背景,Color(颜色)为青色(R:8,G:147,B:177),如图 11.413 所示。单击 OK(确定)按钮,在时间线面板中将会新建一个名为"背景"的固态层,然后将"背景"固态层,调整到"镜头 4"层的下一层。

图11.412 为"光芒.mov"层设置出点

图11.413 固态层设置

STEP 08 选择"背景"固态层,单击工具栏中的 Pen Tool(钢笔工具)按钮,在合成窗口中,绘制一个遮罩,如图 11.414 所示。

STEP 09 按 F 键,打开"背景"固态层的 Mask Feather(遮罩羽化)选项,设置 Mask Feather(遮罩羽化)的值为(80,80),然后按 T 键,打开该层的 Opacity(透明度)选项,设置 Opacity(透明度)的值为 40%,如图 11.415 所示。此时的画面效果如图 11.416 所示。

图11.414 绘制遮罩

图11.415 设置透明度

图11.416 画面效果

STEP 10 在 Project(项目)面板中的 AE 素材文件夹中,选择"点 _{0001-0201}.jpg""弧光 .{020-070}.rla"素材,将其拖动到时间线面板中"镜头 4"层的下一层,然后修改"点 .jpg"层的 Mode(模

式）为 Add（相加），Stretch（拉伸）值
为 33%，如图 11.417 所示。

图11.417 修改"点.jpg"层的模式和拉伸值

STEP 11 打开"点.jpg"层的 Transform（变换）选项组，设置 Position（位置）的值为（60，225），Scale（缩放）的值为（16，16），如图 11.418 所示。此时的画面效果如图 11.419 所示。

图11.418 设置参数

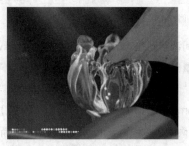

图11.419 画面效果

STEP 12 选择"弧光.rla"层，展开该层的 Transform（转换）选项组，设置 Position（位置）的值为（87，156），Scale（缩放）的值为（-20，-38），Rotation（旋转）的值为 -16，如图 11.420 所示。此时的画面效果如图 11.421 所示。

图11.420 设置参数

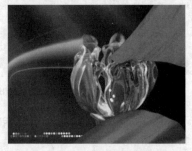

图11.421 画面效果

STEP 13 为"弧光.rla"层添加 Fill（填充）特效。在 Effects & Presets（效果和预置）面板中展开 Generate（创造）特效组，然后双击 Fill（填充）特效，如图 11.422 所示。此时的画面效果如图 11.423 所示。

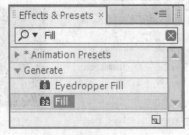

图11.422 添加特效

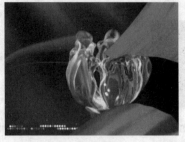

图11.423 画面效果

STEP 14 在 Effects Controls（特效控制）面板中，修改 Fill（填充）特效的参数，设置 Color（颜色）为青色（R:26，

G:121，B:148），如图 11.424 所示。设置参数后的画面效果如图 11.425 所示。

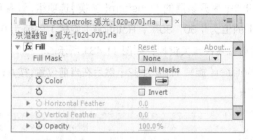

图11.424 设置参数

图11.425 画面效果

STEP 15 在 Project（项目）面板中的 AE 素材文件夹中，选择"点修饰物 .avi""蓝绿色光 .jpg""光 .{000-049}.jpg"3 个素材，将其拖动到时间线面板中"3 镜绸子"的下一层，然后将 3 个素材层右侧的 Mode（模式）修改为 Add（相加），如图 11.426 所示。

STEP 16 将时间调整到 00:00:05:22 帧的位置，选择"点修饰物 .avi"层，按 Alt +] 组合键，在当前位置为"点修饰物 .avi"层设置出点；然后按 P 键，打开该层的 Position（位置）选项，设置 Position（位置）的值为（165，144），如图 11.427 所示。

图11.426 添加素材

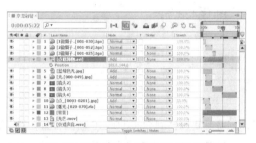

图11.427 设置图层的出点并修改位置的值参数

STEP 17 将时间调整到 00:00:02:17 帧的位置，选择"蓝绿色光 .jpg"层，按 Alt +] 组合键，为"蓝绿色光 .jpg"层在当前位置设置出点；展开该层的 Transform（转换）选项组，设置 Position（位置）的值为（113，82），Scale（缩放）的值为（73，17），Opacity（透明度）的值为 72%，然后单击 Position（位置）左侧的码表 按钮，在当前为是设置关键帧，如图 11.428 所示。

图11.428 在00:00:02:17帧的位置设置关键帧

STEP 18 将时间调整到 00:00:00:00 帧的位置，修改 Position（位置）的值为（33，82），如图 11.429 所示。此时的画面效果如图 11.430 所示。

图11.429 修改参数

图11.430 画面效果

STEP 19 将时间调整到 00:00:00:17 帧的位置，选择"光 .jpg"层，拖动该层的素材条，将其入点调整到当前位置，然后修改其右侧的 Stretch(拉伸)的值为 190%；展开该层的 Transform(变换)选项组，设置 Position(位置)的值为（212，159），Scale（缩放）的值为（30，30），Rotation（旋转）的值为 63，并单击 Rotation（旋转）左侧的码表 按钮，在当前位置设置关键帧，如图 11.431 所示。

STEP 20 将时间调整到 00:00:02:17 帧的位置，修改 Rotation(旋转)的值为 32；然后在当前位置，按 Alt +]组合键，为"光 .jpg"层设置出点，如图 11.432 所示。

图11.431 修改Stretch（拉伸）的值为190%

图11.432 在00:00:02:17帧的位置设置出点

STEP 21 按 Ctrl + D 组合键，将"光 .jpg"层复制一层，然后将复制出的图层重命名为"光 2"，并将其右侧的 Stretch（拉伸）值修改为 48%，如图 11.433 所示。

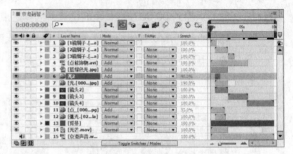

图11.433 修改"光2"的拉伸值为48%

STEP 22 将时间调整到 00:00:05:10 帧的位置，按 [键，将"光 2"层的入点设置到当前位置，然后展开该层的 Transform（变换）选项组，设置 Position（位置）的值为（356，142），Scale（缩放）的值为（–416，–416），并分别单击 Position（位置）、Scale（缩放）左侧的码表 按钮，在当前位置设置关键帧；然后单击 Rotation（旋转）左侧的码表按钮，取消所有关键帧，并修改 Rotation（旋转）的值为 0，如图 11.434 所示。此时的画面效果如图 11.435 所示。

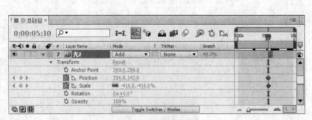

图11.434 设置关键帧

图11.435 画面效果

STEP 23 将时间调整到 00:00:05:21 帧的位置，修改 Position（位置）的值为（160，176），Scale（缩放）的值为（–62，–62），如图 11.436 所示。此时的画面效果如图 11.437 所示。

图11.436 修改参数

图11.437 画面效果

STEP 24 将时间调整到 00:00:00:00 帧的位置，单击工具栏中的 Horizontal Type Tool（横排文字工具）T 按钮，

在合成窗口中输入文字"见证历
史"，设置字体为 FZBaoSong-
Z04S，Fill Color（填充颜色）
为白色，字符大小为 17px，并
单击粗体 **T** 按钮，参数设置如
图 11.438 所示，画面效果如图
11.439 所示。

图11.438 字符设置面板

图11.439 画面效果

STEP 25 选择"见证历史"文字层，在 Effects & Presets（效果和预置）面板中展开 Generate（创造）特效组，
然后双击 Ramp（渐变）特效，如图 11.440 所示。

STEP 26 在 Effects Controls（特效控制）面板中，修改 Ramp（渐变）特效的参数，设置 Start of Color（开始颜色）
为橙色（R:255，G:126，B:0），End of Color（结束颜色）为黄色（R:255，G:236，B:20），Start of

Ramp（渐变开始）的
值为（71，60），End
of Ramp（渐变结束）
的值为（71，72），
参数设置如图 11.441
所示。

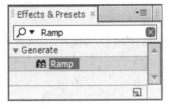

图11.440 添加特效

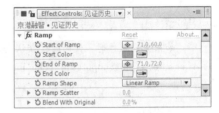

图11.441 修改参数

STEP 27 将时间调整到 00:00:00:00 帧的位置，在时间线面板中，展开"见证历史"文字层的 Transform（变
换）选项组，设置 Anchor Point（定位点）的值为（36，-6），Position（位置）的值为（66，66），
Opacity（透明度）的值为 0%，然后分别单击 Scale（缩放）和 Opacity（透明度）左侧的码表 ⑤ 按钮，
在当前位置设置关键帧，如图 11.442 所示。

STEP 28 将时间调整到 00:00:00:10 帧的位置，修改 Opacity（透明度）的值为 100%；将时间调整到
00:00:02:17 帧的位置，修改 Scale（缩放）的值为（115，115），如图 11.443 所示。

图11.442 设置关键帧

图11.443 修改参数

STEP 29 按 Alt +] 组合键，在 00:00:02:17 帧的位
置，为"见证历史"文字层设置出点，如
图 11.444 所示。

STEP 30 这样就完成了"电视栏目包装——京港融
智"的整体制作，按小键盘上的 0 键，在
合成窗口中预览动画。

图11.444 为"见证历史"文字层设置出点

附录A

After Effects CS6 外挂插件的安装

外挂插件就是其他公司或个人开发制作的特效插件，有时也叫第三方插件。外挂插件有很多内置插件没有的特点，一般应用比较容易，效果比较丰富，受到用户的喜爱。

外挂插件不是软件本身自带的，它需要用户自行购买。After Effects CS6 有众多的外挂插件，正是有了这些神奇的外挂插件，使得该软件的非线性编辑功能更加强大。

在 After Effects CS6 的安装目录下，有一个名为 Plug-ins 的文件夹，这个文件夹就是用来放置插件的。插件的安装分为两种，分别介绍如下。

1. 后缀为 .aex

有些插件本身不带安装程序，只是一个后缀为 .aex 的文件，这样的插件，只需要将其复制、粘贴到 After Effects CS6 安装目录下的 Plug-ins 的文件夹中，然后重新启动软件，即可在 Effects & Presets（特效面板）中找到该插件特效。

 提示

> 如果安装软件时，使用的是默认安装方法，Plug-ins 文件夹的位置应该是 C:\Program Files\Adobe\Adobe After Effects CS6\Support Files\Plug-ins。

2. 后缀为 .exe

这样的插件为安装程序文件，可以将其按照安装软件的方法进行安装，这里以安装 Shine（光）插件为例，详解插件的安装方法。

STEP 01 双击安装程序，即双击后缀为 .exe 的 Shine 文件，如图 A-1 所示。

图A-1 双击安装程序

STEP 02 双击安装程序后，弹出安装对话框，单击 Next（下一步）按钮，弹出确认接受信息，单击 OK（确定）按钮，进入如图 A-2 所示的注册码输入或试用对话框，在该对话框中，选择 Install Demo Version 单选按钮，将安装试用版；选择 Enter Serial Number 单选按钮将激活下方的文本框，在其中输入注册码后，Done 按钮将自动变成可用状态，单击该按钮后，将进入如图 A-3 所示选择安装类型对话框。

STEP 03 在选择安装类型对话框中有两个单选按钮，Complete 单选按钮表示电脑默认安装，不过为了安装的位置不会出错，一般选择 Custom 单选按钮，以自定义的方式进行安装。

图A-2 试用或输入注册码

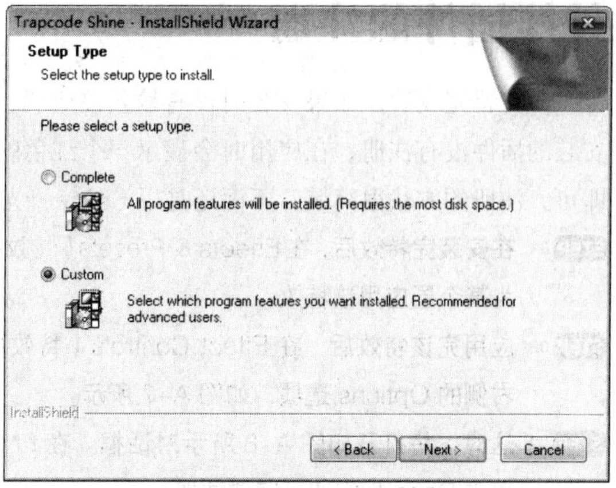

图A-3 选择安装类型对话框

STEP 04 选择 Custom 单选按钮后，单击 Next（下一步）按钮进入如图 A-4 所示的选择安装路径的对话框，在该对话框中单击 Browse 按钮，将打开如图 A-5 所示的 Choose Folder 对话框，可以从下方的位置中选择要安装的路径位置。

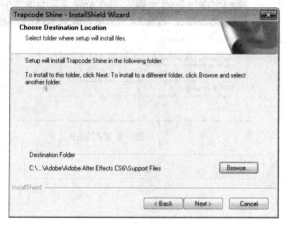

图A-4 选择安装路径对话框

图A-5 Choose Folder对话框

STEP 05 依次单击"确定"，Next（下一步）按钮，插件会自动完成安装。

STEP 06 安装完插件后，重新启动 After Effects CS6 软件，在 Effects & Presets（特效面板）中展开 Trapcode 选项，即可看到 Shine（光）特效，如图 A-6 所示。

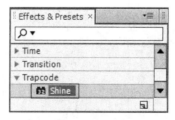

图A-6 Shine（光）特效

外挂插件的注册

在安装完成后，如果安装时没有输入注册码，而是使用的试用形式安装，需要对软件进行注册，因为安装的插件没有注册，在应用时会显示一个红色的 X 号，它只能试用不能输出，可以在安装后再对其注册即可，注册的方法很简单，下面还是以 Shine（光）特效为例进行讲解。

STEP 01 在安装完特效后，在 Effects & Presets（特效面板）中展开 Trapcode 选项，然后双击到 Shine（光）特效，为某个层应用该特效。

STEP 02 应用完该特效后，在 Effect Controls（特效控制）面板中即可看到 Shine（光）特效，单击该特效名称右侧的 Options 选项，如图 A-7 所示。

STEP 03 这时，将打开如图 A-8 所示对话框。在 ENTER SERIAL NUMBER 右侧的文本框中输入注册码，然后单击 Done 按钮即可完成注册。

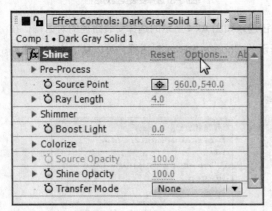

图A-7 单击Options选项

图A-8 输入注册码

附录B

After Effects CS6 默认键盘快捷键

表1 工具栏

操作	Windows 快捷键
选择工具	V
手工具	H
缩放工具	Z（使用Alt键缩小）
旋转工具	W
摄像机工具（Unified、Orbit、Track XY、Track Z）	C（连续按C键切换）
Pan Behind工具	Y
遮罩工具（矩形、椭圆）	Q（连续按Q键切换）
钢笔工具（添加节点、删除节点、转换点）	G（连续按G键切换）
文字工具（横排文字、竖排文字）	Ctrl + T（连续按Ctrl + T组合键切换）
画笔、克隆图章、橡皮擦工具	Ctrl + B（连续按Ctrl + B组合键切换）
暂时切换某工具	按住该工具的快捷键
钢笔工具与选择工具临时互换	按住Ctrl键
在信息面板显示文件名	Ctrl + Alt + E
复位旋转角度为0度	双击旋转工具
复位缩放率为100%	双击缩放工具

表2 项目窗口

操作	Windows 快捷键
新项目	Ctrl + Alt + N
新文件夹	Ctrl + Alt + Shift + N
打开项目	Ctrl + O
打开项目时只打开项目窗口	利用打开命令时按住Shift键
打开上次打开的项目	Ctrl + Alt + Shift + P
保存项目	Ctrl + S
打开项目设置对话框	Ctrl + Alt + Shift + K
选择上一子项	上箭头
选择下一子项	下箭头
打开选择的素材项或合成图像	双击
激活最近打开的合成图像	\
增加选择的子项到最近打开的合成窗口中	Ctrl + /
显示所选合成图像的设置	Ctrl + K
用所选素材时间线窗口中选中层的源文件	Ctrl + Alt + /
删除素材项目时不显示提示信息框	Ctrl + Backspace
导入素材文件	Ctrl + I
替换素材文件	Ctrl + H
打开解释素材选项	Ctrl+ F
重新导入素材	Ctrl + Alt + L
退出	Ctrl + Q

表3 合成窗口

操作	Windows 快捷键
显示/隐藏标题和动作安全区域	'
显示/隐藏网格	Ctrl + '

（续表）

操作	Windows 快捷键
显示/隐藏对称网格	Alt + '
显示/隐藏参考线	Ctrl + ;
锁定/释放参考线	Ctrl + Alt + Shift + ;
显示/隐藏标尺	Ctrl + R
改变背景颜色	Ctrl + Shift + B
设置合成图像解析度为full	Ctrl + J
设置合成图像解析度为Half	Ctrl + Shift + J
设置合成图像解析度为Quarter	Ctrl + Alt + Shift + J
设置合成图像解析度为Custom	Ctrl + Alt + J
快照（最多4个）	Ctrl + F5，F6，F7，F8
显示快照	F5，F6，F7，F8
清除快照	Ctrl + Alt + F5，F6，F7，F8
显示通道（RGBA）	Alt + 1，2，3，4
带颜色显示通道（RGBA）	Alt + Shift + 1，2，3，4
关闭当前窗口	Ctrl + W

表4 文字操作

操作	Windows 快捷键
左、居中或右对齐	横排文字工具+ Ctrl + Shift + L、C或R
上、居中或底对齐	直排文字工具+ Ctrl + Shift + L、C或R
选择光标位置和鼠标单击处的字符	Shift + 单击鼠标
光标向左 / 向右移动一个字符	左箭头 / 右箭头
光标向上 / 向下移动一个字符	上箭头 / 下箭头
向左 / 向右选择一个字符	Shift + 左箭头 / 右箭头
向上 / 向下选择一个字符	Shift + 上箭头 / 下箭头
选择字符、一行、一段或全部	双击、三击、四击或五击
以2为单位增大 / 减小文字字号	Ctrl + Shift + < / >
以10为单位增大 / 减小文字字号	Ctrl + Shift + Alt < / >
以2为单位增大 / 减小行间距	Alt + 下箭头 / 上箭头
以10为单位增大 / 减小行间距	Ctrl + Alt + 下箭头 / 上箭头
自动设置行间距	Ctrl + Shift + Alt + A
以2为单位增大 / 减小文字基线	Shift + Alt + 下箭头 / 上箭头
以10为单位增大 / 减小文字基线	Ctrl + Shift + Alt + 下箭头 / 上箭头
大写字母切换	Ctrl + Shift + K
小型大写字母切换	Ctrl + Shift + Alt + K
文字上标开关	Ctrl + Shift + =
文字下标开关	Ctrl + Shift + Alt + =
以20为单位增大 / 减小字间距	Alt + 左箭头 / 右箭头
以100为单位增大 / 减小字间距	Ctrl + Alt + 左箭头 / 右箭头
设置字间距为0	Ctrl + Shift + Q
水平缩放文字为100%	Ctrl + Shift + X
垂直缩放文字为100%	Ctrl + Shift + Alt + X

表5 预览设置(时间线窗口)

操作	Windows 快捷键
开始/停止播放	空格
从当前时间点试听音频	.（数字键盘）
RAM预览	0（数字键盘）
每隔一帧的RAM预览	Shift+0（数字键盘）

（续表）

操作	Windows 快捷键
保存RAM预览	Ctrl+0（数字键盘）
快速视频预览	拖动时间滑块
快速音频试听	Ctrl + 拖动时间滑块
线框预览	Alt+0（数字键盘）
线框预览时保留合成内容	Shift+Alt+0（数字键盘）
线框预览时用矩形替代alpha轮廓	Ctrl+Alt+0（数字键盘）

表6　层操作(合成窗口和时间线窗口)

操作	Windows 快捷键
拷贝	Ctrl + C
复制	Ctrl + D
剪切	Ctrl + X
粘贴	Ctrl + V
撤消	Ctrl + Z
重做	Ctrl + Shift + Z
选择全部	Ctrl + A
取消全部选择	Ctrl + Shift + A 或 F2
向前一层	Shift +]
向后一层	Shift+ [
移到最前面	Ctrl + Shift +]
移到最后面	Ctrl + Shift + [
选择上一层	Ctrl + 上箭头
选择下一层	Ctrl + 下箭头
通过层号选择层	1~9（数字键盘）
选择相邻图层	单击选择一个层后再按住Shift键单击其他层
选择不相邻的层	按Ctrl键并单击选择层
取消所有层选择	Ctrl + Shift + A 或F2
锁定所选层	Ctrl + L
释放所有层的选定	Ctrl + Shift + L
分裂所选层	Ctrl + Shift + D
激活选择层所在的合成窗口	\
为选择层重命名	Enter（主键盘）
在层窗口中显示选择的层	Enter（数字键盘）
显示隐藏图像	Ctrl + Shift + Alt + V
隐藏其他图像	Ctrl + Shift + V
显示选择层的特效控制窗口	Ctrl + Shift + T 或 F3
在合成窗口和时间线窗口中转换	\
打开素材层	双击该层
拉伸层适合合成窗口	Ctrl + Alt + F
保持宽高比拉伸层适应水平尺寸	Ctrl + Alt + Shift + H
保持宽高比拉伸层适应垂直尺寸	Ctrl + Alt + Shift + G
反向播放层动画	Ctrl + Alt + R
设置入点	[
设置出点	]
剪辑层的入点	Alt + [
剪辑层的出点	Alt +]
在时间滑块位置设置入点	Ctrl + Shift + ,
在时间滑块位置设置出点	Ctrl + Alt + ,
将入点移动到开始位置	Alt + Home

（续表）

操作	Windows 快捷键
将出点移动到结束位置	Alt + End
素材层质量为最好	Ctrl + U
素材层质量为草稿	Ctrl + Shift + U
素材层质量为线框	Ctrl + Alt + Shift + U
创建新的固态层	Ctrl + Y
显示固态层设置	Ctrl + Shift + Y
合并层	Ctrl + Shift + C
约束旋转的增量为45度	Shift + 拖动旋转工具
约束沿X轴、Y轴或Z轴移动	Shift + 拖动层
等比缩放素材	按Shift 键拖动控制手柄
显示或关闭所选层的特效窗口	Ctrl + Shift + T
添加或删除表达式	在属性区按住Alt键单击属性旁的小时钟按钮
以10为单位改变属性值	按Shift键在层属性中拖动相关数值
以0.1为单位改变属性值	按Ctrl 键在层属性中拖动相关数值

表7 查看层属性(时间线窗口)

操作	Windows 快捷键
显示Anchor Point	A
显示Position	P
显示Scale	S
显示Rotation	R
显示Audio Levels	L
显示Audio Waveform	LL
显示Effects	E
显示Mask Feather	F
显示Mask Shape	M
显示Mask Opacity	TT
显示Opacity	T
显示Mask Properties	MM
显示Time Remapping	RR
显示所有动画值	U
显示在对话框中设置层属性值（与P,S,R,F,M一起）	Ctrl + Shift + 属性快捷键
显示Paint Effects	PP
显示时间窗口中选中的属性	SS
显示修改过的属性	UU
隐藏属性或类别	Alt + Shift + 单击属性或类别
添加或删除属性	Shift + 属性快捷键
显示或隐藏Parent栏	Shift + F4
Switches / Modes开关	F4
放大时间显示	+
缩小时间显示	−
打开不透明对话框	Ctrl + Shift + O
打开定位点对话框	Ctrl + Shift + Alt + A

表8 工作区设置(时间线窗口)

操作	Windows 快捷键
设置当前时间标记为工作区开始	B
设置当前时间标记为工作区结束	N
设置工作区为选择的层	Ctrl + Alt + B
未选择层时，设置工作区为合成图像长度	Ctrl + Alt + B

表9 时间和关键帧设置(时间线窗口)

操作	Windows 快捷键
设置关键帧速度	Ctrl + Shift + K
设置关键帧插值法	Ctrl + Alt + K
增加或删除关键帧	Alt + Shift + 属性快捷键
选择一个属性的所有关键帧	单击属性名
拖动关键帧到当前时间	Shift + 拖动关键帧
向前移动关键帧一帧	Alt + 右 箭头
向后移动关键帧一帧	Alt + 左箭头
向前移动关键帧十帧	Shift + Alt + 右箭头
向后移动关键帧十帧	Shift + Alt + 左箭头
选择所有可见关键帧	Ctrl + Alt + A
到前一可见关键帧	J
到后一可见关键帧	K
线性插值法和自动Bezer插值法间转换	Ctrl + 单击关键帧
改变自动Bezer插值法为连续Bezer插值法	拖动关键帧
Hold关键帧转换	Ctrl + Alt + H或Ctrl + Alt + 单击关键帧
连续Bezer插值法与Bezer插值法间转换	Ctrl + 拖动关键帧
Easy easy	F9
Easy easy In	Shift + F9
Easy easy out	Ctrl + Shift + F9
到工作区开始	Home或Ctrl + Alt + 左箭头
到工作区结束	End或Ctrl + Alt + 右箭头
到前一可见关键帧或层标记	J
到后一可见关键帧或层标记	K
到合成图像时间标记	主键盘上的0~9
到指定时间	Alt + Shift + J
向前一帧	Page Up或Ctrl + 左箭头
向后一帧	Page Down或Ctrl + 右箭头
向前十帧	Shift + Page Down或Ctrl + Shift + 左箭头
向后十帧	Shift + Page Up或Ctrl + Shift + 右箭头
到层的入点	I
到层的出点	O
拖动素材时吸附关键帧、时间标记和出入点	按住 Shift 键并拖动

表10 精确操作(合成窗口和时间线窗口)

操作	Windows 快捷键
以指定方向移动层一个像素	按相应的箭头
旋转层1度	+ （数字键盘）
旋转层-1度	− （数字键盘）
放大层1%	Ctrl + + （数字键盘）
缩小层1%	Ctrl + − （数字键盘）
Easy easy	F9
Easy easy In	Shift + F9
Easy easy out	Ctrl + Shift + F9

表11 特效控制窗口

操作	Windows 快捷键
选择上一个效果	上箭头
选择下一个效果	下箭头
扩展/收缩特效控制	~

（续表）

操作	Windows 快捷键
清除所有特效	Ctrl + Shift + E
增加特效控制的关键帧	Alt + 单击效果属性名
激活包含层的合成图像窗口	\
应用上一个特效	Ctrl + Alt + Shift + E
在时间线窗口中添加表达式	按Alt键单击属性旁的小时钟按钮

表12 遮罩操作（合成窗口和层）

操作	Windows 快捷键
椭圆遮罩填充整个窗口	双击椭圆工具
矩形遮罩填充整个窗口	双击矩形工具
新遮罩	Ctrl + Shift + N
选择遮罩上的所有点	Alt + 单击遮罩
自由变换遮罩	双击遮罩
对所选遮罩建立关键帧	Shift + Alt + M
定义遮罩形状	Ctrl + Shift + M
定义遮罩羽化	Ctrl + Shift + F
设置遮罩反向	Ctrl + Shift + I

表13 显示窗口和面板

操作	Windows 快捷键
项目窗口	Ctrl + 0
项目流程视图	Ctrl + F11
渲染队列窗口	Ctrl + Alt + 0
工具箱	Ctrl + 1
信息面板	Ctrl + 2
时间控制面板	Ctrl + 3
音频面板	Ctrl + 4
字符面板	Ctrl + 6
段落面板	Ctrl + 7
绘画面板	Ctrl + 8
笔刷面板	Ctrl + 9
关闭激活的面板或窗口	Ctrl + W